Roth
Sterne + Planeten

BLV Bestimmungsbücher

1 Pilze
2 Pflanzenführer
3 Meeresfische
4 Süßwasserfische
5 Aquarienfische
6 Heilpflanzen
7 Steine + Mineralien
8 Sterne + Planeten
9 Tierspuren
10 Pflanzen- und Tierwelt der Alpen
11 Bäume + Sträucher
12 Blumen am Mittelmeer
13 Pflanzen Europas
14 Hunderassen der Welt
15 Insekten + Weichtiere
16 Muscheln + Schnecken
17 Edel- und Schmucksteine
18 Katzenrassen der Welt
19 Säugetiere Afrikas
20 Wetterkunde für alle
21 Die Höhlen Europas
22 Bäume + Sträucher Europas
23 Vögel
24 Pferderassen der Welt
25 Orchideen Europas
26 Tierische Schädlinge
27 Aquarienpflanzen
28 Farne, Moose, Flechten
29 Gräser
30 Pflanzen der Tropen
31 Pilzführer

BLV Naturführer

101 Tagfalter
102 Nachtfalter
103 Pilze
104 Vögel
105 Alpenblumen
106 Heimische Pflanzen 1
107 Strand + Küste
108 Aquarienfische
109 Mineralien
110 Heimische Pflanzen 2
111 Insekten
112 Säugetiere
113 Fische
114 Giftpflanzen, Gifttiere
115 Wasservögel, Strandvögel
116 Bäume und Sträucher
117 Bach – Fluß – See
118 Heilpflanzen
119 Wolkenbilder – Wettervorhersage
120 Schmetterlinge
121 Wald und Forst

Weitere BLV Naturbücher

Bianchini/Corbetta/Pistoia, Der große Heilpflanzenatlas
Cetto, Der große Pilzführer 1–3
Mottana/Crespi/Liborio, Der große BLV Mineralienführer
Nielsen/Hancke, Heilpflanzen in Farbe
Schumacher, Korallenriffe

Der Sternhimmel in nördlichen gemäßigten Breiten

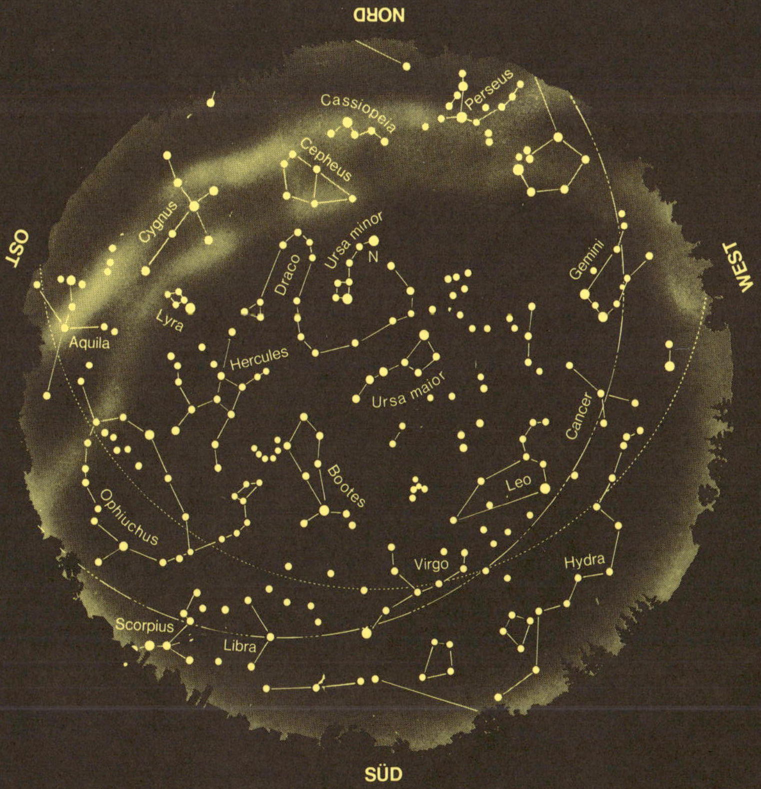

Mitte Febr.	4 Uhr Ortszeit	Mitte Mai	22 Uhr Ortszeit
Mitte März	2 Uhr Ortszeit	Mitte Juni	20 Uhr Ortszeit
Mitte April	24 Uhr Ortszeit	Mitte Juli	18 Uhr Ortszeit

Mit fallender nördlicher geographischer Breite des Beobachtungsortes (Richtung Äquator!) steigen Sternbilder südlich des Himmelsäquators höher am Himmel. Die Zone der nördlich zirkumpolaren (= ständig sichtbaren) Sternbilder wird kleiner. Am Äquator gibt es keine zirkumpolaren Sterne.

BLV Himmelsführer

Sterne + Planeten

Sterne erkennen – Sterne beobachten

Günter D. Roth

Mit 90 Fotos und
160 Zeichnungen von
Barbara von Damnitz

Vierte, durchgesehene Auflage

BLV Verlagsgesellschaft
München Wien Zürich

CIP-Kurztitelaufnahme der Deutschen Bibliothek

Roth, Günter D.:
Sterne + [und] Planeten; Sterne erkennen – Sterne beobachten / Günter D. Roth. Mit 90 Fotos u. 160 Zeichn. von Barbara von Damnitz. – 4., durchges. Aufl. – München; Wien; Zürich: BLV Verlagsgesellschaft, 1981.
(BLV Himmelsführer) (BLV Bestimmungsbuch; 8)
ISBN 3-405-11906-5

NE: 2. GT

BLV Bestimmungsbuch 8

Einbandgestaltung: Franz Wöllzenmüller

Gesamtherstellung: Druckerei Ludwig Auer, Donauwörth
Printed in Germany · ISBN 3-405-11906-5

Inhalt

Vorwort

Menschen auf dem Mond, Sonden zum Mars, zur Venus – Ereignisse, die faszinieren und nicht nur den Astronomen zum Sternenhimmel aufschauen lassen.
Was ist was am Himmel? Diese Frage wird immer öfter von immer mehr Menschen gestellt. Hier will der Himmelsführer helfen. Zu Hause und im Urlaub ist er das Reisehandbuch in den Weltraum – überall auf der Erde, zu jeder Nachtstunde einsatzbereit. Auf 27 ganzseitigen Himmelsausschnitten (Segmenten) wird komplett der mit freiem Auge sichtbare nördliche und südliche Sternenhimmel abgebildet. Zu jedem Segment gehören zwei besonders ausgewählte prächtige Einzelobjekte für Feldstecher und Fernrohre.
Durch genaue Angaben kann jeder die Sternenwelt bis zur 5. Größenklasse erkennen, die verschiedenen Objekte am Himmel auffinden und die vielfältigen Erscheinungen mit freiem Auge, dem Feldstecher und der Kamera verfolgen und festhalten. Diese Beobachtungen reichen von Sonnenflecken und Mondkratern bis zum pulsierenden Leben veränderlicher Sterne und den bizarren Formen kosmischer Gasnebel.
Darüber hinaus bietet der Himmelsführer in seinem zweiten Teil die Objekte des Sternenhimmels in vielen farbigen Einzeldarstellungen. Dokumentarbild und ergänzender Text geben eine zusätzliche umfassende Information über das gesamte Himmelsgeschehen.
Die Himmelskarten wurden auf ein gelbes Spezialpapier gedruckt, das die Anpassung des Auges an eine schwache Lichtquelle erleichtert.
Dieser »Himmelsführer« geht auf eine Anregung von Dr. Georg Walterspiel zurück. Kein zahlenschweres und problemvolles Astronomiebuch sollte entstehen. Vielmehr ein einprägsamer Leitfaden, um selbst Ausschau zu halten nach den Sternen und in der kosmischen Landschaft. Dazu bedarf es neben des erläuternden Textes der anschaulichen Abbildungen. Die Graphikerin Barbara von Damnitz und der international bekannte und anerkannte Astrophotograph Dr. Hans Vehrenberg haben viel Anteil an der Form, die dieses Buch bekommen hat. Ich danke beiden und den anderen Bildautoren für ihre ideenreiche Mitarbeit.
Allen Naturfreunden, Amateurastronomen und denjenigen, die durch eigene Erfahrung etwas vom Aufbau unserer Welt kennenlernen wollen, sei dieser Band ein stets nützlicher Begleiter.

Günter D. Roth

Steckbrief der Himmelsobjekte

Astronomen sprechen von Milliarden von Sternen, die es im Weltraum gibt. Unsere kosmischen Nachbarn sind Sonne, Mond und die Planeten. Wie verhält es sich dann mit den künstlichen Satelliten und Raumsonden? Und da sind ja noch die Meteore und Kometen!

Orientierung ist notwendig – auch im Bereich der Astronomie. Ordnung in die Vielfalt bringen, das ist das wichtige Anliegen zu Anfang dieses Buches. Der Leser soll sich rasch zurechtfinden, sowohl beim Nachschlagen wie beim Lesen und natürlich dann auch am Himmel. Der »Steckbrief der Himmelsobjekte« geht von folgender Dreiteilung aus:

1. Vorstellung der 27 möglichen Himmelsobjekte in Bild und Wort auf den Seiten 10–13.
2. Darstellung der 12 Tierkreissternbilder auf den Seiten 14–15.
3. Aufstellung von 6 Leitsternbildern zur leichteren Orientierung am Himmel auf Seite 16.

27 Himmelsobjekte? Von der Sonne bis zur Milchstraße, vom Zodiakallicht bis zu Kugelsternhaufen. Es ist durchaus möglich, alle diese Objekte systematisch zu ordnen, um so eine bessere Übersicht zu bekommen. Dabei ist es in der Wissenschaft üblich geworden, nach drei großen Gruppen zu ordnen:

1. Gruppe »Sonnensystem«
2. Gruppe »Sterne«
3. Gruppe »Sternsysteme«

Genau dieser Ordnung folgt der Bestimmungsschlüssel für die 27 Himmelsobjekte. Zu jedem Objekt gehört die Kurzbeschreibung, eine zeichnerische Darstellung und der Seitenhinweis, wo im Buch noch mehr darüber berichtet wird.

Die 12 Tierkreissternbilder haben besonders viel Tradition in der Himmelskunde und sind auch vielen Laien geläufig. Es sind die 12 Sternbilder, in denen sich die Sonne im Laufe eines Jahres bewegt. Der Tierkreis (Zodiak) kennzeichnet überdies die interessante Zone des Himmels, innerhalb der sich – außer der Sonne – auch der Mond und die Planeten bewegen. Ein Teil der Tierkreissternbilder bildet am Himmel auffällige Sternfiguren, so daß sie als Hilfe zur Orientierung am nächtlichen Himmel herangezogen werden können. Übrigens wäre es falsch, die Tierkreissternbilder mit den Tierkreiszeichen zu identifizieren. Längst stimmen nämlich die Tierkreiszeichen mit den Sternbildern nicht mehr überein. Im Schnittpunkt der Ekliptik mit dem Himmelsäquator beginnt der Tierkreis. Dieser Schnittpunkt wandert und liegt gegenwärtig im Tierkreissternbild Fische und nicht mehr im Widder, dem ersten Tierkreissternbild.

Schließlich werden im »Steckbrief der Himmelsobjekte« auf Seite 16 sechs sogenannte »Leitsternbilder« vorgestellt. Sie sind sehr einprägsam und haben eine gewisse Popularität auch dort, wo man sich sonst wenig mit Astronomie beschäftigt. Wer hat nicht schon einmal vom »Großen Wagen«, vom »Orion« oder vom »Kreuz des Südens« gehört? Für unseren Zweck stellen die Leitsternbilder in erster Linie Orientierungshilfen dar, die das Zurechtfinden unter den Sternbildern leichter machen sollen. Auch zu ihnen gehört im Steckbrief die Kurzbeschreibung, die zeichnerische Darstellung und der Seitenhinweis, wo im Buch sie uns noch begegnen. In gleicher Weise wird bei den 12 Tierkreissternbildern verfahren.

Himmelsobjekte

Seite 18

Sonne: Mittelpunkt eines Systems von Himmelskörpern. Stern mit Radius 696 000 km. Energiequelle für die Sonnenstrahlung: Umwandlung von Wasserstoff in Helium (Kernprozeß). Oberflächentemperatur 6000°.

Seite 17

Erde: Ein Körper des Sonnensystems (Planet). Äquatorradius 6387 km. Bestandteile hauptsächlich Eisen, Magnesium, Silicium und Sauerstoff. Entfernung von der Sonne 149 Mio km. Atmosphäre.

Seite 173

Polarlicht (Nordlicht): Leuchterscheinung in der hohen Erdatmosphäre auf Grund elektr. Korpuskularstrahlung der Sonne. Oft rote und gelbgrüne Färbung. Größte Häufigkeit in 23° Polabstand. Auf der Südhalbkugel Südlicht!

Seite 178

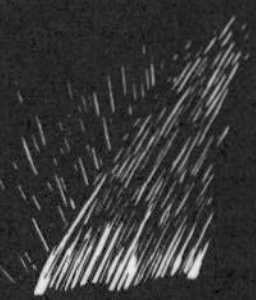

Zodiakallicht: Erhellung des Himmels über der Sonnenaufgangs- bzw. Sonnenuntergangsstelle (pyramidenförmig). Ursache: eine die Sonne umgebende, in der Ekliptikebene liegende Staub- und Gaswolke.

Seite 174

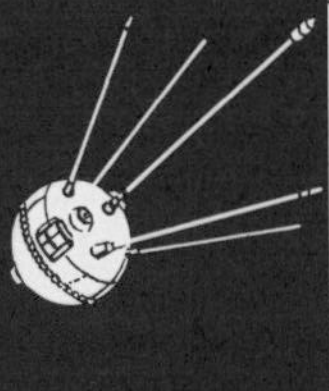

Künstliche Erdsatelliten: Die Erde umkreisende, mit Meßgeräten ausgestattete Raumsonden. »Sputnik 1« am 4. 10. 1957 gestartet. Sie unterliegen den Gesetzen der Himmelsmechanik. Größere Objekte sind, von der Sonne beschienen, sichtbar.

Seite 145

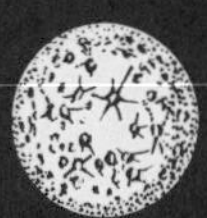

Mond: Umkreist die Erde im mittleren Abstand von 384 403 km. Mondradius 1738 km. Rotationsdauer gleich Umlaufszeit um die Erde. Daher immer gleiche Seite sichtbar. Keine Atmosphäre. 20. 7. 1969 erstmals Menschen gelandet.

Merkur: Sonnennächster Planet. Äquatorradius 2420 km. Temperaturgegensätze zwischen +400° und –100°. Nur in der Abend- oder Morgendämmerung zu beobachten. Keine Monde und keine Atmosphäre.

Seite 149

Venus: Läuft wie Merkur innerhalb der Erdbahn um die Sonne. Äquatorradius 6200 km. »Morgenstern« oder »Abendstern«. Helles Objekt. Dichte Atmosphäre macht Sicht auf Oberfläche unmöglich. Mehrere unbemannte Raumsonden bereits gelandet.

Seite 150

Mars: Der »Rote Planet«. Äquatorradius 3400 km. Keine Marskanäle, dafür Krater wie auf dem Erdmond. Weiße Kappen an den Polen. Atmosphäre überwiegend aus Stickstoff. 2 Monde. Von unbemannten Raumsonden erreicht.

Seite 153

Planetoiden (Kleine Planeten): Kleine Himmelskörper zwischen Mars und Jupiter. Größter Planetoid »Ceres« 700 km Durchmesser. Interessante Bahnen. Es gibt zehntausende dieser Himmelskörper.

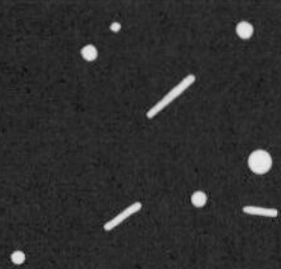

Seite 160

Jupiter: Planetenriese. Äquatorradius 71 400 km. Rotiert in knapp 10 Stunden um seine Achse. Dichte, gestreifte Atmosphäre. Viel Methan und Ammoniak. 14 Monde; die vier größten und hellsten im Feldstecher sichtbar.

Seite 163

Saturn: Berühmt wegen seines Rings. Äquatorradius 60 400 km. Rotiert ähnlich schnell wie Jupiter. Gestreifte, dichte Atmosphäre (ähnlich Jupiter). 16 Monde; der größte, »Titan«, so groß wie Merkur!

Seite 169

Uranus: Entdeckt erst 1781. Äquatorradius 23 800 km. Die Rotationsachse liegt fast genau in der Bahnebene. Noch mit bloßem Auge zu sehender Planet. Dichte Atmosphäre. 5 Monde. Ringsystem.

Seite 171

Seite 171

Neptun: Entdeckt auf Grund von Berechnungen 1846. Äquatorradius 22300 km. Ohne optische Hilfsmittel (Feldstecher) nicht zu sehen. Oberflächendetails auch in großen Fernrohren unsicher. Atmosphäre vermutet. 2 Monde.

Seite 171

Pluto: Entdeckt 1930. Vorläufig äußerster Planet unseres Sonnensystems. Äquatorradius 2925 km. Objekt 15. Größenklasse. Exzentrische Bahn. Sonnenstrahlung nur noch 1/1600 derjenigen auf unserer Erde.

Seite 180

Meteore und Meteorite: Kosmische Kleinkörper, die in die Erdatmosphäre eindringen (Aufleuchten!). Manchmal gelangen unverdampfte Reste auf die Erdoberfläche.

Seite 182

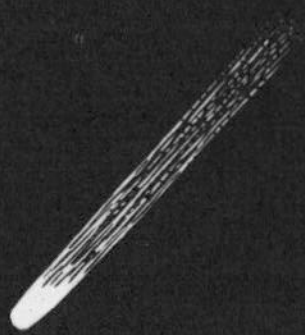

Kometen: Erscheinungsform der interplanetaren Materie. Himmelskörper mit oft auffälliger Kopf- und Schweifbildung. Umkreisen in oft extremen Ellipsen die Sonne.

Seite 185

Sterne (Fixsterne): Selbstleuchtende Himmelskörper, deren Energie Kernreaktionen entstammt (Sonne!). Bilden Hauptteil der Masse des Weltalls. Wegen großer Entfernung scheinbar unbeweglich und auch bei stärkster Vergrößerung punktförmig.

Seite 188

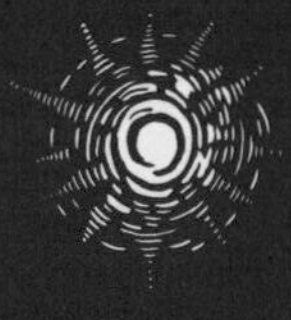

Veränderliche Sterne: Sterne mit unterschiedlicher Helligkeit auf Grund optischer Effekte (Bedeckung) oder physischer Veränderungen (Pulsation der Gashülle).

Seite 190

Novae (Neue Sterne): Form der Veränderlichen Sterne. Plötzlicher Helligkeitsanstieg auf Grund eruptiver Materieausbrüche. Helligkeitsmaximum schon nach wenigen Stunden oder Tagen.

Doppelsterne: Sternpaare, die zufällig nahe am Himmel beieinander stehen oder aus einem physikalischen Grund ein Sternsystem bilden. Erstere sind die optischen Doppelsterne, letztere die physischen.

Seite 185

Offene Sternhaufen: Nicht zufällige, aufgelockerte Ansammlung von Sternen. Etwa 20 bis 300 Sterne. Typisch eine bestimmte Geschwindigkeit aller Haufensterne. Schöne Objekte im Feldstecher.

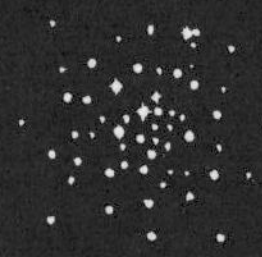

Seite 194

Kugelhaufen (kugelförmige Sternhaufen): Dichte Ansammlung von Sternen. Bis 10 000 und mehr. Sterne im Zentrum nicht mehr einzeln wahrnehmbar. Sterne älter als diejenige in Offenen Sternhaufen.

Seite 198

Planetarische Nebel (Ringnebel): Ring- oder kreisförmige kleine Nebelflecken mit Zentralstern. Beziehung zu ehemaligen Novae vermutet. Typisches Objekt der Ringnebel im Sternbild Leier (M 57).

Seite 202

Gasnebel: Interstellare Materie in wolkenartiger Verdichtung. Beleuchtet durch nahestehende Fixsterne oder durch deren Strahlung zum Eigenleuchten angeregt. Wo kein Stern in der Nähe ist: Dunkelwolken.

Seite 203

Milchstraße: Unser Sternsystem mit rund 200 Milliarden Sternen, eingeschlossen unsere Sonne. Mit bloßem Auge das leuchtende Band der Milchstraße am Himmel. Das Fernrohr zeigt Einzelsterne, Sternwolken und Sternhaufen.

Seite 210

Spiralnebel: Sternsysteme wie unsere Milchstraße mit den oft typischen Spiralarmen. Bezeichnung Nebel irreführend: keine Gasnebel, sondern Systeme von Sternen. Anderer Name: Galaxien, Einzahl Galaxie.

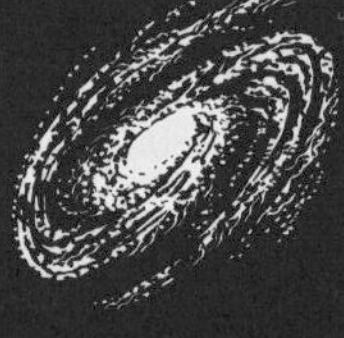

Seite 210

Tierkreissternbilder

Seite 72

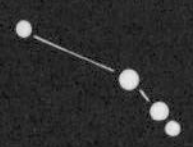

Sternbild Widder (Aries): Erstes der 12 Tierkreissternbilder. Die Bezeichnung Widderpunkt – Sonnenstand am 21. März – vor rund 2000 Jahren identisch mit dem Sonnenstand zur Frühlings-Tagundnachtgleiche der Nordhalbkugel im Sternbild Widder.

Seite 76

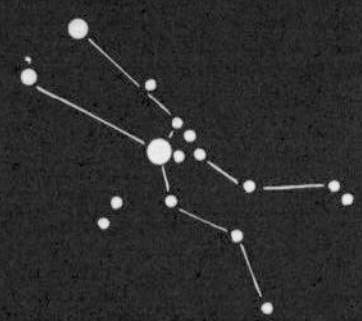

Sternbild Stier (Taurus): Hauptstern der rötliche Aldebaran. Im Sternbild das bekannte Siebengestirn (Plejaden), ein offener Sternhaufen und Gegenstand vieler Märchen und Sagen bei allen Völkern.

Seite 80

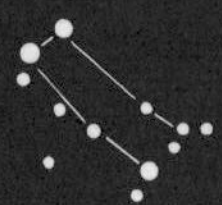

Sternbild Zwillinge (Gemini): Tierkreissternbild mit den markanten Sternen Castor und Pollux. Im Sternbild Zwillinge erreicht die Sonne am 22. 6. ihre nördliche Extremstellung.

Seite 84

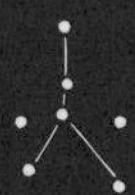

Sternbild Krebs (Cancer): Ein unscheinbares Sternbild zwischen Zwillingen und Löwe mit dem offenen Sternhaufen der Praesepe, in der Mitte auf der Verbindungslinie zwischen den Sternen Pollux und Regulus.

Seite 84

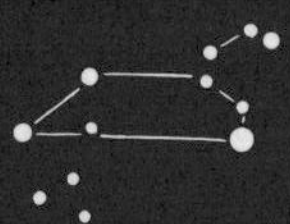

Sternbild Löwe (Leo): Sternbild mit dem Stern 1. Größe Regulus, in der Sage das Herz des Löwen. Regulus ist der hellste Stern in unmittelbarer Nähe zur Ekliptik. Regulus-Bedeckungen durch Mond und Planeten!

Seite 88

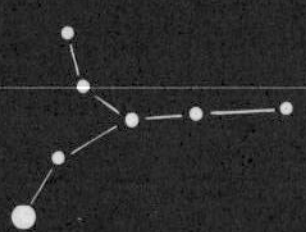

Sternbild Jungfrau (Virgo): Mit dem Hauptstern Spica – 1. Größenklasse. Der Name bedeutet soviel wie »Kornähre« und war im Altertum für das ganze Sternbild bezeichnend.

Sternbild Waage (Libra): Dieses Sternbild zählten die Babylonier noch nicht selbständig. Die Sterne wurden dem Sternbild Skorpion zugeordnet. Das unscheinbare Sternbild führte man ein, um die Zahl der Tierkreissternbilder auf 12 zu bringen!

Seite 92

Sternbild Skorpion (Scorpio): Das Sternbild zeigt verblüffend deutlich die Gestalt des Skorpions. Das prächtigste Sternbild des äquatornahen Himmels! Auffällig der rote Hauptstern Antares (»Dem Mars an Farbe ähnlich«).

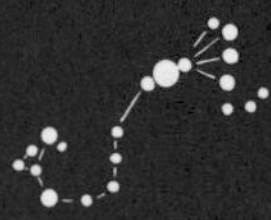

Seite 132

Sternbild Schütze (Sagittarius): In diesem Sternbild erreicht die Sonne am 22. 12. ihre südliche Extremstellung im Tierkreis. Reich an eindrucksvollen Milchstraßen-Partien und Sternhaufen.

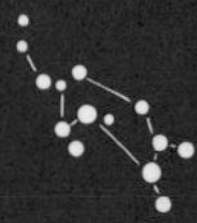

Seite 96

Sternbild Steinbock (Capricornus): Einst hieß das Sternbild »Ziegenfisch«, Hinweis auf ein Tier halb Ziege und halb Fisch. Die Wandlung zum Steinbock ist schon etwas rätselhaft!

Seite 100

Sternbild Wassermann (Aquarius): Gilt als eines der ältesten Sternbilder überhaupt. Der Alter des Namens dieses Sternbildes wird auf 20 000 Jahre geschätzt! Das der anderen auf etwa 10 000 Jahre.

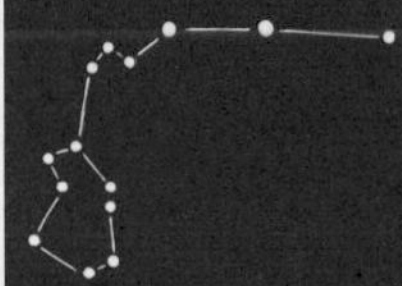

Seite 104

Sternbild Fische (Pisces): Das letzte Sternbild des Tierkreises. Heute steht die Sonne zum Zeitpunkt der Tagundnachtgleiche – 21. März – in diesem Sternbild (Widderpunkt!).

Seite 72

Leitsternbilder

Seite 52
und 56

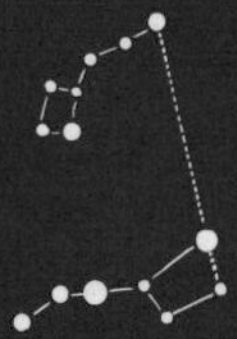

Großer und Kleiner Bär (Ursa maior, Ursa minor): Der Große Bär (auch Großer Wagen genannt) ist das markanteste Sternbild des nördlichen Himmels. Die verlängerte Hinterachse des Großen Wagens weist zum Polarstern.

Seite 92

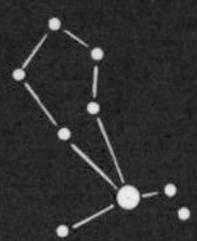

Bootes (Bärenhüter): Sehr heller Hauptstern Arcturus in der Mitte auf einem gedachten Bogen von der Deichsel des Großen Wagens zum Hauptstern Spica in der Jungfrau. Auffällig gelblichrote Färbung des Arcturus.

Seite 64

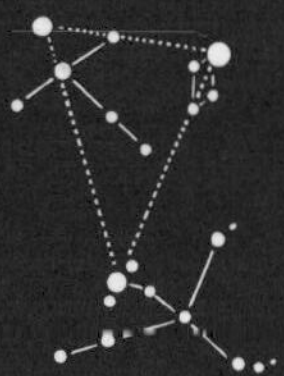

Sommerdreieck: Es wird gebildet von den Sternen Wega (Sternbild Leier, Lyra), Deneb (Sternbild Schwan, Cygnus) und Atair (Sternbild Adler, Aquila). Ein fast gleichschenkliges Dreieck am nördlichen Sommerhimmel.

Seite 104

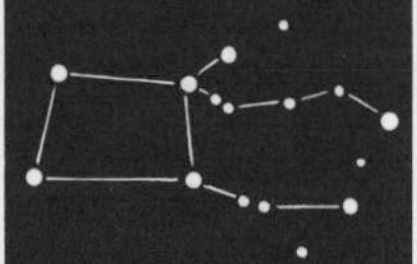

Pegasus-Viereck: Das großflächige Sternbild Pegasus ist eine Orientierungshilfe am nördlichen Herbsthimmel. In unmittelbarer Nähe (östlich) das Sternbild Andromeda mit dem berühmten Spiralnebel.

Seite 80

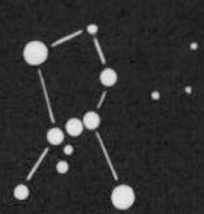

Sternbild Orion: Ein auffälliges Sternbild mit den drei hellen »Gürtelsternen« nahe dem Himmelsäquator. Unterhalb der Gürtelsterne der Orionnebel. Östlich vom Orion das Sternbild Großer Hund mit Sirius.

Seite 124

Kreuz des Südens und Kentaur (Crux und Centaurus): Das Kreuz ist das kleinste Sternbild am ganzen Himmel. Zusammen mit den beiden Hauptsternen des Kentaur (Alpha ein herrlicher Doppelstern!) die Orientierungshilfe am Südhimmel.

Von der Erddrehung und dem Jahreslauf der Sonne

Es gibt Dinge in unserem Leben, die nehmen wir für selbstverständlich hin. Jeden Morgen wachen wir auf und stellen fest, daß es wieder Tag wird – besonders frühzeitig im Sommer, besonders langsam im Winter. Mal scheint die Sonne, mal ist es wolkig oder es regnet oder schneit. Aber auf jeden Fall: der Nacht folgt wieder ein Tag. Das ist das einfachste Beispiel, daß kosmische Einflüsse unser Dasein nachhaltig und unabänderlich gestalten. Wir müssen uns deshalb mit ihnen beschäftigen.

Im Osten geht die Sonne morgens auf. Es wird Tag. Im Westen geht die Sonne abends unter. Es wird Nacht. Warum? Weil sich unsere Erde dreht. Nun ist freilich die Stelle des Horizontes, an der der Auf- und Untergang der Sonne erfolgt, nicht jeden Tag die gleiche. Sie bewegt sich innerhalb bestimmter Grenzen und ist von der geographischen Breite abhängig.

Genau im Osten geht die Sonne nur auf

am Tag des Frühlingsanfanges (= 21. März auf der Nordhalbkugel, = 23. September auf der Südhalbkugel),

und

am Tag des Herbstanfanges (=23. September auf der Nordhalbkugel, = 21. März auf der Südhalbkugel der Erde).

Natürlich geht an diesen Tagen dann die Sonne auch genau im Westen unter! Sonst gibt es Abweichungen nördlich und südlich des Ost- bzw. Westpunktes.

Die größte nördliche Abweichung findet statt

am Tag der Sommersonnenwende auf der Nordhalbkugel (22. Juni) = der Tag der Wintersonnenwende auf der Südhalbkugel;

die größte südliche Abweichung

am Tag der Wintersonnenwende auf der Nordhalbkugel (22. Dezember) = der Tag der Sommersonnenwende auf der Südhalbkugel.

Die Abweichung vom Ost- bzw. Westpunkt ist um so größer, je höher die geographische Breite eines Ortes ist. Und so ist auch die Dauer von Tag und Nacht mit der geographischen Breite verschieden:

am Äquator (= 0 Grad geographische Breite) beträgt die Tageslänge des längsten und des kürzesten Tages des Jahres je 12 Stunden, d. h. die Tage sind immer gleich lang;

in 45 Grad geographischer Breite beträgt der längste Tag 15 Stunden und 26 Minuten, der kürzeste Tag 8 Stunden und 34 Minuten – also ein Unterschied von schon fast sieben Stunden;

an den Polen (= 90 Grad geographische Breite) schließlich dauert ein Polartag 186 Tage (Nordpol) und 179 Tage (Südpol), entsprechend die Polarnacht 179 Tage (Nordpol) und 186 Tage (Südpol).

Tag und Nacht sind die Auswirkung der täglichen Umdrehung der Erde (1 Tag = 24 Stunden). Die jährliche Bewegung der Erde um die Sonne wiederum führt zu den Jahreszeiten Frühjahr, Sommer, Herbst und Winter. Sie verlaufen für die Nordhalbkugel und Südhalbkugel unserer Erde entgegengesetzt (siehe oben!).

Aus Erfahrung weiß jeder, daß es nicht plötzlich Tag und nicht plötzlich Nacht wird. Dazwischen liegt die noch mehr oder minder lange Dämmerung. Für sie verantwortlich ist ebenfalls die Erdatmosphäre, der wir auch die Zerstreuung des Sonnenlichtes am Tageshimmel und damit »blauen Himmel«, mit Wolken »grauen Himmel« – auf jeden Fall »hellen Tag« verdanken. Und steht die Sonne bereits oder noch unter dem Horizont, so werden bis zu einer Sonnentiefe von 18 Grad die oberen Luftschichten noch vom Sonnenlicht erfaßt. Diese Luftschichten zerstreuen es und erzeugen jene Himmelsaufhellung, die als Dämmerung bezeichnet wird.

In jeder Sekunde herrschen

auf rund der Hälfte der Erdoberfläche heller Tag,
auf 15% der Erdoberfläche Dämmerung,
auf 35% der Erdoberfläche Nacht.

Die kurze Dämmerung in den Tropen geht zurück auf die Sonnenbahn, die dort besonders steil auf dem Horizont steht. Die »Weißen Nächte« in den gemäßigten Breiten im Hochsommer werden verursacht vom geringen Stand der Sonne unter dem Horizont. Praktisch ist für ein paar Wochen die ganze Nacht über Dämmerung!

Die Sichtbarkeit der Sterne setzt dunkle Nacht voraus. Sowohl Mondschein wie Dämmerung stören den Anblick des gestirnten Himmels. Zwar sind hellere Sterne auch unter diesen Begleitumständen sichtbar; ja, mit einigem Geschick findet man sogar am Taghimmel zum Beispiel den Planeten Venus oder den außerordentlich hellen Fixstern Sirius und ein paar andere helle Gestirne. Aber für den Sternhimmel in seiner Gesamtheit ist die dunkle Nacht notwendig. Und selbstverständlich ein klarer, wolkenloser Himmel.

Das Tagesgestirn: die Sonne

Die Sonne ist ein ganz gewöhnlicher Fixstern. Bei Nacht sehen wir schon mit bloßen Augen tausende davon. Für unser Leben ist aber der Fixstern Sonne von ganz besonderer Bedeutung. Die Sonne ist ein Gasball mit dem gewal-

Aufnahme der Protuberanzen mit einem Spezialfernrohr. Protuberanzen sind glühende Gasmassen, die bei Sonnenfinsternissen und im Koronographen zu beobachten sind. Höhe bis zu 500 000 km.

Untergehende Sonne. Aufnahme von Peter Stolzen, Volkssternwarte Remscheid, Preisträger im Wettbewerb »Jugend forscht«.

tigen Durchmesser von 1 392 000 km. In seinem Inneren vollzieht sich eine atomare Umwandlung: Wasserstoff verwandelt sich in Helium. Dadurch wird Energie erzeugt, die als Wärmestrahlung und sichtbares Licht, aber auch als Röntgen-, Ultraviolett- und Radiostrahlung in den Weltraum geschickt wird. So gelangt sie zur Erde.

Vorsicht bei der Beobachtung der Sonne!

Nie ohne Blendglas (rußgeschwärzte Glasscheibe, Schweißerbrille, Rauchfilter) in die Sonne schauen. Das grelle Sonnenlicht ist ohne weiteres in der Lage, die Augen schwer zu schädigen. Wird das Blendglas in Verbindung mit einem Fernrohr verwendet, ist zu beachten, daß das Blendglas sich unter der Einwirkung der Sonnenwärme stark erhitzt und springen kann.

Sicherer ist auf jeden Fall die indirekte Methode, bei der das vom Feldstecher oder Fernrohr erzeugte Sonnenbild auf einen hinter dem Okular angebrachten Schirm (z. B. weißer Pappkarton) projiziert wird.

Was gibt es auf der Sonne zu sehen? Bereits mit bloßen Augen – geschützt durch das Blendglas – sehen wir die runde Scheibe, die am Rand von geringerer Helligkeit ist als in der Mitte. Bei der Beobachtung des Randes der Sonnenscheibe sehen wir in Schichten von geringerer Tiefe als beim Beobachten der Scheibenmitte. Die Temperatur nimmt in der Photosphäre nach höher gelegenen Schichten der Sonnenatmosphäre rasch ab. Die Folge ist ein Helligkeitsabfall zum Rand der Sonnenscheibe hin, die sogenannte »Randverdunkelung der Sonne«. Sehr deutlich ist diese Randverdunkelung bei Beobachtung des auf weißen Pappkarton projizierten Sonnenbildes zu sehen.

Auch die Gashülle der Sonne ist eine Atmosphäre. Sehr heiß allerdings – um die 6000 Grad Celsius – und von anderer Zusammensetzung als die Erd-

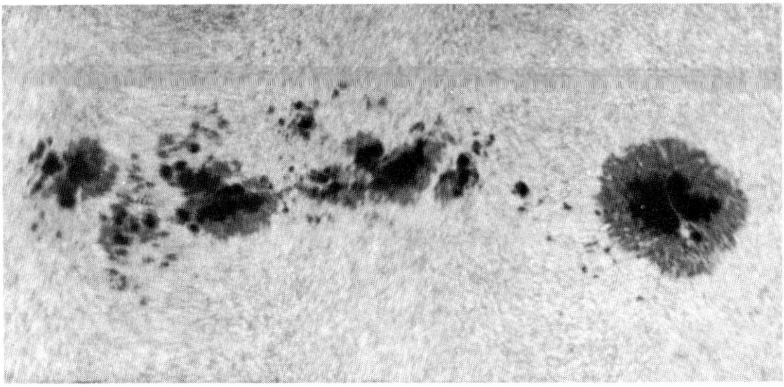

Auf der Sonnenscheibe sind fast immer kleine, zuweilen auch recht große dunkle Flecken zu beobachten, die Sonnenflecken. Das dunkle Kerngebiet (Umbra) ist von einem helleren Hof (Penumbra) umgeben. Die Flecken bilden meist Gruppen.

atmosphäre. Ab und zu kann es gelingen, mit bloßen Augen noch dunkle Flecken auf der Sonnenscheibe zu sehen. Es handelt sich dabei um extrem großformatige Sonnenflecken. Doch solche Beobachtungen haben Seltenheitswert. Besser ist es dann schon, den Feldstecher zu Hilfe zu nehmen. Mit ihm sieht man Sonnenflecken schon viel häufiger. Was sind das für Flekken? Sie erreichen erstaunliche Durchmesser zwischen einigen tausend bis 50 000 km und treten meistens in Gruppen auf. Die Sonnenflecken kennzeichnen Stellen besonderer Bewegung in der gasförmigen Oberfläche der Sonne. Sie sind deshalb dunkel, weil ihre Temperatur 1000–2000 Grad geringer ist als die der umgebenden Schicht, aus der die sichtbare Sonnenstrahlung stammt, der Photosphäre. Bei genauerem Hinschauen offenbart das Fernrohr außer dem Kerngebiet der Flecken noch den umgebenden etwas helleren Halbschatten. Das Photo auf dieser Seite oben macht das recht eindrucksvoll deutlich.

Die Aktivität der Sonnenflecken folgt einem 11jährigen Rhythmus. Das letzte Fleckenmaximum war 1968. Demnach wird um das Jahr 1979 die Sonnenoberfläche wieder sehr fleckenreich sein – vorausgesetzt, daß der Atomreaktor Sonne mitspielt, denn Abweichungen von einigen Jahren von dem angegebenen Rhythmus sind keine Seltenheit.

Auf sehr eindrucksvolle Art und Weise können wir Vorgänge auf dem Gasball Sonne während einer totalen Sonnenfinsternis beobachten. Der Mond bedeckt dabei den größten Teil der Sonnenscheibe. Dabei werden Korona (äußere Schicht der Sonnenatmosphäre) und Protuberanzen (rötlich leuchtende Gasausbrüche) erkennbar.

Die Sonnenbeobachtung ist eine Spezialität, die mit allen ihren Einzelheiten und Feinheiten hier in Kürze gar nicht beschrieben werden kann. In dem im Literaturverzeichnis auf Seite 228 genannten »Handbuch für Sternfreunde« findet der interessierte Naturfreund alles haarklein aufgeführt.

Kamera ausgerichtet auf den südlichen Himmelspol und 2 Stunden belichtet. H. Vehrenberg hat diese Aufnahme auf einer seiner Südafrika-Expeditionen mit einer kleinen Astro-Kamera von 71 mm Öffnung und 250 mm Brennweite auf Ilford HPS Platte gemacht. Auch mit Handkameras sind Experimente lohnend. ▷

Die tägliche Himmelsdrehung

Die sprichwörtliche astronomische Präzision verblüfft immer wieder aufs neue. Nimmt es da wunder, daß die Genauigkeit der Himmelserscheinungen Menschen veranlaßt hat, Gestirne anzubeten und sie zu den Beherrschern des menschlichen Schicksals zu erklären? Aller astrologischer Aberglaube nimmt hier seinen Anfang.

Das überwältigende Erlebnis, das jeder von uns überall auf der Erde immer wieder machen kann: der Beobachter des gestirnten Himmels hat bei längerer Betrachtung den Eindruck, daß sich eine mit Sternen gespickte Hohlkugel beständig um eine feste Achse dreht, die durch den Standort des Beobachters auf der still stehenden Erde geht. Ja, sein Standort erscheint dem Beobachter schlicht als das Zentrum der sich drehenden Himmelskugel. Diese tägliche Himmelsdrehung ist in der Tat für den Beobachter auf der Erde die eindrucksvollste und rascheste aller Bewegungen am Himmel. Alle Gestirne: Sonne, Mond, Planeten und Fixsterne sind ihr unterworfen.

Nun, es ist bekannt, daß die Rotation der Erde um ihre Achse von West nach Ost dem Himmel jenen täglichen Umschwung von Ost nach West verleiht.

Mit Hilfe eines Photoapparats läßt sich die Himmelsdrehung besonders schön dokumentieren: Kamera mit höher empfindlichem Schwarzweiß-Film laden, Blende voll aufmachen, auf unendlich einstellen, Belichtung auf B (Drahtauslöser mit Klemmschraube!) und ein paar Stunden belichten. Die Kamera steht dabei am besten auf dem Stativ und ist für die Aufnahme auf den Himmelsnord- oder Himmelssüdpol (siehe Seite 21) ausgerichtet. Während der Belichtungszeit dreht sich der Himmel scheinbar weiter (in Wirklichkeit dreht sich ja die Erde!), und auf dem Film bilden sich die Sterne in mehr oder minder langen und zum Pol hin gebogenen Lichtspuren ab. Wie bei allen Aufnahmen des Sternhimmels empfiehlt sich eine mondlose, klare Nacht für dieses kleine und doch so aussagekräftige Experiment. Daß die Sterne bei der täglichen scheinbaren Drehung des Himmelsgewölbes parallele Kreise ziehen, macht die Aufnahme unschwer klar.

Himmelsnordpol und Himmelssüdpol sind die Lager, in denen die Achse der scheinbar drehenden Himmelskugel läuft. Der Beobachter sieht von seinem Standpunkt immer nur auf einen Himmelspol, den nördlichen oder den südlichen. Und es wird diejenige Hälfte der Erde, von der aus der Himmelsnordpol zu sehen ist, als die Nordhalbkugel, die andere Hälfte mit Blick auf den Himmelssüdpol als Südhalbkugel bezeichnet. Der Erdäquator trennt beide Erdhalbkugeln voneinander. Entsprechend gibt es auch den Himmelsäquator, der in allen seinen Punkten genau 90 Grad von den beiden Himmelspolen entfernt ist.

Der Weg ist jetzt nicht weit, um sich ein einfaches Erd- und Himmelsgradnetz auszudenken. Das Fundament ist die Äquatorebene der Erde, die ja gleichzeitig auch die Rotationsebene der gedachten Himmelskugel ist. Die sich drehende Achse steht zum Erd- bzw. Himmelsäquator senkrecht. Ein Stern wird in dieses System wie folgt eingepaßt:

1. Angabe des Winkelabstandes vom Äquator. Sterne, die den gleichen Abstand vom Äquator haben, liegen auf einem sogenannten Parallelkreis.
2. Angabe, an welchem Ort über oder unter dem Äquator sich der Stern auf einem Parallelkreis befindet. Sterne, die den gleichen Basispunkt auf dem Äquator besitzen, liegen auf einem Meridian.

Etwas zu kompliziert? Sicher macht es das nebenstehende Bild klar und deutlich. Die Parallelkreise sind verschieden groß. In Polnähe werden sie immer

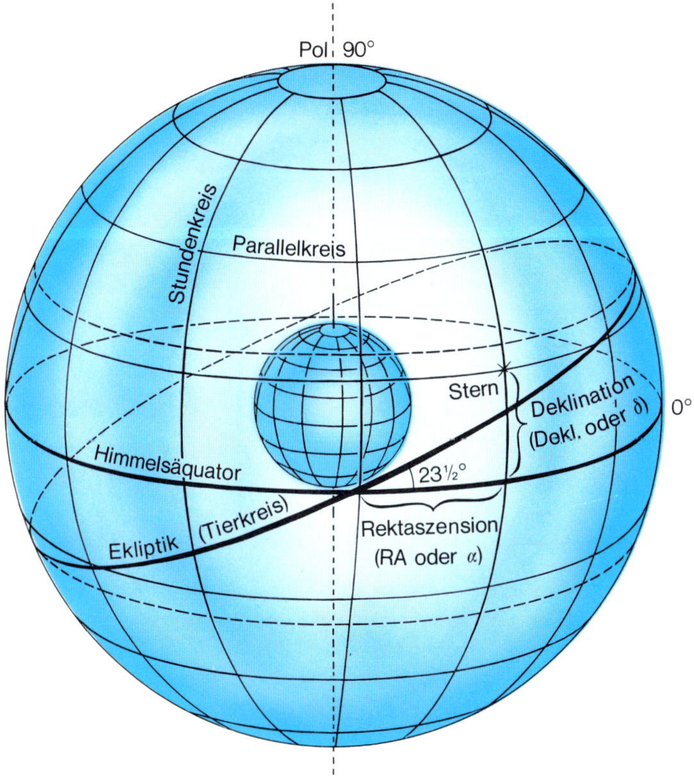

Einfaches Bezugssystem zur Fixierung von Positionen am Himmel wie auf der Erde: Äquatoriales Erd- und Himmelsgradnetz.

kleiner. Am größten werden sie in Äquatornähe. Dagegen sind die Meridiane stets von derselben Länge. Sie kommen sich auf dem Weg zu den Polen näher. Die beiden oben genannten Angaben zur Ortsbestimmung eines Sterns im System haben zu festen Begriffen geführt, die für die Erde bestimmt jeder kennt:

geographische Breite für Äquatorabstand, und
geographische Länge für Basispunkt auf dem Äquator.

Übertragen auf die Himmelskugel:

Deklination und
Rektaszension.

Der Punkt Null der geographischen Länge ist Greenwich (London). Eine willkürliche Wahl? Nun, die Engländer waren, als die Sache aktuell wurde (1675), auf dem Weg zur führenden Seefahrernation der Erde. Niemand machte ihnen diese Entscheidung streitig. Sie wurde 1884 sogar offiziell von allen Staaten anerkannt.

Der Punkt Null an der Himmelskugel für die Rektaszension ist die Position auf dem Himmelsäquator, die die Sonne am 21. März innehat. Die Astronomen zählen die Rektaszension entsprechend der Bewegung des Basispunktes der Sonne auf dem Himmelsäquator während des scheinbaren jährlichen Laufes unseres Tagesgestirns von 0 Grad bis 360 Grad (= von 0 Uhr bis 24 Uhr).

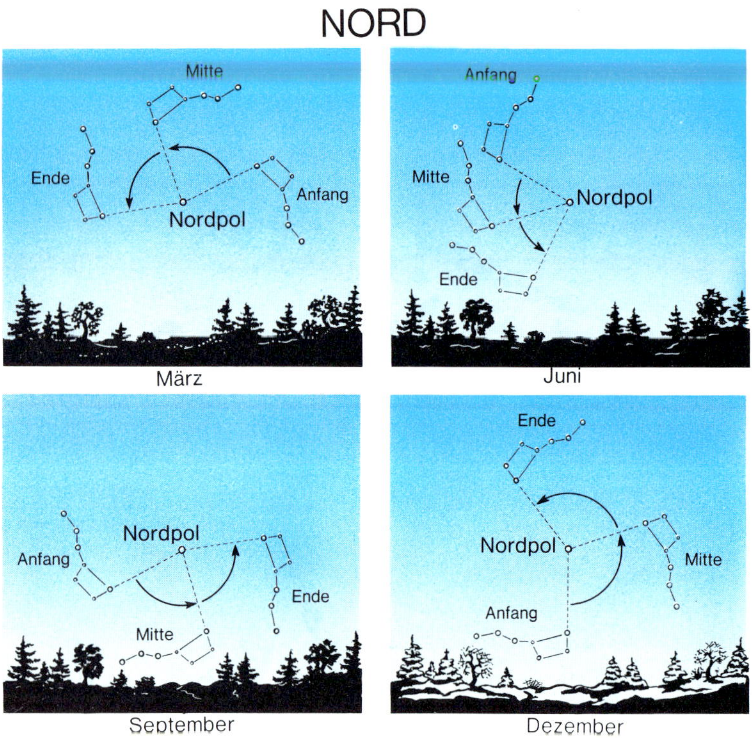

Die jährliche Bewegung am Beispiel des Sternbildes des Großen Bären (Ursa maior), auch Großer Wagen genannt, zu Anfang der vier Jahreszeiten (März = Frühjahr; Juni = Sommer; September = Herbst; Dezember = Winter). Die Darstellung gilt für 50 Grad nördliche Breite. Die Bezeichnungen »Anfang«, »Mitte« und »Ende« entsprechen dabei dann dem Verlauf der Erscheinung am Nachthimmel.

Von dem scheinbaren Jahreslauf der Sonne war bereits kurz auf Seite 17 die Rede. Wieder ist es die Erde, die bei ihrem Umlauf um die Sonne (1 Umlauf = 1 Jahr) den scheinbaren Jahreslauf der Sonne am Himmel verursacht. Es ist gut, sich diese Zusammenhänge zu merken. Der scheinbare Jahreslauf der Sonne vollzieht sich auf einem Großkreis, der zum Himmelsäquator um 23,5 Grad geneigt ist. Bekannter ist dieser Großkreis unter den Namen Tierkreis, weil er durch die 12 Tierkreissternbilder (siehe Seite 14 f.) führt, und Ekliptik (»Linie der Finsternisse«), weil Sonnen- und Mondfinsternisse nur möglich sind, wenn sich der Mond auf der Ekliptik befindet.

Die jährliche Himmelsdrehung

Der Sternhimmel verändert sich nicht nur im Verlauf einer Nacht (tägliche Himmelsdrehung als Folge der Erdrotation). Auch im Verlauf eines Jahres wechselt die Sichtbarkeit des Sternhimmels allmählich. Wer von Sommer- oder Wintersternbildern spricht, kommt der Erscheinung schon ein wenig näher. Auch ist es üblich, davon zu sprechen, daß die Sonne im Jahreslauf durch die

SÜD

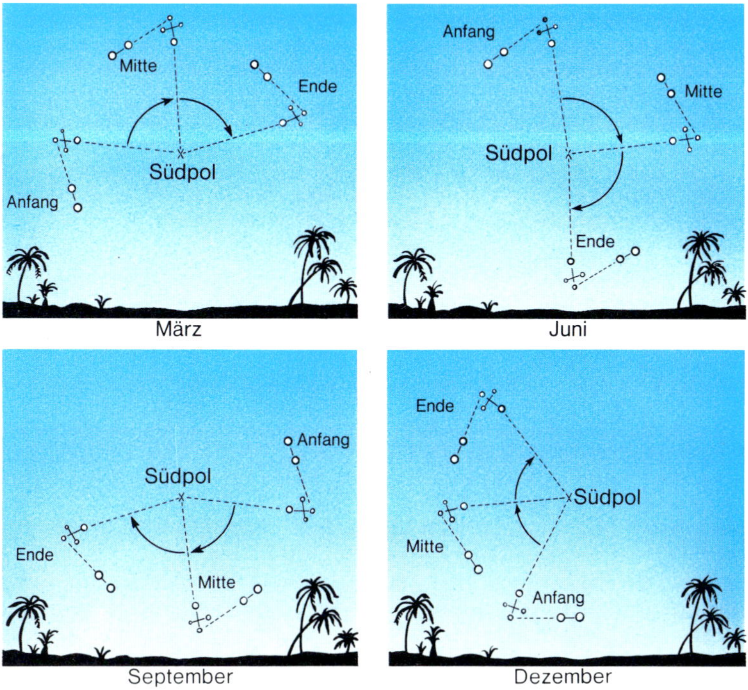

Die jährliche Bewegung am Beispiel des Sternbildes Kreuz des Südens und der Sterne α und β des Sternbildes Kentaur (Centaurus) zu Anfang der vier Jahreszeiten (März = Herbst; Juni = Winter; September = Frühling; Dezember = Sommer). Die Darstellung gilt für ungefähr 40 Grad südliche Breite. Die Bezeichnungen »Anfang«, »Mitte« und »Ende« entsprechen dem Verlauf der Erscheinung am Nachthimmel.

Tierkreissternbilder Widder, Stier, Zwillinge, Krebs, Löwe, Jungfrau, Waage, Skorpion, Schütze, Steinbock, Wassermann und Fische wandert.
Tag für Tag legt die Erde ein Stück auf ihrer Runde um die Sonne zurück. Und Tag für Tag verschiebt sich der Himmelsanblick ein wenig. Angenommen, jemand könne am selben Ort und bei klarem Wetter jede Nacht um 24 Uhr die Sterne beobachten, so stellt er jedesmal eine kleine Veränderung fest, und zwar

auf der Nordhalbkugel entgegen dem Uhrzeigersinn,
auf der Südhalbkugel mit dem Uhrzeigersinn.

Der Drehsinn ist also auf der Nordhalbkugel anders als auf der Südhalbkugel. So auch bei der täglichen Himmelsdrehung (siehe auch Abbildungen auf beiden Seiten):

Auf der Nordhalbkugel erfolgt die tägliche Himmelsdrehung entgegen dem Uhrzeigerdrehsinn;
auf der Südhalbkugel erfolgt sie im Uhrzeigerdrehsinn.

Um das nachzuprüfen, nehme man eine Taschenuhr und halte sie so gen Himmel, daß das Ziffernblatt zum Beschauer weist und die Rückseite zu dem

am Ort beobachtbaren Himmelspol. Am besten, man fixiert ein Sternbild über einem Dach, Kamin oder Baum, weil so am leichtesten die Verschiebung nach einer halben oder ganzen Stunde bestimmt werden kann.
Nicht ganz so schnell geht es selbstverständlich mit dem Nachweis des Drehsinns bei der jährlichen Himmelsdrehung. Wieder ist ein irdischer Fixpunkt eine nützliche Markierung. Innerhalb von ein bis zwei Wochen – bei Beobachtung des gleichen Sternbilds zur gleichen Zeit – ist eine Verschiebung unschwer nachweisbar.
Spielereien? Im Gegenteil. Auf diese einfache und überzeugende Weise hat jeder die Möglichkeit, kosmische Bewegungen selbst kennenzulernen und nachzuweisen. Das Raumschiff Erde ist ständig unterwegs!
Die tägliche Drehung der Erde um ihre Achse und ihr jährlicher Weg rund um die Sonne liefern zwei Zeitmarken – den Tag und das Jahr. Auch dazu gibt es ebenso einfache wie aufschlußreiche Experimente.

Die Sonne als Zeitmesser

Die tägliche scheinbare Wanderung der Sonne liefert ein Maß für die Zeitbestimmung. Ein langer senkrechter Stab, dessen Schatten auf einer horizontalen Fläche den Sonnenstand anzeigt, ist das Urbild aller Sonnenuhren. Dieser Stab heißt auch Gnomon und ist ein seit Jahrtausenden bekanntes astronomisches Instrument.
Der Gnomon muß so angebracht sein, daß er in der Meridianebene (siehe Seite 23) liegt, und so geneigt, daß seine Verlängerung stets in Richtung auf den Himmelspol weist. Dieser Neigungswinkel gegen den Horizont ist immer gleich der geographischen Breite am Beobachtungsort. Aus der Schattenlänge des Stabes läßt sich der Höhenwinkel der Sonne über dem Horizont bestimmen und damit der höchste Stand der Sonne am Tag. Dann ist es bekanntlich Mittag. Der Bau einer funktionsfähigen Sonnenuhr ist sehr reizvoll und im »Handbuch für Sternfreunde« genau beschrieben. Sonnenuhren können als künstlerischer Haus- und Gartenschmuck gestaltet werden. Wir wollen uns an dieser Stelle aber auf die einfachste Erfahrung mit dem Gnomon beschränken.

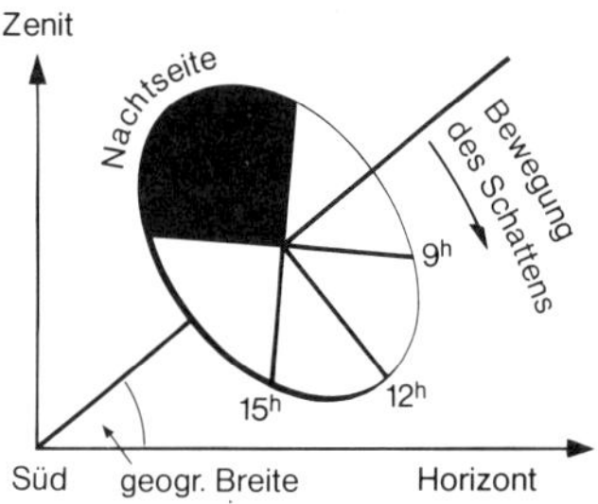

Einfache Sonnenuhr (Äquinoktialuhr). Der Stab (= Gnomon) ist auf den Himmelspol ausgerichtet. Der Schatten wird auf einer im Himmelsäquator liegenden Scheibe (Ring) mit gleichförmig durchlaufender Teilung abgelesen.

Die Zeit zwischen zwei aufeinanderfolgenden Durchgängen der Sonne durch den Frühlingspunkt (siehe Seite 23) entspricht einem Jahr. Durch Beobachtung des längsten und kürzesten Schattens, den der Gnomon am Mittag wirft, kann man angenähert an die Zeiten der Sonnenwenden (siehe Seite 17) bestimmen. Der Schatten, den ein Gnomon bestimmter Länge Mittag für Mittag auf den Boden zeichnet, ist nie gleich lang, sondern ist abhängig von der scheinbaren Bewegung der Sonne auf der Ekliptik. Mit dem Nachweis der Sonnenwenden macht der Gnomon indirekt auch auf die Schiefe der Ekliptik (siehe Seite 24) aufmerksam.

Sternbeobachtungen in verschiedenen geographischen Breiten

Wir haben kennengelernt: die Veränderung des Sternhimmels im Verlauf einer Nacht (tägliche Drehung der Erde) und die Veränderung des Sternhimmels im Verlauf eines Jahres (Bewegung der Erde um die Sonne).
Der Horizont begrenzt den Anblick des Sternhimmels und schränkt ihn für jeden Beobachtungsort auf eine Hälfte der scheinbaren Himmelskugel ein. Dabei gilt die Feststellung:

Für alle Beobachtungsorte auf dem gleichen Breitenkreis wird im Verlauf einer Erdumdrehung der gleiche Sternhimmel sichtbar. Im Verlauf einer Erdumdrehung heißt das: Es besteht im Anblick des gleichen Himmelsausschnitts ein zeitlicher Unterschied zwischen den Beobachtungsorten.

Mit der geographischen Breite ändert sich der Horizont, die sichtbare Hälfte der scheinbaren Himmelskugel verschiebt sich nach Süden bzw. Norden – eine sehr wichtige Tatsache für den Sternfreund. Wo immer wir auch auf der Erde beobachten, befindet sich eine Hälfte des Himmelsäquators über dem Horizont, die andere unter dem Horizont. Ein Stern auf dem Äquator wird also eine halbe Erdumdrehung lang sichtbar und ebenso lange unsichtbar sein. Daneben gibt es an jedem Beobachtungsort ständig sichtbare und ständig unsichtbare Sterne. Das veranlaßt zur folgenden Einteilung: An einem Beobachtungsort kann es geben:

1. Eine Zone mit dem Himmelspol in der Mitte, die ständig beobachtbar ist. Man spricht auch vom Zirkumpolargebiet und den Zirkumpolarsternen.
2. Eine Zone mit dem Himmelsäquator in der Mitte, die zeitweise sichtbar ist. Die Sterne gehen in ihr auf und unter.
3. Eine Zone mit dem entgegengesetzten Himmelspol in der Mitte, die ständig unsichtbar ist.

Wichtig: Neben der Größe des Zirkumpolargebietes und der Breite der teilweise sichtbaren Äquatorzone ändert sich mit der geographischen Breite auch die Sichtbarkeitsdauer der Sterne.
Die drei vorgenannten Zonen verteilen sich über die Erde wie folgt:

Breite	Sichtbarer Sternhimmel insgesamt	Ständig sichtbar	Zeitweise sichtbar	Ständig unsichtbar
Nordpol	50%	50%	0	50%
45° nördl.	85%	15%	70%	15%
Äquator	100%	0	100%	0
45° südl.	85%	15%	70%	15%
Südpol	50%	50%	0	50%

Alle Gestirne werden für den Beobachter nur dann wahrnehmbar, wenn sie über dem Horizont stehen. Das ist die Bedingung für die »geographische Sichtbarkeit«. Neben ihr spielt die »jahreszeitliche Sichtbarkeit« eine maßgebliche Rolle, die vom scheinbaren Lauf der Sonne auf der Ekliptik abhängig ist. Ein ausgezeichnetes Fachbuch, das die Erscheinungen der Himmelskugel bis in alle Einzelheiten darstellt, ist Helmut Werners »Vom Polarstern bis zum Kreuz des Südens« (siehe Seite 228). Wir beschränken uns auf Elementares und unterstützen das Verständnis mit den Sternkarten nach dem vorderen und vor dem hinteren Einbanddeckel und den Tafeln »Gestirnsbahnen in verschiedenen geographischen Breiten« (Seite 28/29).

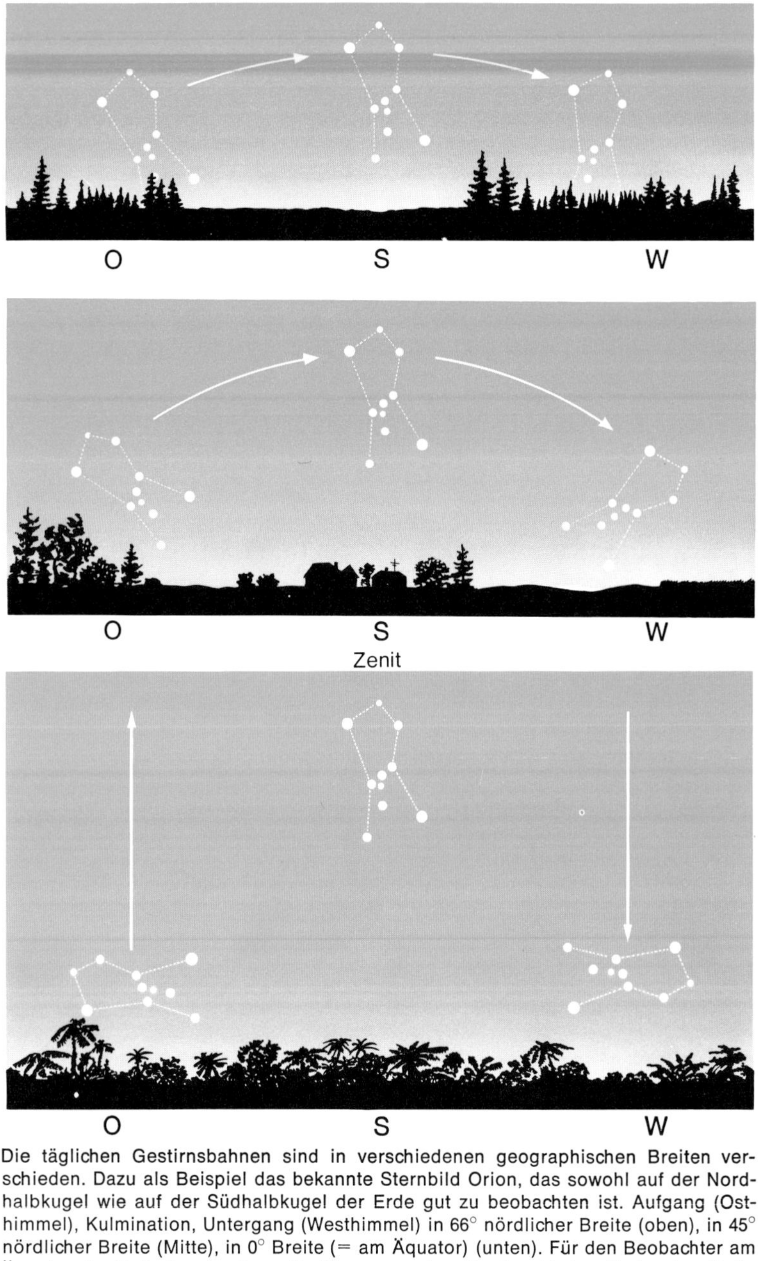

Die täglichen Gestirnsbahnen sind in verschiedenen geographischen Breiten verschieden. Dazu als Beispiel das bekannte Sternbild Orion, das sowohl auf der Nordhalbkugel wie auf der Südhalbkugel der Erde gut zu beobachten ist. Aufgang (Osthimmel), Kulmination, Untergang (Westhimmel) in 66° nördlicher Breite (oben), in 45° nördlicher Breite (Mitte), in 0° Breite (= am Äquator) (unten). Für den Beobachter am Äquator der Erde beschreiben die Sterne um den Nordpunkt des Horizontes Halbkreise. Der Himmelspol liegt in der Horizontlinie. Die Sternbilder gehen senkrecht auf und unter.

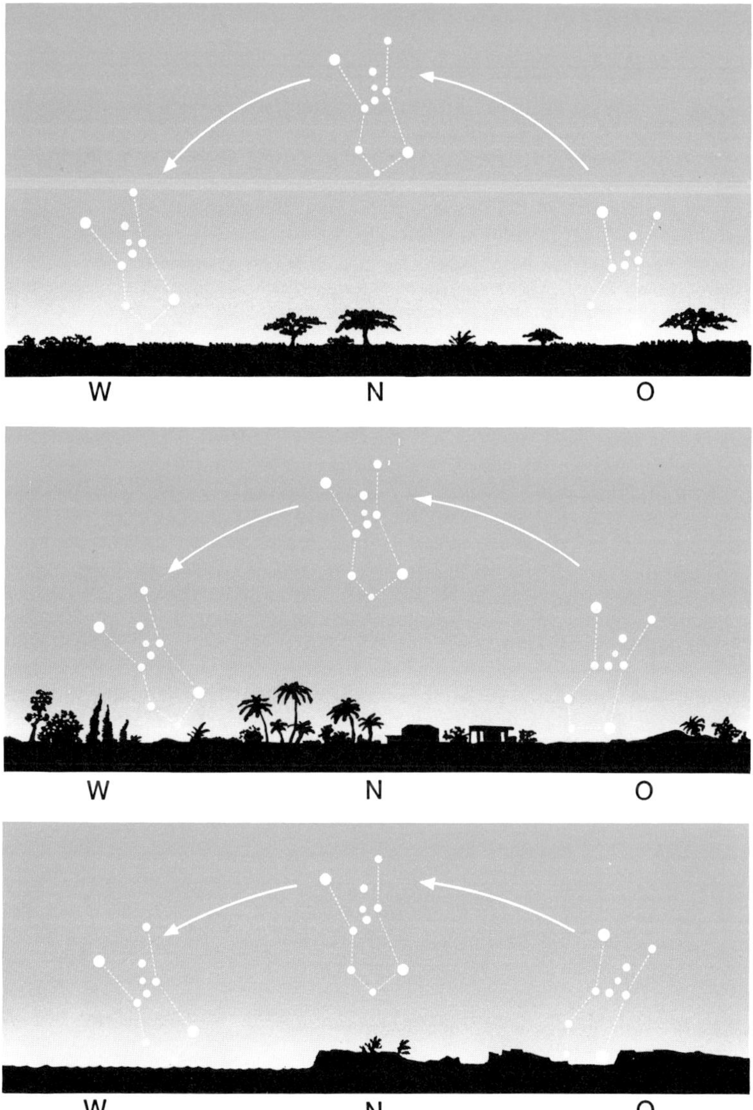

Aufgang, Kulmination und Untergang des Orion in 12° südlicher Breite (oben), in 23° südlicher Breite (Mitte), in 56° südlicher Breite (unten). Auf der südlichen Erdhalbkugel sind Norden und Süden vertauscht! Wo man noch Sterne des nördlichen Himmels sieht, legt eine ganz einfache Beziehung fest: 90 Grad minus Sterndeklination (Nord) = geographische Breite (Süd), wo der Stern gerade über dem Horizont erscheint. Beispiel: der Stern Alpha Gemini (Kastor im Sternbild Zwillinge) hat die Deklination +32°. Rechnung: 90° − 32° = 58° südlicher Breite. Diese Breite ist die südlichst mögliche, um den Stern gerade noch über dem Horizont zu sehen. Siehe auch Seite 30 und Seite 35.

Höhenmessungen mit einfachen Mitteln

Die Messung der Höhenwinkel von Sternen und Planeten war schon im Altertum eine wichtige Aufgabe der Astronomen. Ein ebenso einfaches wie lehrreiches Instrument dazu ist der Pendelquadrant. Jeder kann ihn einfach aus Pappe, Holz, Kunststoff, Aluminium oder Messing herstellen. Das Prinzip sieht so aus (siehe Abb. rechts): Wenn man an der Kante A-B entlang einen Stern anvisiert, zeigt das Lot auf der Teilung den Höhenwinkel des Sterns an. Je genauer die Visierkante des Quadranten zur Nullrichtung der Teilung senkrecht steht, um so genauer werden alle Messungen. Die stets vorhandenen Restfehler können wir bei diesem Experiment einmal unbeachtet lassen.

Was kann der Sternfreund nun messen? Da ist zum Beispiel die Bestimmung der geographischen Breite des Beobachters. Zu diesem Zweck sucht man sich einen hellen Fixstern, beispielsweise Sirius im Sternbild Großer Hund (Canis maior), recht auffällig am Abendhimmel in der Zeit von November bis März. Anfang März erreicht Sirius seinen höchsten Stand über dem Horizont zwischen 18h30 und 19h30. In Abständen von 5 Minuten werden nun die Höhen des Sterns über dem Horizont mit dem Pendelquadranten gemessen. Höchster Stand über dem Horizont für den Beobachter auf der Nordhalbkugel Blickrichtung Süden; für den Beobachter auf der Südhalbkugel der Erde Blickrichtung Norden. Der Kulminationspunkt (so wird der Punkt der größten Höhe über dem Horizont genannt) sei am 4. März, 20 Uhr, und die gemessene Höhe 23 Grad an einem bestimmten Ort auf der Nordhalbkugel. Zu diesem Wert wird die Deklination (siehe S. 23) des Sterns hinzugezählt. Sie beträgt aufgerundet minus 17 Grad. Die Rechnung lautet: 23 + 17 = 40. Das entspricht der Höhe des Himmelsäquators über dem Horizont im Meridian (siehe Seite 22). Augenfällig macht das auch die Abbildung unten links. Und die einfache Beziehung 90 Grad minus Höhe des Himmelsäquators = die geographische Breite, führt schnell zum Resultat: + 50 Grad. Man merke für die Nordhalbkugel):

> die Deklination mit dem Vorzeichen plus wird von der Höhenmessung abgezogen.
> Auf der Südhalbkugel ist es genau umgekehrt!
> Die Deklination mit dem Vorzeichen minus wird zur Höhenmessung dazugezählt;

Deklination und Rektaszension hellerer Sterne findet man im Text zu den nachfolgenden Sternkarten (Seite 36 bis Seite 143).

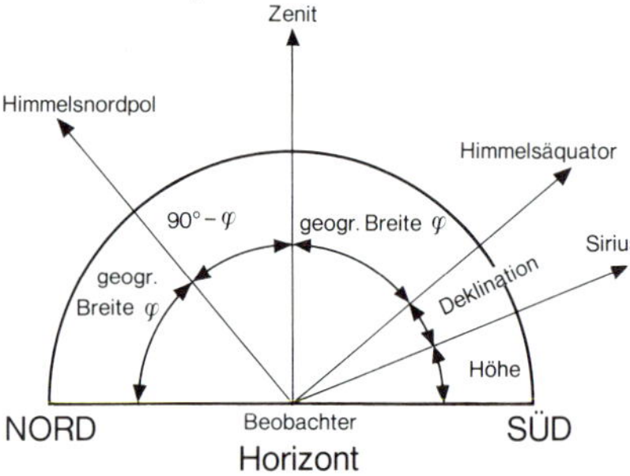

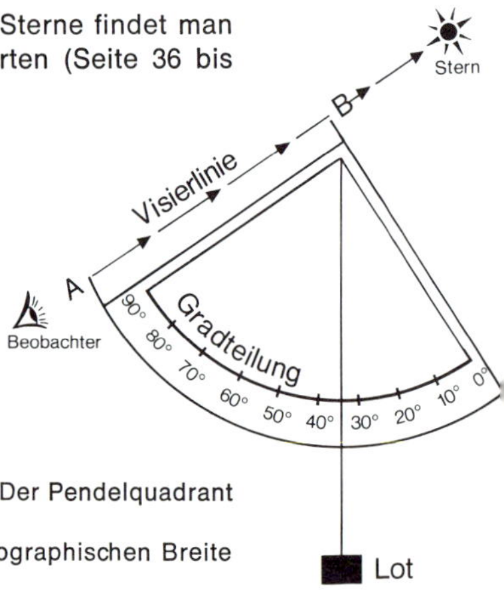

Der Pendelquadrant

Winkelbeziehungen zur Bestimmung der geographischen Breite mit Hilfe des Pendelquadranten.

 Kleinbildaufnahme der Milchstraße. Jeder Sternfreund kann das machen!

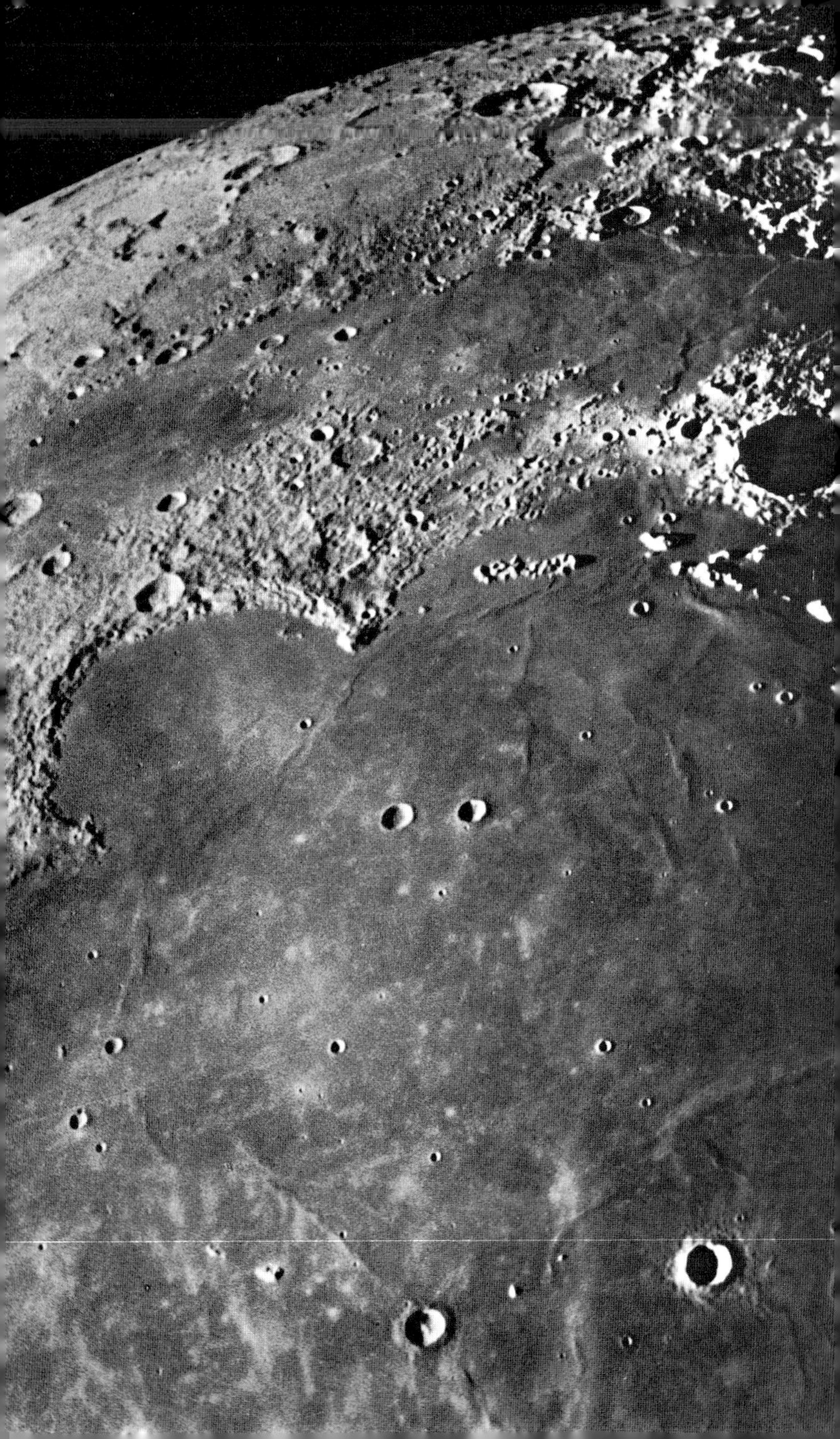

Die Sternbilder und ihre interessantesten Objekte für das kleine Fernrohr

Der Anblick des Sternhimmels in einer mondlosen, klaren Nacht ist schön und verwirrend zugleich. Die Sterne scheinen Legion zu sein und von einer Orientierung in dieser Vielzahl scheint keine Rede zu sein. Oder doch? Man muß sich etwas Zeit nehmen, das Auge ruhen lassen und sich auf helle, auffällige Sterne konzentrieren. Ja, und es gibt die »Leitsternbilder«, die an anderer Stelle bereits vorgestellt worden sind (siehe Seite 16).
Eine sichere Orientierung beginnt bei den Himmelspolen und den sie umgebenden Leitsternbildern; am Nordhimmel der Große Bär, auch Großer Wagen (Ursa maior) genannt, am Südhimmel das Kreuz des Südens mit den beiden Hauptsternen des Sternbildes Kentaur (Crux, Centaurus). Siehe dazu Abbildungen auf Seite 24 und 25.
Weitere Anhaltspunkte am Himmel sind die Sternbilder Orion, Jungfrau und Adler, denen allen gemeinsam ist, daß sie auf dem Himmelsäquator liegen. Etwas nördlich vom Himmelsäquator finden wir das auffällig quadratische Sternbild Pegasus. Und hier ein Überblick über die Sichtbarkeit:

Sternbild	**Aufgang** im Osten	**Mitternacht** im Süden (Nordhalbkugel) im Norden (Südhalbkugel)	**Untergang** im Westen
Orion	August	Mitte Dezember	April
Jungfrau	November	Mitte April	Juli
Adler	Februar	Mitte Juli	November
Pegasus	April	Mitte September	Januar

Im Durchschnitt geht ein Sternbild jeden Monat zwei Stunden früher auf. Bitte beachten Sie diese Regel bei der Benützung der Sternkarten auf S. 36 ff.

Entfernungen im Weltraum

Wer mit seinem Feldstecher oder Fernrohr den nächtlichen Himmel anschaut, wird sich sofort Gedanken über die Größenverhältnisse im Weltraum machen, vor allem über die Entfernungen. Wir sind es gewöhnt, von unseren alltäglichen Erfahrungen ausgehend Entfernungen »zu begreifen«. Alte Bauern sprechen von der Wegstunde, die zwei Dörfer trennt. Wer mit dem Auto unterwegs ist, stellt an Hand seines Tageskilometerzählers fest, daß er heute wieder ein paar hundert Kilometer gefahren ist. Und diese Kilometer sehen wir förmlich, weil sich Erinnerungen an Städte und Landschaft damit verbinden. Es ist das persönliche Erlebnis der Entfernung. Das ist auch noch da bei der Flugreise von Europa nach den USA. Und wer liest, daß der Erdumfang am Äquator etwa 40 000 km beträgt, der kann das immer noch in Beziehung zu seinen jährlich gefahrenen Auto-Kilometern bringen. Schnell wachsen die Entfernungen aber an, wenn der Mensch die Erde verläßt. Wir erinnern uns noch alle an jenen 20. Juli 1969: Der »Adler« war gelandet. Zum erstenmal haben Menschen einen anderen Himmelskörper erreicht, den Mond. Runde 385 000 km ist dieser Weltraumnachbar von der Erde entfernt.

◁ Mondphoto mit einem Amateurfernrohr von 20 cm Öffnung!

Nachfolgende Tabelle gibt Auskunft über die Entfernungen der großen Himmelskörper des Sonnensystems von der Erde (in Millionen Kilometern):

Sonne	149,6	Jupiter	600 bis 970
Mond	0,384405	Saturn	1200 bis 1650
Merkur	75 bis 225	Uranus	2600 bis 3150
Venus	35 bis 255	Neptun	4350 bis 4700
Mars	60 bis 400	Pluto	4300 bis 7500

Die Entfernungen der Planeten von der Erde sind deshalb nicht gleichmäßig, da ja der jeweilige Standort des Planeten und der Erde während des Umlaufs um die Sonne verschieden ist (siehe auch Zeichnungen auf Seite 157). Wieviel Kilometer die Planeten auf ihrer Bahn um die Sonne zurücklegen, darüber unterrichtet diese Aufstellung (in Millionen Kilometern):

Merkur	360	Mars	1 400	Uranus	18 000
Venus	680	Jupiter	4 900	Neptun	28 000
Erde	940	Saturn	9 000	Pluto	37 000

Jahr für Jahr rennt also unsere Erde die Strecke von 940 Millionen Kilometern um die Sonne. Sie entwickelt dabei die mittlere Bahngeschwindigkeit von 29,8 km in der Sekunde! Das ergibt die im Straßenverkehr konkurrenzlose Stundengeschwindigkeit von 107 280 Kilometern.
Der unserem Sonnensystem nächstgelegene Fixstern heißt Alpha Centauri (siehe Sternkarte auf Seite 125). Er ist von der Sonne »nur« 4,3 Lichtjahre entfernt. Ein Lichtjahr entspricht umgerechnet 9,4605 Billionen Kilometern. Vielleicht ist folgendes Modell eine kleine Hilfe zum besseren Verständnis. Hier wird jede Million Kilometer auf einen Zentimeter verkürzt. Dann wäre

die Entfernung Sonne–Erde 1,5 Meter
die Entfernung Sonne–Jupiter 7,78 Meter
die Entfernung Sonne–Pluto 59,10 Meter
die Entfernung Sonne–Alpha Centauri 410 000 Meter.

Das Modell-Sonnensystem könnten wir bequem im Kölner Dom oder mit noch mehr Spielraum im New Yorker Empire State Building unterbringen. Allerdings: was dann den nächsten Fixstern angeht, müssen wir uns zu einem längeren Ausflug entscheiden: Befindet sich das Sonnensystem im Kölner Dom, so findet Alpha Proxima Centauri seinen Platz erst in Nürnberg. Vergleichsweise entspricht das der Strecke New York–Washington. Es lohnt sich schon, sich ein paar Gedanken über Entfernungen im Weltraum zu machen, bevor man den Sternenhimmel betrachtet. Diese Dimensionen müssen wir auch beachten, wenn es um den Raum geht, den bemannte und unbemannte Weltraumsonden erreichen können. Eines ist sicher: Der Spaziergang mit den Augen zur Milchstraße ist der einzige Weg des Menschen, dorthin zu kommen. Er bringt genügend Überraschungen und viel Erlebnis demjenigen, der aus Freude an der Natur eine Nacht am Fernrohr erlebt.

Gebrauchsanweisung für unsere Sternkarten

Auf den Seiten 36 bis 143 ist der gesamte auf unserer Erde sichtbare Sternhimmel mit den Sternen bis zur 5. Größenklasse abgebildet. Vom Polarstern bis zum Kreuz des Südens. Immer vier Seiten gehören zusammen:

1. Seite links (Beispiel: S. 36): Sie zeigt den Ausschnitt und enthält die Beschreibung der wichtigsten Sterne und Sternbilder.

2. Seite rechts (Beispiel: S. 37): Der jeweilige Ausschnitt in seiner ganzen Größe. Er entspricht einem Himmelsfeld von 40 Grad mal 60 Grad. Die abgebildeten Sterne sind alle mit freiem Auge zu sehen.

3. Seite links (Beispiel: S. 38): Photographierte Umgebungskarte eines interessanten Himmelsobjektes (Doppelstern, Sternhaufen, Gasnebel usw.) für die Beobachtung mit dem Feldstecher oder einem kleinen astronomischen Fernrohr. Der photographierte Ausschnitt entspricht ca. 6° Gesichtsfeld. Dasjenige eines leistungsstarken Feldstechers, z. B. Beck Tordalk 11 x 80 oder Zeiss 15 x 60 ca. 4,6°; mehr über geeignete Instrumente auf Seite 213 ff.

4. Seite rechts (Beispiel: S. 39): Eine zweite Umgebungskarte von einem anderen bemerkenswerten Objekt. Um das Aufsuchen leichter zu machen, sind dieses und das erste Objekt auf der gegenüberliegenden Seite in der großen Übersichtskarte mit Kreisen markiert.

Die graphisch gestaltete Karte mit dem Himmelsfeld von 40 mal 60 Grad enthält außer den beiden mit Kreisen gekennzeichneten »Spezial-Objekten« noch eine Reihe von anderen Himmelsobjekten, die mit Symbolen gekennzeichnet sind. Die Erläuterung dafür gibt die Fußleiste auf der der Karte gegenüberliegenden Seite unten.

Wann ist der jeweilige Ausschnitt am nächtlichen Himmel zu sehen? Mit Hilfe der auf Seite 16 beschriebenen Leitsternbilder und deren Sichtbarkeit sowie mit den Sternkarten für die jahreszeitliche Sichtbarkeit des Sternhimmels auf der Nord- bzw. Südhalbkugel der Erde (siehe Sternkarten nach dem vorderen und vor dem hinteren Einbanddeckel) fällt die Bestimmung nicht schwer. Eine einfache Formel gestattet die Berechnung der Deklination jener nördlichsten bzw. südlichsten Sterne, die am Beobachtungsort gerade noch zu sehen sind. **Beispiel für Seite 36:** Beobachtungsort in Südamerika hat $\varphi = -40°$. Dann gilt: $90° - 40° = 50°$. Bis zur Deklination $+ 50°$ sind alle Sterne des Nordhimmels sichtbar, also auch die Sterne β und γ Andromedae. **Beispiel für Seite 88:** Beobachtungsort in Europa hat $\varphi = +55°$. Dann gilt: $90° - 55° = 35°$. Bis zur Deklination $-35°$ sind alle Sterne des Südhimmels sichtbar, also auch die Sterne γ Corvi und α Virginis.

Die Sternkarten beginnen

+ 90 Grad bis + 30 Grad von 0 bis 360 Grad (Karte 1 mit 9);
+ 30 Grad bis – 30 Grad von 0 bis 360 Grad (Karte 10 mit 18);
– 30 Grad bis – 90 Grad von 0 bis 360 Grad (Karte 19 mit 27).

Die einzelnen Sternkarten überschneiden sich etwas, um den Übergang zu erleichtern.

Die besonders aufgeführten »hellen Sterne« sollen Anhaltssterne sein und mit der Angabe der Position den Vergleich mit anderen Sternkarten oder astronomischen Jahrbüchern möglich machen. Die Bezeichnung der Sterne ist – zumindest für die helleren – üblich mit einem griechischen Buchstaben und dem lateinischen Sternbildnamen. Der Name des Sterns in Klammern ist ein meist auf arabischen Ursprung zurückgehender Eigenname.

Die Namen der Sternbilder sind deutsch und lateinisch (in Klammern).

Die Angaben auf den Seiten »Der Ausschnitt im Fernrohr« betreffen die Benennung des Objekts mit einer Katalognummer (z. B. M 42 und – sofern üblich – mit einem Eigennamen bzw. einer speziellen Bezeichnung (z. B. Großer Orion-Nebel). Außerdem werden angegeben die Art des Objekts (z. B. Sternhaufen, Gasnebel usw.) und seine Position in Rektaszension (RA) und Deklination (Dekl.).

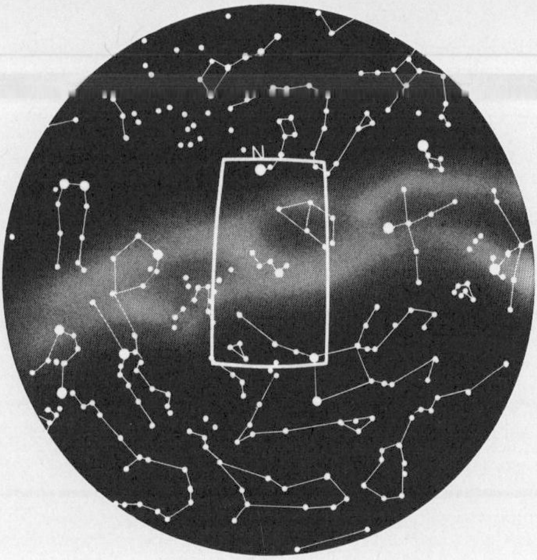

1 Andromeda – Cassiopeia

Die hellen Sterne

β Andromedae (Mirach); RA 1^h06^m9; Dekl. $+35°\ 21'$; 2.4^m

γ Andromedae (Alamak); RA 2^h00^m8; Dekl. $+42°\ 05'$; 2.2^m

α Cassiopeiae (Schedir); RA 0^h37^m7; Dekl. $+56°\ 16'$; 2.5^m

β Cassiopeiae (Caph); RA 0^h06^m5; Dekl. $+58°\ 52'$; 2.4^m

Sichtbarkeit Mitternachtssichtbarkeit über Südhorizont (Mittlere Ortszeit): Oktober. – Die Sterne im Kartenausschnitt gehen jeden Monat ungefähr 2 Stunden früher auf: November 22^h, Dezember 20^h.
Nördliche Erdhalbkugel: Alle Sterne des Nordhimmels sichtbar. – Südliche Erdhalbkugel: Deklination (+) des nördlichsten noch sichtbaren Sterns am Beobachtungsort mit der südlichen geographischen Breite $\varphi = 90° - \varphi°$ Süd.

Andromeda (Andromeda) Als Fortsetzung des Pegasus-Vierecks (s. S. 104) ist das Sternbild mit vier helleren Sternen, die eine leicht gekrümmte Kette bilden, ein auffälliges Objekt am nördlichen Himmel. Das Sternbild ist nur teilweise zirkumpolar, also das ganze Jahr über sichtbar. Stern Gamma mit dem arabischen Namen Alamak zeigt sich im kleinen Fernrohr doppelt; ein Stern ist gelb (der hellere), der andere blau. In der Sage war Andromeda die Tochter des Königs Cepheus und seiner Frau Cassiopeia. Andromeda-Nebel s. S. 38.
Cassiopeia (Cassiopeia) Ein zirkumpolares Sternbild, dessen w-förmige Anordnung der helleren Sterne am Himmel auffällt. Das Sternbild befindet sich etwa in der Mitte zwischen den Sternbildern Andromeda und Cepheus. Antike griechische Schlüssel lassen oft ein w-förmiges Aussehen erkennen. Das Sternbild wurde deshalb von den alten Griechen wegen seiner Form auch mit einem Schlüssel verglichen. Das Übertragen irdischer und damit vertrauter Bilder auf die Konstellation der Sterne am Himmel begegnet uns bei fast allen Sternbildern immer wieder. Einmal sollte dadurch die Orientierung am nächtlichen Sternhimmel erleichtert werden, zum anderen sahen die Alten in den Himmelsbildern Gleichnisse, die Mythen und Legenden hervorgebracht haben.

Stern 1. Größe	Stern 2. Größe	Stern 3. Größe	Stern 4. Größe	Stern 5. Größe	Doppelstern	Doppel- und var. Stern	variabler Stern	offener Sternhaufen	Kugelsternhaufen	Spiralnebel	diffuser Nebel	pla… Ne…

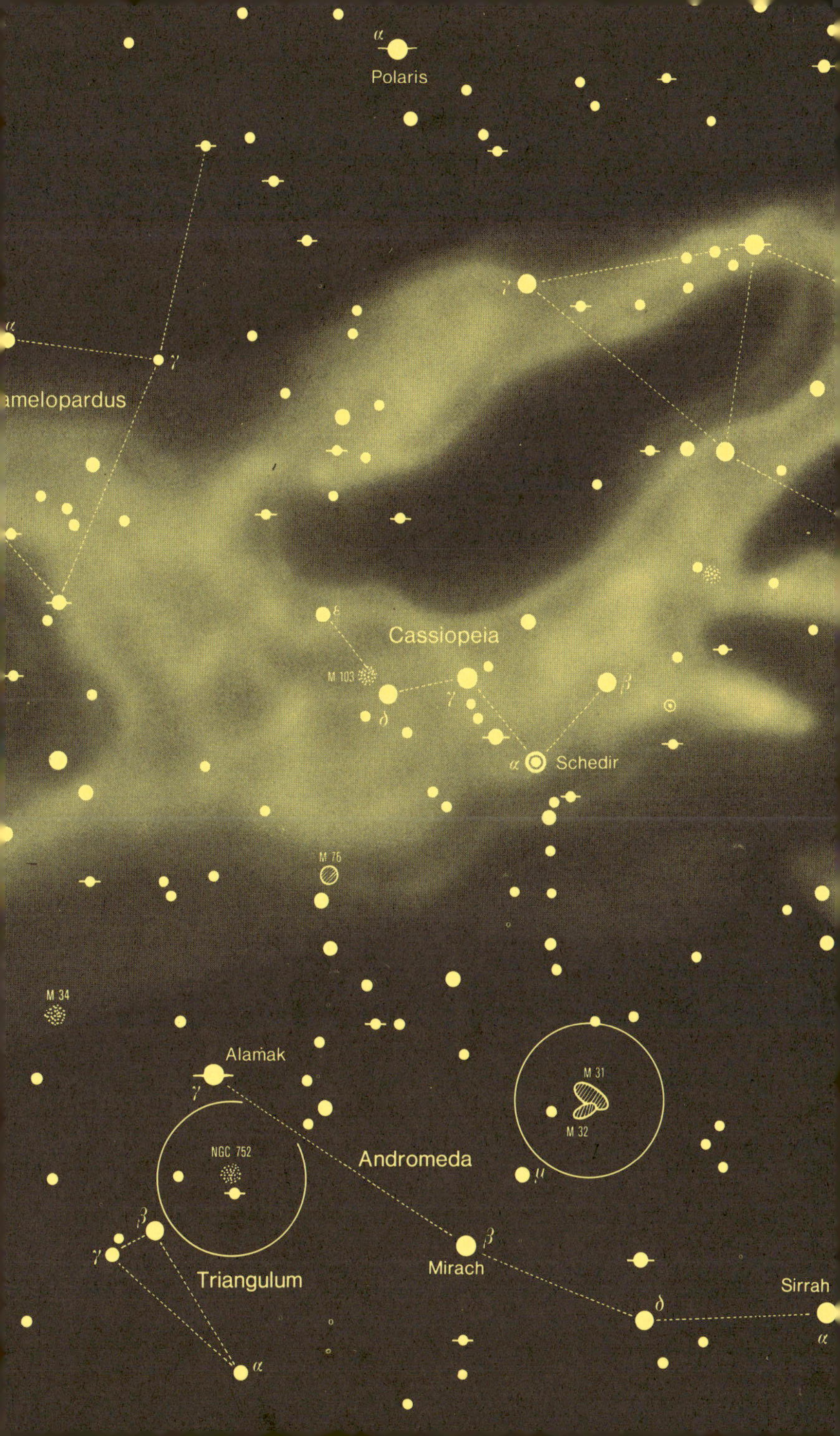

Polaris
amelopardus
Cassiopeia
M 103
Schedir
M 76
M 34
Alamak
NGC 752
Andromeda
M 31
M 32
Triangulum
Mirach
Sirrah

Der Ausschnitt im Fernrohr

Beschreibung M 31 = NGC 224 = Andromeda-Nebel, Spiralnebel (Galaxie); RA 0^h40^m0; Dekl. $+41°$ 00′.

Der Andromeda-Nebel ist eine der nächsten Galaxien und läßt bereits im Feldstecher deutlich die charakteristische Form erkennen, wie sie das Foto zeigt. Nimmt man ein etwas größeres Amateurfernrohr (3–4 Zoll Öffnung), erscheint der helle Kern kräftiger, jedoch erkennt man noch nichts von der tatsächlichen Gestalt. Es ist der Astrophotographie vorbehalten, Spiralarme und Einzelsterne sichtbar zu machen. Nicht nur wegen seiner Nähe (ca. 2 Millionen Lichtjahre) ist der Andromeda-Nebel interessant. Nach seinen Dimensionen und seiner Struktur hat er viel Gemeinsames mit unserem Milchstraßensystem. Er ist deshalb ein bevorzugtes Forschungsobjekt. Schon mit freiem Auge ist in dunkler Nacht der Nebel als länglicher Lichtfleck auszumachen. Der Beobachter sucht das Objekt ausgehend von den Sternen β und μ Andromedae. Die Verlängerung der Verbindungslinie beider Sterne führt geradewegs zum Andromeda-Nebel.

Beschreibung NGC 752, offener Sternhaufen; RA 1^h54^m7; Dekl. $+37°\,25'$.
Der offene Sternhaufen NGC 752 ist im Bildausschnitt unmittelbar rechts von der Bildmitte zu sehen. Die lockere Ansammlung von Sternen ist unverkennbar. Das Objekt befindet sich am Himmel noch innerhalb der Grenzen des Sternbildes Andromeda. Beim Aufsuchen geht man vom hellen Stern γ Andromedae aus. Von dort südlich in Richtung auf den Stern β Trianguli. Im Gesichtsfeld eines Weitwinkelfeldstechers (Gesichtsfeld ca. 7 Grad) erscheint der offene Sternhaufen zusammen mit dem Stern β Trianguli. Die beiden helleren Sterne links am Rand des Bildausschnittes sind die Sterne 59 und 58 Andromedae; sie liegen auf der Linie γ Andromedae nach β Trianguli und können ebenfalls als Stützpunkte bei der Aufsuchung verwendet werden.
Die Himmelsgegend ist nur noch Randgebiet der Milchstraße. Der offene Sternhaufen NGC 752 ist so im Feldstecher oder kleinen Fernrohr ein durchaus auffälliges und lohnendes Objekt. Eine Beobachtung mit bloßen Augen ist auch unter sehr guten Umständen nicht möglich. Der Sternhaufen hat die scheinbare Helligkeit 7^m und einen scheinbaren Durchmesser von 45 Bogenminuten (Vollmond 30).

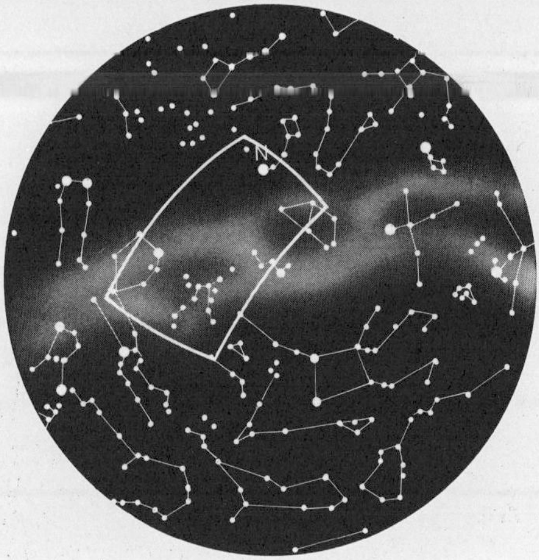

2 Giraffe – Perseus

Die hellen Sterne

α Persei (Algenib);
RA 3^h20^m7;
Dekl. $+49°\ 41'$; 1.8^m

β Persei (Agol);
RA 3^h04^m9;
Dekl. $+40°\ 46'$;
2.1^m–3.4^m
(veränderlich)

Sichtbarkeit Mitternachtssichtbarkeit über Südhorizont (Mittlere Ortszeit): November. – Die Sterne im Kartenausschnitt gehen jeden Monat ungefähr 2 Stunden früher auf: Dezember 22^h, Januar 20^h.
Nördliche Erdhalbkugel: alle Sterne des Nordhimmels sichtbar. – Südliche Erdhalbkugel: Deklination (+) des nördlichsten noch sichtbaren Sterns am Beobachtungsort mit der südlichen geographischen Breite $\varphi = 90° - \varphi°$ Süd.

Giraffe (Camelopardus) Ein in mittleren nördlichen Breiten zirkumpolares – damit das ganze Jahr über sichtbares – Sternbild. Recht unscheinbar zwischen den Sternbildern Cassiopeia und Fuhrmann.
Perseus (Perseus) Ein in mittleren nördlichen Breiten teilweise noch zirkumpolares Sternbild. Die verhältnismäßige Fülle hellerer Sterne macht es gar nicht leicht, das Sternbild auf den ersten Blick zu formen. Dabei ist es keineswegs zu übersehen und leicht zwischen den Sternbildern Andromeda (mit dem berühmten Spiralnebel!) und Fuhrmann aufzufinden. Die Lage mitten in der Milchstraße erhöht in dunkler Nacht noch den Eindruck des Sternreichtums. Der Name Perseus führt zurück in die Mythen der alten Griechen. Obwohl die Araber die griechischen Namen der Sternbilder übernommen haben, konnten sie mit den Mythen der Griechen meistens nicht viel anfangen. Die in der Wüste umherziehenden Nomaden hatten ihren Lebenskreis, und aus ihm nahmen sie die Bilder für die Konstellationen am Himmel. Aus dem schwertschwingenden Perseus werden »durstige Kamele«.
Im Sternbild Perseus befinden sich mehrere interessante Beobachtungsobjekte. Die drei wichtigsten, ein veränderlicher Stern (Algol) und zwei offene Sternhaufen, werden auf den beiden nächsten Seiten näher beschrieben.

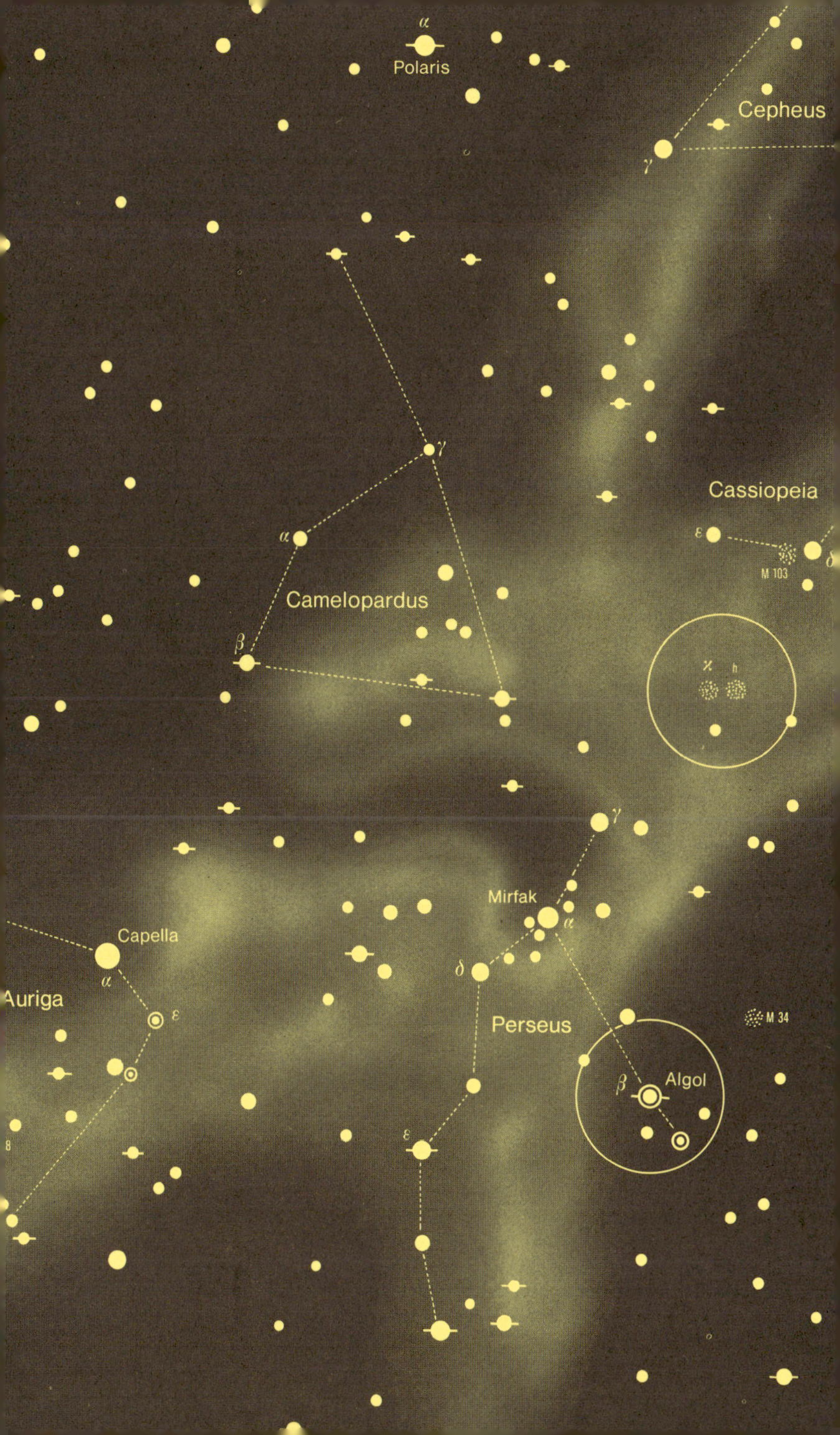

α
Polaris
Cepheus
γ
Cassiopeia
ε
M 103
δ
γ
α
Camelopardus
β
χ
h
γ
Mirfak
α
Capella
α
Auriga
ε
δ
Perseus
M 34
β
Algol
ε

Der Ausschnitt im Fernrohr

Beschreibung β Persei = Algol, Bedeckungsveränderlicher; RA 3^h04^m9; Dekl. $+40° 46'$.

Der Dämon am Himmel – so jedenfalls lautet die Übersetzung des arabischen Namens Algol. Sein eigenartiges Verhalten hat die Astronomen schon vor Jahrhunderten beschäftigt: regelmäßig in einem Intervall von 2,9 Tagen schwankt die Helligkeit des Sterns zwischen der 2. und der 3. Größenklasse. Bei einiger Übung ist das unschwer auch ohne Fernrohr zu beobachten. Algol ist sozusagen der Ahne einer ganzen Klasse von Sternen, den Bedekkungsveränderlichen, denn heute weiß man, daß die Helligkeitsschwankungen auf den Bewegungsmechanismus zweier sich umkreisender Sterne zurückzuführen sind. Stehen die beiden Sterne nebeneinander, ist die Gesamthelligkeit größer, als wenn ein Stern den anderen bedeckt. Das bloße Auge sieht nichts vom Doppelstern, aber es registriert die Helligkeitsänderung. Da Algol ein so prominenter Vertreter seines Typs ist, werden die Zeitangaben seines Lichtwechsels in Jahrbüchern (siehe Seite 229) veröffentlicht.

Algol ist im Ausschnitt der helle Stern in der Mitte. Er bildet mit dem Stern α Persei und γ Andromedae ungefähr ein rechtwinkeliges Dreieck.

Der Ausschnitt im Fernrohr

Beschreibung NGC 869 und 884 = h und χ Persei, zwei offene Sternhaufen; h Persei RA 2^h15^m5; Dekl. $+56° 55'$; χ Persei RA 2^h18^m9; Dekl. $+56° 53'$.
Hier können sich wieder einmal Beobachter mit guten Augen hervortun. Die beiden nahe beieinanderstehenden Sternhaufen erscheinen dem freien Auge als milchiger, nebliger Fleck. Man findet sie ziemlich in der Mitte zwischen den hellen Sternen γ Persei und δ Cassiopeiae.
Die beiden offenen Sternhaufen entfalten ihre wahre Pracht indessen erst im Feldstecher oder im astronomischen Fernrohr bei nicht zu hoher Vergrößerung (20- bis 40fach). Hans Vehrenberg weist darauf hin, daß der Beobachter bei guten Sichtbedingungen sogar Farbunterschiede in den beiden Haufen feststellen kann. Die Zahl der Sterne in beiden Haufen zusammen beträgt bis zur 15. Größenklasse über 600.
Es ist ein sogenannter Doppel-Sternhaufen, dessen Alter die Fachleute mit 3 Millionen Jahren angeben. Astronomisch bedeutet das, daß er sehr jung ist! In unserem Ausschnitt ist der linke Sternhaufen das Objekt χ Persei und der rechte das Objekt h Persei.

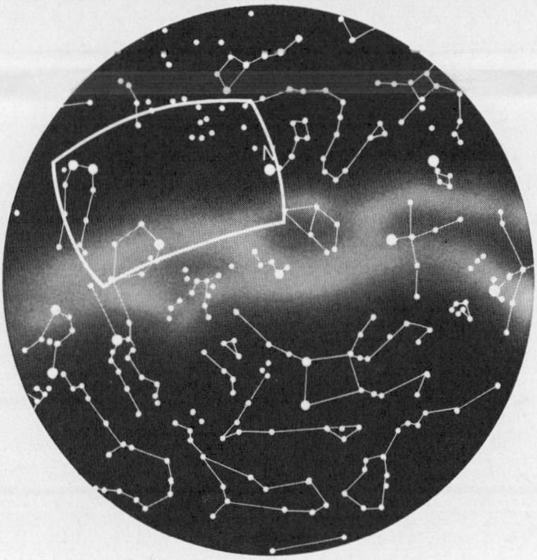

3 Fuhrmann

Die hellen Sterne

α Aurigae (Capella);
RA 5^h13^m0;
Dekl. $+45°\ 57'$; 0.1^m

β Aurigae (Menkalinan);
RA 5^h55^m9;
Dekl. $+44°\ 57'$;
1.9^m–2.0^m (veränderlich)

Sichtbarkeit Mitternachtssichtbarkeit über Südhorizont (Mittlere Ortszeit): Dezember. – Die Sterne im Kartenausschnitt gehen jeden Monat ungefähr 2 Stunden früher auf: Januar 22^h, Februar 20^h.
Nördliche Erdhalbkugel: Alle Sterne des Nordhimmels sichtbar. – Südliche Erdhalbkugel: Deklination (+) des nördlichsten noch sichtbaren Sterns am Beobachtungsort mit der südlichen geographischen Breite $\varphi = 90° - \varphi°$ Süd.

Fuhrmann (Auriga) Ein markantes, teilweise zirkumpolares Sternbild, das nördlich zwischen den Sternbildern Stier und Zwillingen zu suchen ist. Eine Hilfe beim Auffinden ist die fünfeckige Form, die die hellen Sterne dem Sternbild geben. Dabei gehört der südlichste dieser 5 Sterne genaugenommen zum Sternbild Stier. Fast unmittelbar auf der Verbindungslinie zwischen Stern α Ursae maioris und α Tauri (der rötlich leuchtende Aldebaran!) liegt der Hauptstern im Sternbild Fuhrmann mit Namen Capella (das Ziegenböcklein). Capella ist der fünfthellste Fixstern (nach Sirius, Canopus, α Centauri und Wega), den wir beobachten können. Sein Name führt zurück in die griechische Sagenwelt. Damals bildete er mit einigen schwächeren Sternen der Umgebung das Sternbild der Ziege mit den Böcklein. Erst später entstand der Name Fuhrmann für das Sternbild insgesamt, dem seither auch Capella zugerechnet wird.
Auf alten Sternkarten, die die Sternbilder meist kräftig ausgeschmückt und figürlich darstellen, sieht man dann den Fuhrmann, der eine Ziege auf dem Rücken trägt. Ja, auch in der hohlen Hand hält dieser Fuhrmann oft noch ein paar Zicklein. Und der helle Stern Capella wird gerade dort placiert, wo die Ziege das Euter hat. H. v. Bronsart: »Dies ist verständlich: fließt doch aus dem Euter die Milch, mit der so viele illegitime Göttersöhne in aller Heimlichkeit aufgezogen wurden, wenn die eifersüchtige Hera ihnen nachstellte.«

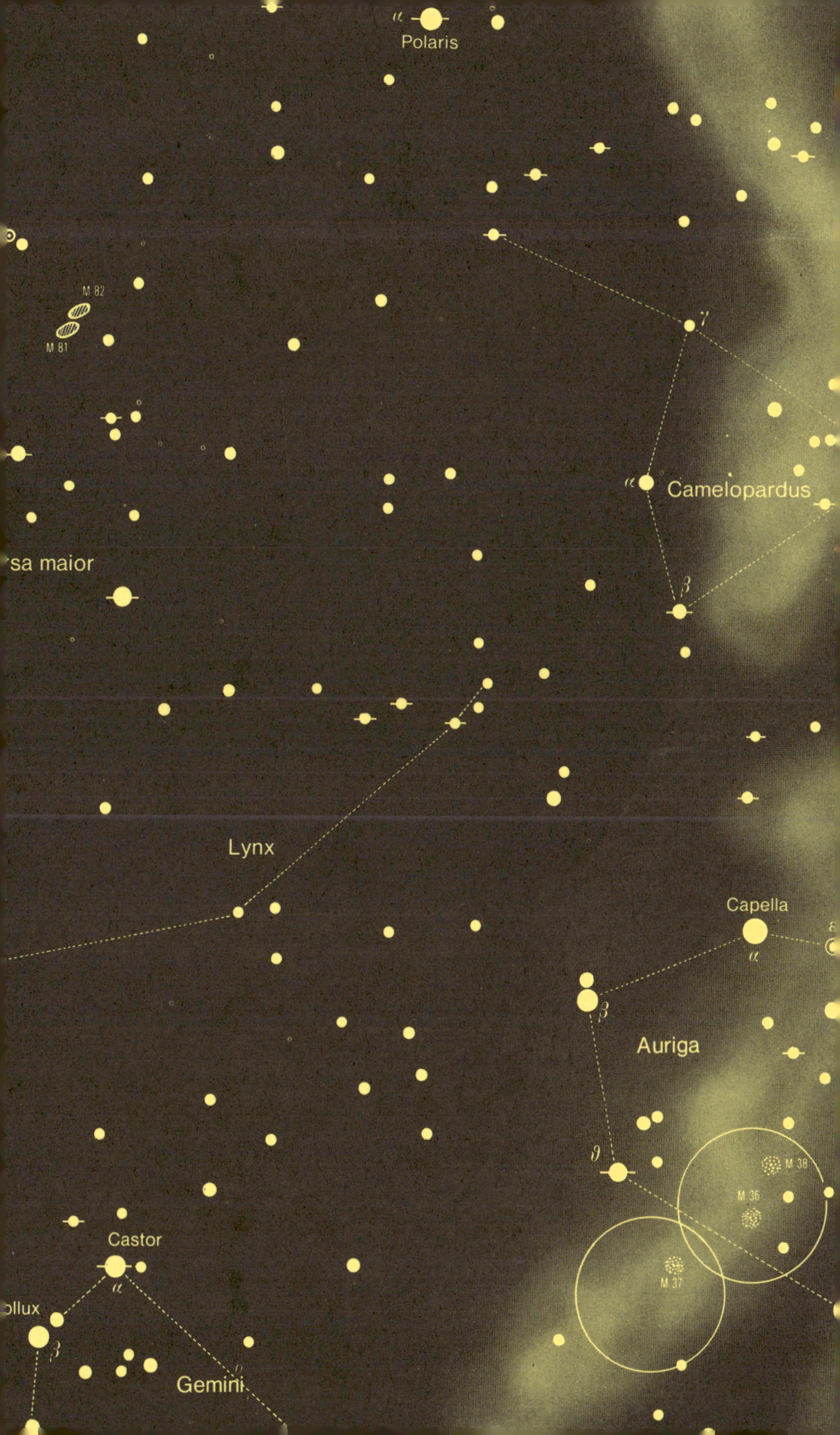
Polaris
M 82
M 81
Camelopardus
sa maior
Lynx
Capella
Auriga
M 38
M 36
M 37
Castor
ollux
Gemini

Der Ausschnitt im Fernrohr

Beschreibung M 36 = NGC 1960, offener Sternhaufen; RA 5^h32^m0; Dekl. +34° 07′. M 38 = NGC 1912, offener Sternhaufen; RA 5^h25^m3; Dekl. +35° 48′. Links im Bild befindet sich M 36 und ganz oben am Rand M 38. Unterhalb von M 38 zeigt das Foto einen weiteren offenen Sternhaufen (NGC 1907), der jedoch nicht so eindrucksvoll ist wie M 36 und M 38, die ausgesprochene Feldstecherobjekte sind. Im Ausschnitt ebenfalls dargestellt (Mitte rechts) die Umgebung des Sterns φ Aurigae mit einer deutlichen Sterngruppierung. Das Feld insgesamt liegt mitten in der Milchstraße. Beim Aufsuchen hilft die Verbindungslinie zwischen den Sternen ϑ Aurigae und ι Aurigae: in der Mitte zwischen beiden Sternen entdeckt der Beobachter unschwer M 36. Hat er einen sog. Weitwinkelfeldstecher (s. S. 218), so hat er – wenn M 36 in der Mitte des Gesichtsfeldes ist – auch M 38 und M 37 im Gesichtsfeld, da die Strecke von M 38 und M 37 nur etwa 7 Grad beträgt. M 37 wird auf der nächsten Seite ausführlich vorgestellt. Bei M 38 beachte man den besonderen Sternreichtum.

Beschreibung M 37 = NGC 2099, offener Sternhaufen; RA 5^h49^m0; Dekl. $+32° 33'$.

Das Milchstraßengebiet im südlichen Teil des Sternbildes Fuhrmann ist reich an offenen Sternhaufen (siehe auch nebenstehende Seite!). M 37 verdient besondere Beachtung, weil dieser offene Sternhaufen das eindrucksvollste aller Objekte in dieser Region ist. Wegen der gleichmäßigen Verteilung der Milchstraßensterne rund um M 37 kann der Beobachter den Sternhaufen gut erfassen. Die Auflösung in Einzelsterne gelingt ohne weiteres im kleinen Fernrohr (Dreizöller mit 30–40facher Vergrößerung). H. Vehrenberg macht in seinem »Messier-Buch« aufmerksam: »Nahe der Mitte steht ein auffallend orangefarben leuchtender Stern.« Die Zahl der Einzelsterne beläuft sich auf etwa 200. Schätzungen hinsichtlich des Alters geben 200 Millionen Jahre und hinsichtlich der Entfernung 1450 parsec an.

Zum Aufsuchen empfiehlt sich die nebenstehend für M 36 angegebene Hilfe, dieser Sternhaufen steht etwa vier Grad von M 37 entfernt. Man kann also mit den meisten Feldstechern beide Objekte gleichzeitig in das Gesichtsfeld bekommen.

4 Großer Bär – Kleiner Löwe – Luchs

Die hellen Sterne

α Lyncis; RA 9^h18^m0; Dekl. $+34°\ 36'$; 3.3^m

ι Ursae maioris (Talitha); RA 8^h55^m8; Dekl. $+48°\ 14'$; 3.1^m

Sichtbarkeit Mitternachtssichtbarkeit über Südhorizont (Mittlere Ortszeit): Februar. – Die Sterne im Kartenausschnitt gehen jeden Monat ungefähr 2 Stunden früher auf: März 22^h, April 20^h.
Nördliche Erdhalbkugel: Alle Sterne des Nordhimmels sichtbar. – Südliche Erdhalbkugel: Deklination (+) des nördlichsten noch sichtbaren Sterns am Beobachtungsort mit der südlichen geographischen Breite $\varphi = 90° - \varphi°$ Süd.

Großer Bär (Ursa maior) Ausführliche Beschreibung s. S. 52. Nicht überall ist das Sternbild unter diesem Namen bekannt. Die Isländer sahen in ihm früher den »Wagen des höchsten Gottes«. In altgriechischer Zeit gar galt es als Nymphe Helike, ein ziemlich herbes Mädchen mit patschnassen Haaren, das auf die Erde Schneestürme, Hagelschauer und eisige Kälte schickt. Die verschiedenen Deutungen der Sternkonstellationen, oft nach Volk und Epoche sehr abweichend, sind für sich schon des Interesses wert.
Kleiner Löwe (Leo minor) Ein unscheinbares Sternbild zwischen den Sternbildern Großer Bär und Löwe. Nur drei Sterne sind heller als 4.5^m. Zahlreiche extragalaktische Systeme sind in diesem Sternbild nachweisbar; jedoch handelt es sich dabei durchweg um lichtschwache Objekte.
Luchs (Lynx) Auch dieses Sternbild ist für den Sternfreund von geringem Interesse. Die Gegend ist ausgesprochen sternarm. Das Sternbild Luchs ist noch zirkumpolar. Man findet seine Sterne zwischen den Sternbildern Zwillinge und Großer Bär. Nahe dem Stern α Lyncis ist der Doppelstern 38 Lyncis (3 Grad nördlich); der hellere Stern hat 4.0^m, der lichtschwächere 6.0^m. Mit einer Distanz von 2.8 Bogensekunden ist dieser Doppelstern noch ein Objekt für Dreizöller.

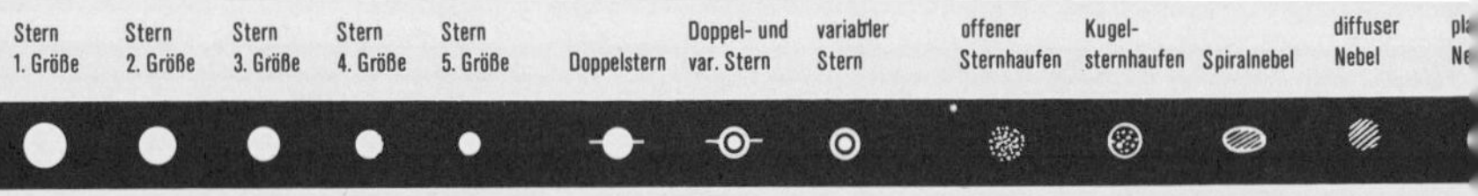

Ursa minor
Polaris
α
Kochab
β
γ
Camelopardus
M 82
M 81
σ
Dubhe
α
Ursa maior
β
Merak
M 97
M 108
Lynx
Leo minor
β
38
α
Cancer

Der Ausschnitt im Fernrohr

Beschreibung σ^2 Ursae maioris, Doppelstern; RA 9^h06^m0; Dekl. $+67°\ 20'$. Der helle Stern rechts unten im Ausschnitt ist unser Doppelstern. Bei einer Distanz von 2.5 Bogensekunden ist auf dem Foto die Trennung nicht möglich. Der helle Stern hat 4.9^m, der lichtschwächere 8.2^m. In einem vierzölligen Fernrohr dürfte trotzdem die Auflösung keine Schwierigkeiten bereiten. Je größer der Helligkeitsunterschied zwischen den Komponenten bei einem Doppelstern ist, um so schwieriger wird die Auflösung: der hellere Stern überstrahlt den Begleiter. So ist es durchaus möglich, daß ein Fernrohr einen Doppelstern nicht trennt, obwohl rein rechnerisch die angegebene Distanz von der Optik aufgelöst werden müßte. Der Versuch, σ^2 Ursae maioris mit dem Dreizöller zu trennen, wird deshalb wahrscheinlich kaum gelingen. Die Luftverhältnisse spielen bei einem solchen Versuch natürlich auch eine Rolle.

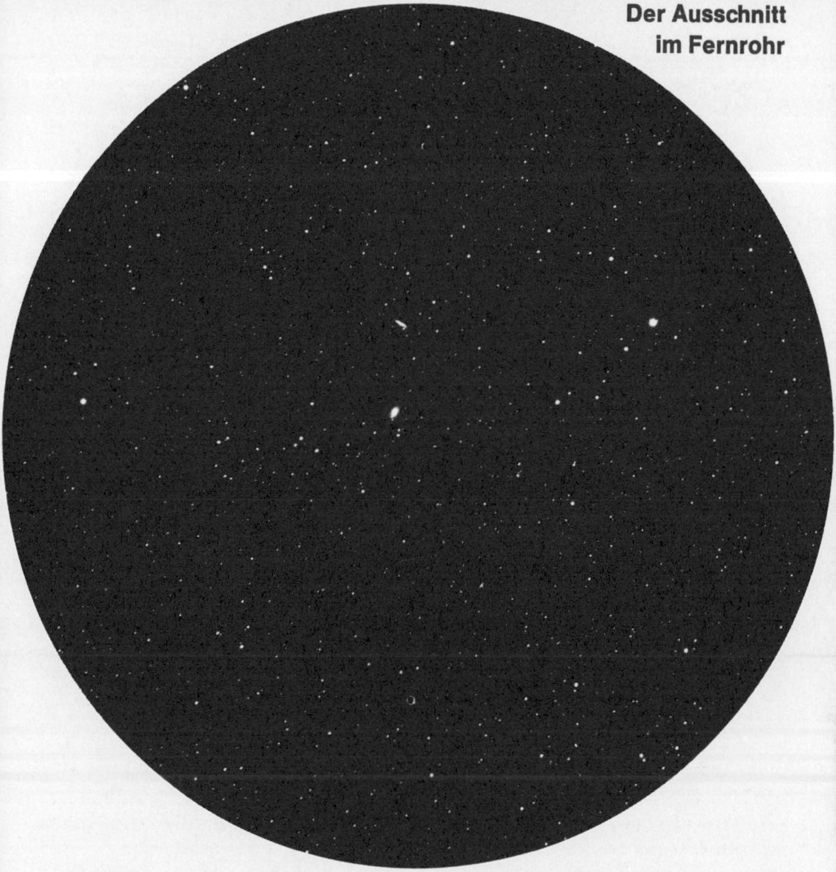

Beschreibung M 81 = NGC 3031, Galaxie; RA 9^h51^m5; Dekl. +69° 18′. M 82 = NGC 3034, Galaxie; RA 9^h51^m9; Dekl. +69° 56′.

Nach der Beobachtung des Andromeda-Nebels (s. S. 38) ist der Sternfreund verwöhnt. Die extragalaktischen Objekte (Spiralnebel oder Galaxien) sind indessen für visuelle Beobachtungen mit kleinen Fernrohren ausgesprochen spröde. In unserem Ausschnitt ist M 82 das obere und M 81 (man erkennt hier die Spiralstruktur deutlich!) das untere Motiv. Die beiden Spiralnebel sind ungefähr gleich hell (M 81 hat 8.0^m, M 82 die Größenklasse 8.8). Für die Erkennbarkeit ist es besonders wichtig, daß der Beobachter in dunkler, mondloser Nacht ans Werk geht. Streulicht von Straßenbeleuchtungen usw. macht sich unliebsam bemerkbar. Aber auch in dunkler Nacht ist nicht damit zu rechnen, mit dem Feldstecher oder einem kleinen Fernrohr mehr als zwei verwaschen aussehende Nebelfleckchen wahrzunehmen. Fotos mit großen Fernrohren zeigen, daß insbesondere M 81 eine verblüffende Ähnlichkeit mit dem Andromeda-Nebel hat. M 82 ist wegen seiner starken Radiostrahlung bekannt geworden.

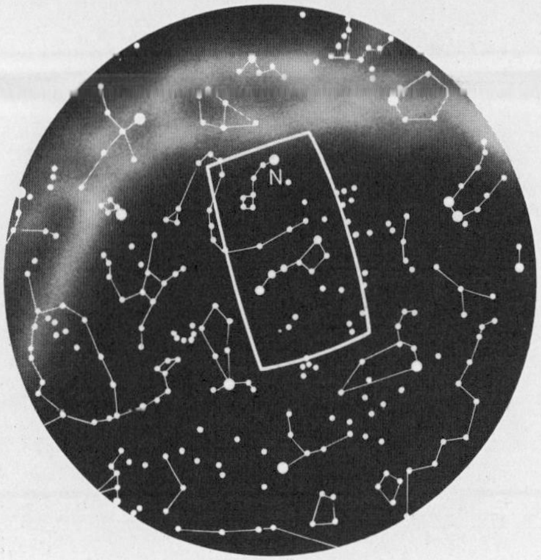

5 Großer Bär – Jagdhunde

Die hellen Sterne

α Ursae maioris (Dubhe); RA 11^h00^m7; Dekl. $+62°\ 01'$; 1.8^m

β Ursae maioris (Merak); RA 10^h58^m8; Dekl. $+56°\ 39'$; 2.4^m

γ Ursae maioris (Phekda); RA 11^h51^m2; Dekl. $+53°\ 58'$; 2.5^m

η Ursae maioris (Benetnash); RA 13^h45^m6; Dekl. $+49°\ 34'$; 1.9^m

Sichtbarkeit Mitternachtssichtbarkeit über Südhorizont (Mittlere Ortszeit): März. – Die Sterne im Kartenausschnitt gehen jeden Monat ungefähr 2 Stunden früher auf: April 22^h, Mai 20^h.
Nördliche Erdhalbkugel: alle Sterne des Nordhimmels sichtbar. – Südliche Erdhalbkugel: Deklination (+) des nördlichsten noch sichtbaren Sterns am Beobachtungsort mit der südlichen geographischen Breite $\varphi = 90° - \varphi°$ Süd.

Großer Bär (Ursa maior) Das in nördlichen Breiten zirkumpolare auffällige Sternbild ist auch unter dem Namen »Himmelswagen« (Großer Wagen) bekannt. An anderer Stelle in diesem Buch (siehe Seite 24) sind die wechselnden Stellungen des Sternbildes im Verlauf des Jahres am Nordhimmel abgebildet. Das Sternbild ist ein ausgesprochenes Leitsternbild und dient vorzüglich zur Orientierung am nördlichen Himmel. Vier helle Sterne bilden den »Wagen«, drei nicht minder helle Sterne die »Deichsel«. Für die Bärengestalt werden wesentlich lichtschwächere Sterne herangezogen. Über den Doppelstern Alkor-Mizar siehe Seite 59.
Bekannt ist auch die Orientierung zum Nordpol: die Verbindungslinie zwischen den Sternen Merak und Dubhe weist auf den Pol. Ihre fünffache Verlängerung führt zum Polarstern.
Jagdhunde (Canes venatici) Die hellsten Sterne in diesem unscheinbaren Sternbild sind zwischen 4. und 5. Größenklasse. Das Sternbild ist vor allem wegen der Häufung von Spiralnebeln bekannt.

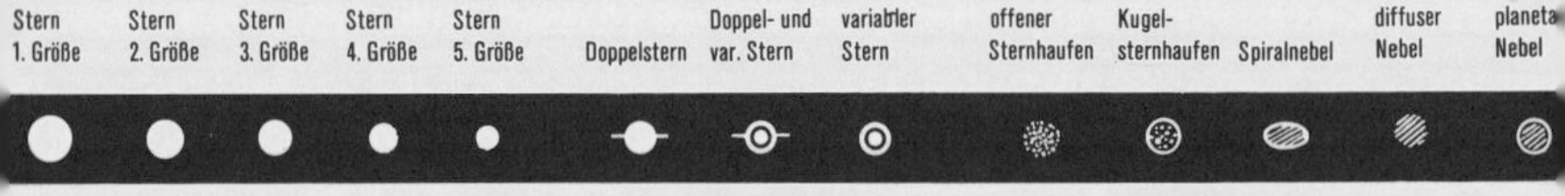

Polaris
α
δ
ε
Ursa minor
γ
β
Kochab
M 82
M 81
Draco
α
α
Dubhe
Ursa maior
M 101
Alkor
Mizar
ε
Alioth
δ
Megrez
Merak
β
M 108
M 97
γ
Phekda
M 109
Benetnasch
η
M 51
M 106
M 63
M 94
β
Canes venatici
α
Leo minor
Galactic
Coma Berenices

Der Ausschnitt im Fernrohr

Beschreibung M 97 = NGC 3587, planetarischer Nebel; RA 11^h20^m0; Dekl. +55° 18′. M 108 = NGC 3556, Spiralnebel; RA 11^h08^m7; +55° 57′.
Zugegeben, hier haben wir es mit schwierigen Objekten zu tun. In einer stockdunklen Nacht kann man sich an sie mit einem 4- bis 5zölligen Fernrohr oder auch mit einem 15 x 60 oder noch besser 14 x 100 Feldstecher (siehe Seite 218) heranwagen. Startplatz ist der helle Stern Merak des Sternbildes Großer Bär (in unserem Ausschnitt der helle Stern in der Mitte). Hat man ihn z. B. im Feldstecher am Rand des Gesichtsfeldes, so sieht man gleichzeitig beide Objekte, M 97 und M 108, und zwar im Ausschnitt links unterhalb der Mitte zum linken Rand hin. Mehr als zwei winzige, zart-verwaschene Fleckchen darf sich der Beobachter allerdings nicht erwarten. Die Sichtbarkeit hängt sehr vom Zustand der Atmosphäre ab (Trübung!).
Der planetarische Nebel M 97 heißt auch der »Eulen-Nebel«. Zum Thema planetarische Nebel siehe auch die Seiten 67 und 202.
Die scheinbare Helligkeit von M 97 liegt bei 12.0^m, die von M 108 bei 11.0. Damit hat man auch zwei Testobjekte für die Optik – und natürlich für den Beobachter.

Beschreibung α Canum venaticorum, Doppel- und veränderlicher Stern; RA 12^h53^m7; Dekl. $+38°\ 35'$.

Dieser hellste Stern im Sternbild Jagdhunde (Canes venatici) führt auch die Bezeichnungsnummer 12. Wer schöne Namen schätzt, kann den Stern Cor Caroli (Karls Herz) nennen. Im Bild linker Rand.

Als Doppelstern ist er ein leichtes Objekt für ein 2zölliges astronomisches Fernrohr. Die Distanz beträgt fast 20 Bogensekunden. Der Helligkeitsunterschied zwischen beiden Sternen beträgt 2.8^m zu 5.4^m.

Der hellere der beiden Sterne ist zugleich noch ein veränderlicher Stern, dessen scheinbare Helligkeit um etwa $^1/_{10}$ Größenklasse schwankt. Die Länge der Lichtwechselperiode, also die Zeit von einem Maximum zum nächsten, beträgt 5,47 Tage. Der Stern ist Prototyp einer Klasse veränderlicher Sterne, die seinen Namen führt. Er gehört zu den physisch veränderlichen Sternen (das sind Sterne, deren Gashülle pulsiert).

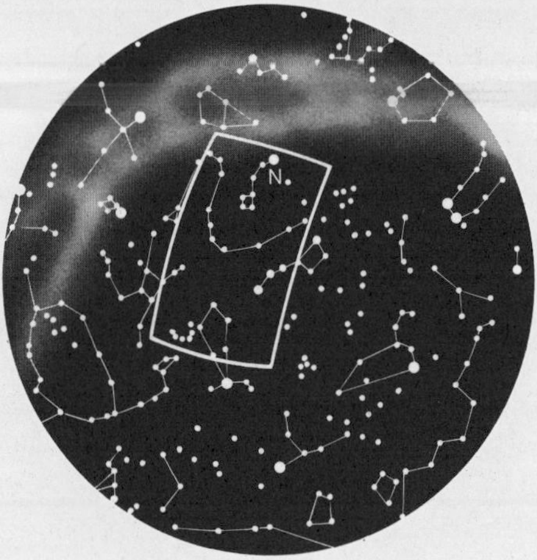

6 Bootes (Bärenhüter) – Kleiner Bär

Die hellen Sterne

γ Bootis (Haris);
RA 14^h30^m1;
Dekl. $+38°$ 32′; 3.2^m

α Ursae minoris (Polaris);
RA 1^h48^m8;
Dekl. $+89°$ 02′; 2.0^m
(veränderlich)

β Ursae minoris (Kochab);
RA 14^h50^m8;
Dekl. $+74°$ 22′; 2.0^m

Sichtbarkeit Mitternachtssichtbarkeit über Südhorizont (Mittlere Ortszeit): Mai. – Die Sterne im Kartenausschnitt gehen jeden Monat ungefähr 2 Stunden früher auf: Juni 22^h, Juli 20^h.
Nördliche Erdhalbkugel: alle Sterne des Nordhimmels sichtbar. – Südliche Erdhalbkugel: Deklination (+) des nördlichsten noch sichtbaren Sterns am Beobachtungsort mit der südlichen geographischen Breite $\varphi = 90° - \varphi°$ Süd.

Bootes Der Name hat sich für das Sternbild eingebürgert, obwohl es der lateinische ist. Es gibt Übersetzungen wie: Bärenhüter oder Ochsentreiber. Auf dieser Karte sehen wir nur den nördlichen Teil des Sternbildes. μ Bootis ist ein schöner Doppelstern, den ein 12fach vergrößernder Feldstecher trennt (3.8^m zu 8.0^m und 105 Bogensekunden Distanz). Zum Sternbild Bootes siehe weiter noch Karte 15 auf Seite 93.
Kleiner Bär (Ursa minor) Das zirkumpolare Sternbild hat als Stern Alpha den berühmten Polaris, den Polarstern. Er ist vom nördlichen Himmelspol nur knapp 1 Grad entfernt. Der Abstand zum Nordpol bleibt nicht gleich; derzeit nähert sich der Stern scheinbar dem Pol (bis zum Jahr 2115). Dagegen heißt der Polarstern in rund 13 000 Jahren Wega (siehe Seite 64). Die Gravitationskräfte des Mondes, der Sonne und der Planeten verursachen eine Kreiselbewegung der Erde. Die Erdachse bewegt sich auf einer Kugelfläche um den Pol der Ekliptik. Die Erscheinung heißt Präzession und eine Umdrehung dauert 25 800 Jahre (platonisches Jahr). Eine zusätzliche Änderung der Sternörter erzeugt eine zweite Bewegung mit 19jähriger Periode, die Nutation. Polaris ist ein Doppelstern mit etwa 18 Bogensekunden Distanz. Der zweite Stern hat aber nur die Helligkeit 9^m, so daß zur Auflösung schon ein 2- bis 3zölliges Fernrohr verwendet werden muß. Der hellere Stern ist zwischen 1.9^m und 2.0 veränderlich.

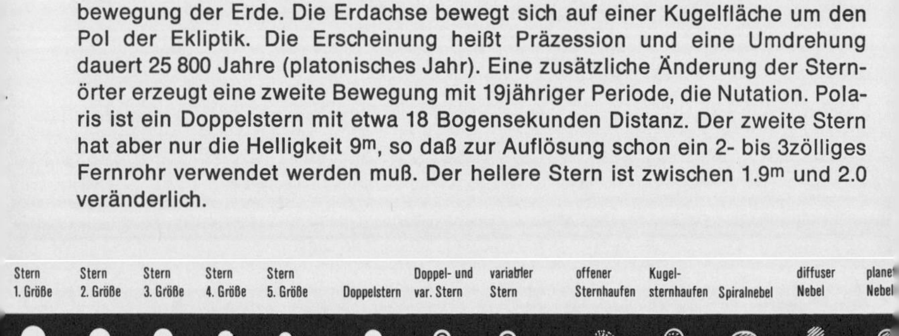

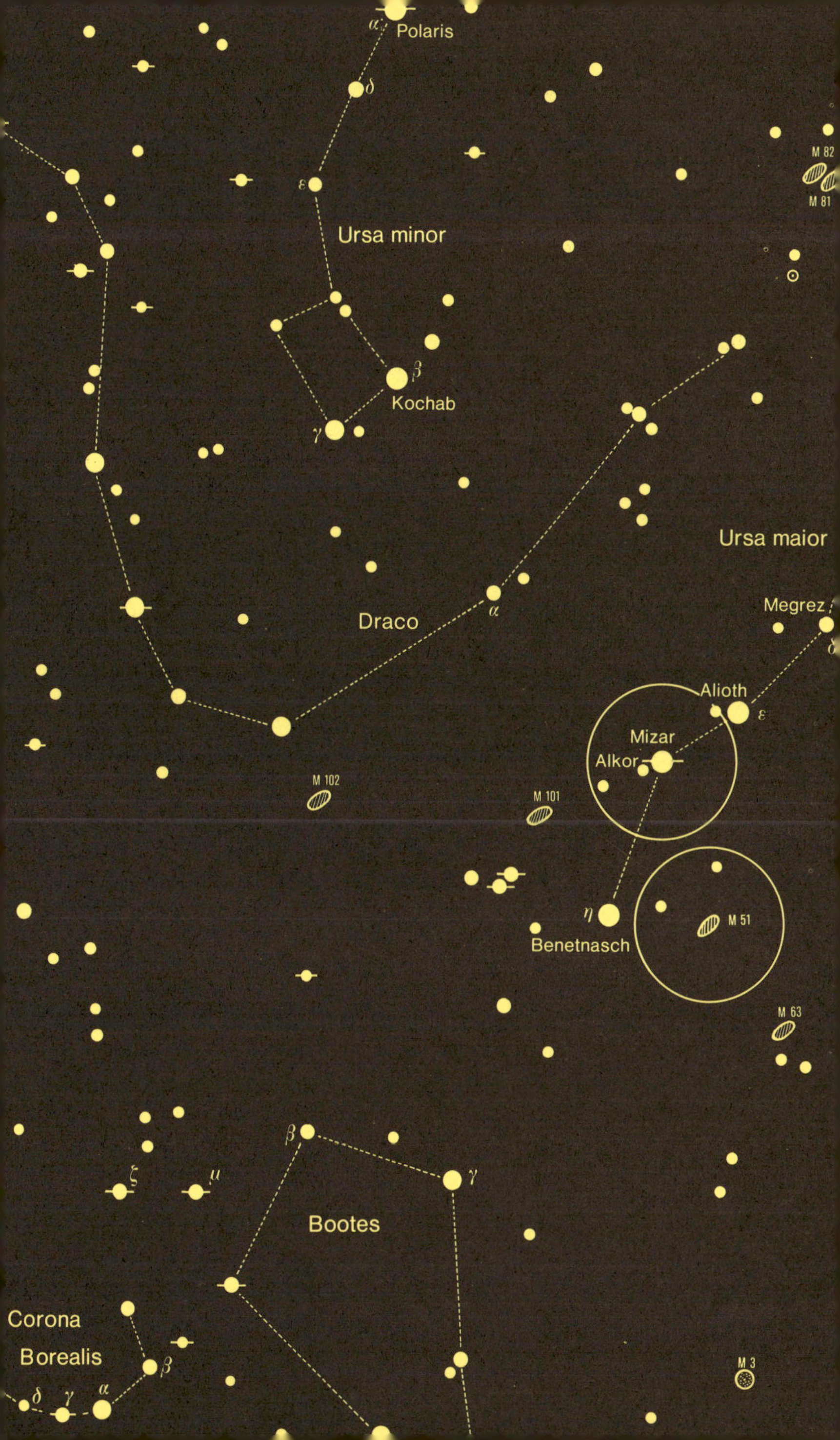

Polaris
M 82
M 81
Ursa minor
Kochab
Ursa maior
Draco
Megrez
Alioth
Mizar
Alkor
M 102
M 101
Benetnasch
M 51
M 63
Bootes
Corona
Borealis
M 3

Beschreibung M 51 = NGC 5194, Spiralnebel; RA 13.27^{m}8; Dekl. +47° 27′. Genau genommen gehört er in das Sternbild der Jagdhunde (siehe Seite 52). Er zählt zu den ausgeprägtesten Spiralnebeln des nördlichen Himmels. Seine Photos sind Legion. Entdeckt wurde das 8 Größenklassen helle Objekt bereits im Jahr 1773 durch den Franzosen Messier, dessen Name ja mit dem Katalog von über 100 Sternhaufen, Nebeln und Galaxien verbunden ist.

Im kleinen Fernrohr sieht M 51 fast wie ein verwaschener Doppelstern aus, was auf zwei hellere Kerne des Spiralnebels zurückzuführen ist. Dicht bei ihm (nördlich) ist noch eine andere Galaxie (NGC 5195), ungefähr 10.5^m hell. Es ist eine sogenannte »Hintergrundgalaxie«, also kein echter Begleiter von M 51.

H. Vehrenberg empfiehlt zur Auffindung folgende Regel: »Man teile die Verbindung von η Ursae maioris nach α Canum venaticorum in drei Teile und suche M 51 am Ende des ersten Drittels.« Hat man übrigens schon einmal diese Verbindungslinie zwischen den beiden genannten Sternen, dann lohnt es sich noch, zu Beginn des dritten Drittels nach M 63 zu suchen, einer Galaxie mit Helligkeit 9.5^m.

Der Ausschnitt im Fernrohr

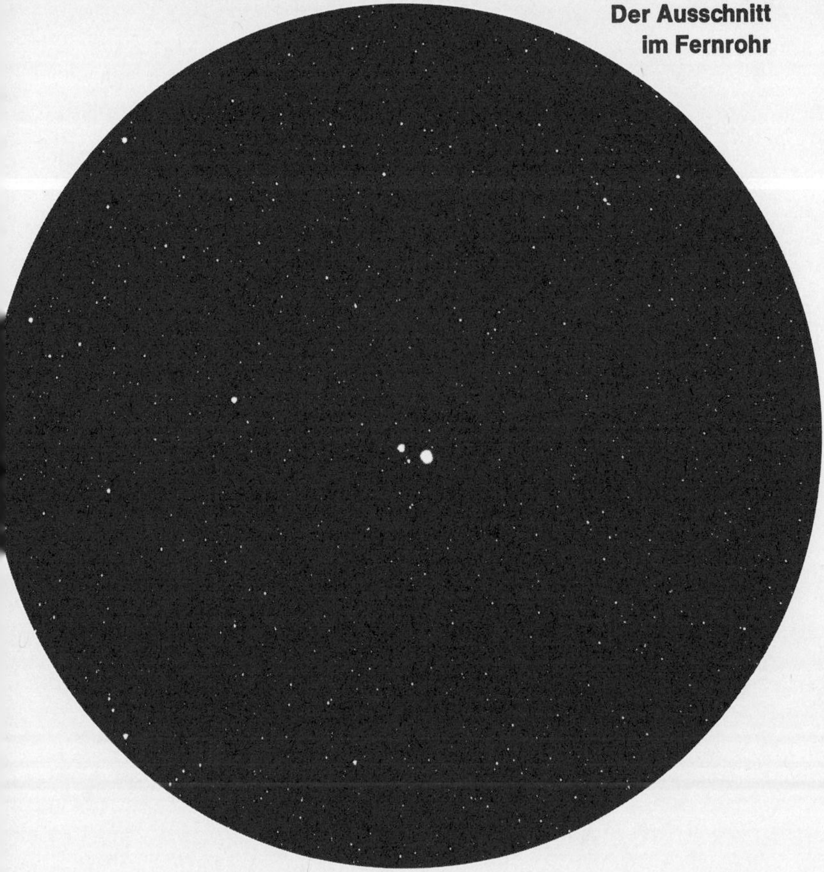

Beschreibung ζ Ursae maioris (Mizar) und 80 Ursae maioris (Alcor), Doppelsternsystem; RA 13^h21^m9; Dekl. $+55°$ 11′.
Auch dieses Objekt hätte schon früher beschrieben werden müssen (Sternbild Großer Bär!). Die Ausschnitte indessen machen Verschiebungen notwendig.
Mizar ist ein Deichselstern des Großen Himmelswagens. Im Abstand von 11 Bogenminuten (!) steht Alcor, das Reiterlein, ein Stern 4. Größenklasse. Dieses Doppelsterngespann eignet sich ausgezeichnet als Sehschärfentest. Wer sehr gute Augen hat, kann ohne Hilfe des Fernrohrs beide Sterne gerade noch trennen!
Der hellere Stern, Mizar, 2.4^m hell, ist selbst wiederum ein Doppelstern. Zu seiner Auflösung braucht man allerdings einen großen Feldstecher (22fache Vergrößerung!) oder besser ein 2zölliges Astro-Fernrohr. Die Distanz beträgt 14 Bogensekunden.

7 Drache – Herkules

Die hellen Sterne

β Draconis (Alwaid); RA 17^h29^m3; Dekl. $+52° 20'$; 3.0^m

γ Draconis (Etamin); RA 17^h55^m4; Dekl. $+51° 30'$; 2.4^m

Sichtbarkeit Mitternachtssichtbarkeit über Südhorizont (Mittlere Ortszeit): Juni. – Die Sterne im Kartenausschnitt gehen jeden Monat ungefähr 2 Stunden früher auf: Juli 22^h, August 20^h.
Nördliche Erdhalbkugel: alle Sterne des Nordhimmels sichtbar. – Südliche Erdhalbkugel: Deklination (+) des nördlichsten noch sichtbaren Sterns am Beobachtungsort mit der südlichen geographischen Breite $\varphi = 90° - \varphi°$ Süd.

Drache (Draco) Das zirkumpolare Sternbild erstreckt sich nördlich vom Sternbild Herkules zwischen Großem und Kleinem Bären. Die Konstellation ist nicht besonders auffällig. Die Sterne Beta und Gamma können als der aufgerissene Rachen des Drachen gedeutet werden. Es gibt ein paar lohnende Doppelsterne. An erster Stelle ist ν Draconis zu nennen, nahe dem Drachenrachen; er bildet mit Beta und Gamma ein rechtwinkeliges Dreieck. Die Komponenten von ν Draconis sind jeweils 5 Größenklassen hell. Ihre Distanz beträgt 62 Bogensekunden – ein müheloses Objekt also selbst für kleine Feldstecher! Schwieriger schon ist es mit den Doppelsternen ε Draconis und η Draconis wegen des großen Helligkeitsunterschiedes ($4.0^m/7.6^m$ bzw. $2.9^m/8.3^m$). Für einen guten Vierzöller dürften diese Sterne allerdings kein Problem sein.

Herkules (Hercules) Das teilweise zirkumpolare Sternbild ist hier auf der Karte nur mit seiner nördlichen Hälfte dargestellt. Sie verdient Aufmerksamkeit, weil wir dort zwei bekannte Kugelsternhaufen auffinden können: M 13 und M 92. Für die südliche Hälfte des Sternbildes siehe Karte 16 auf Seite 97.

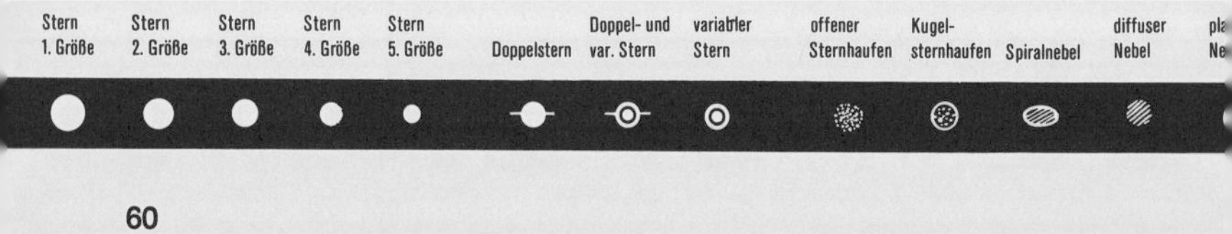

neus
Polaris
Ursa minor
Kochab
Draco
M 102
M 92
Wega
ra
M 13
Hercules

Der Ausschnitt im Fernrohr

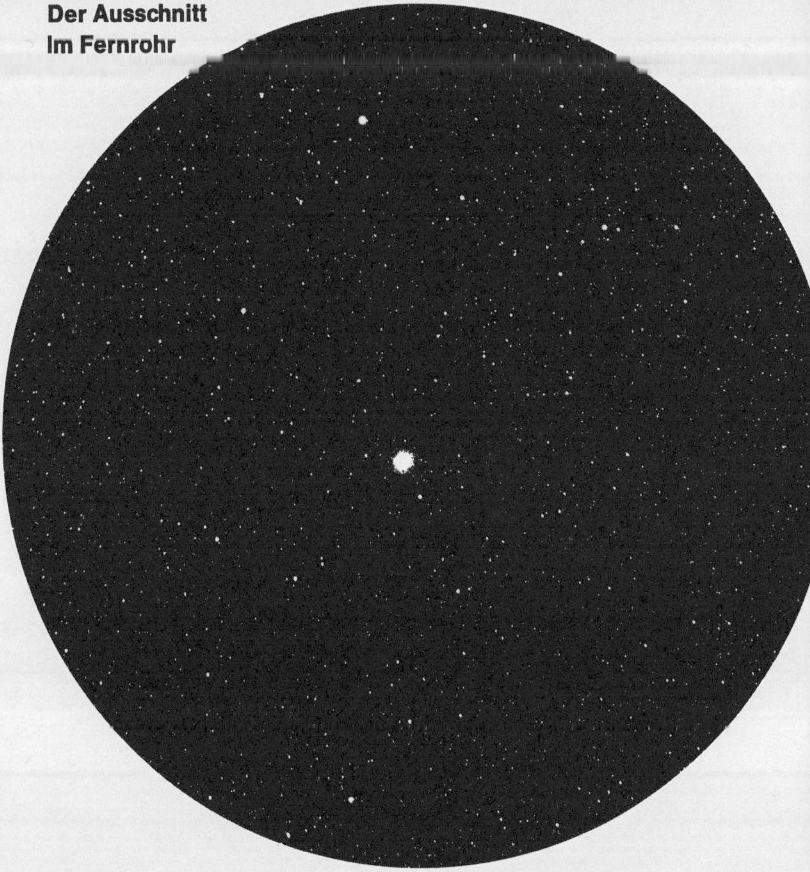

Beschreibung M 13 = NGC 6205, kugelförmiger Sternhaufen; RA 16^h39^m9; Dekl. $+36° 33'$.

Etwa in der Mitte der Verbindungslinie zwischen dem Sternbild Nördliche Krone und dem Stern Wega im Sternbild Leier beginnt die Suche nach M 13. Der Kugelhaufen ist nur wenige Grad vom Stern η Herculis (der helle Stern oben in unserem Ausschnitt!) entfernt. Bereits mit bloßen Augen ist M 13 als verwaschener Stern ungefähr von der Größenklasse 5^m auszumachen.

Eine Steigerung bringt die Beobachtung mit dem Feldstecher. Der Kugelhaufen hat den beachtlichen scheinbaren Durchmesser von 23 Bogenminuten und ist damit nicht nur der schönste, sondern auch der größte des Nordhimmels.

Wiederum eine Steigerung des Eindrucks für den Beobachter ist die Verwendung eines 3- bis 4zölligen Astro-Fernrohrs mit Vergrößerungen zwischen 30- und 50fach. Aus dem »Nebel ohne Sterne«, wie ihn das freie Auge sieht, wird mit gesteigerter Optik ein Diadem am Himmel. Schon der Feldstecher zeigt ein Rudel von Sternen. Die Zahl der Einzelsterne wächst mit der Öffnung des Fernrohrs. Zählungen der Einzelsterne noch außerhalb des Zentrums gelangen bis über 40 000!

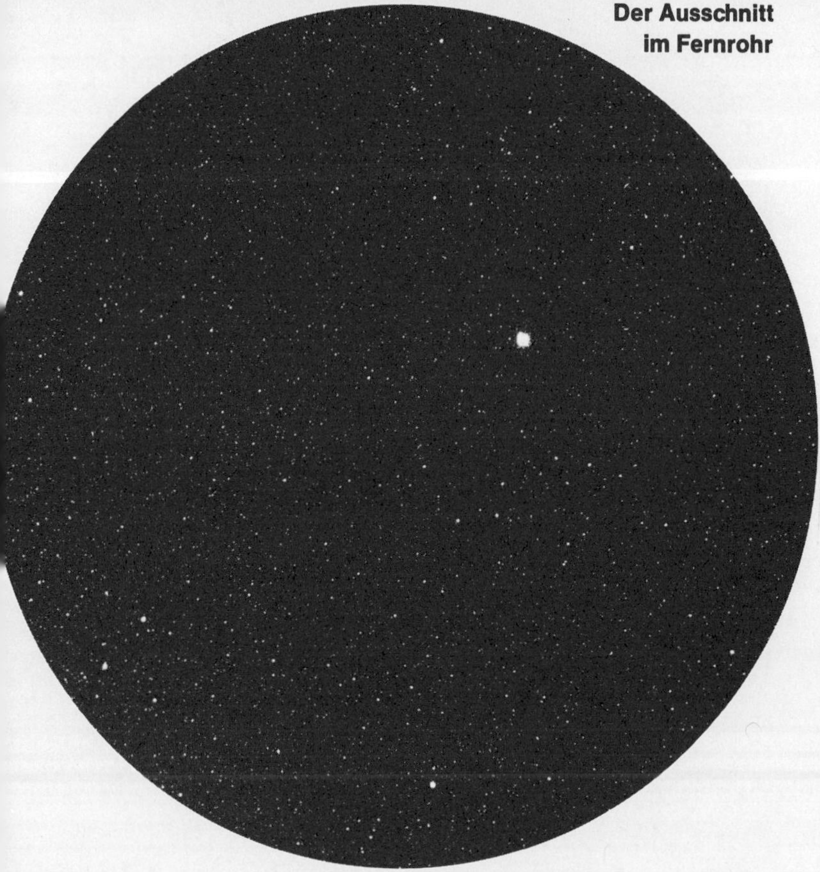

Beschreibung M 92 = NGC 6341, kugelförmiger Sternhaufen; RA 17^h15^m6; Dekl. +43° 12′.

Er hat es nicht leicht, in so glänzender Nachbarschaft zu bestehen. Ungefähr in der Mitte der Verbindungslinie zwischen den Sternen π Herculis und β Draconis muß der Beobachter den Kugelsternhaufen M 92 suchen, der sich damit nicht weit entfernt von dem berühmten M 13 befindet. Weder scheinbare Helligkeit (7.3^m) noch scheinbarer Durchmesser (8 Bogenminuten) können mit M 13 in Wettbewerb treten.

Und trotzdem ist es interessant, gerade deshalb das Objekt einmal anzuschauen und Vergleiche anzustellen. Mit bloßen Augen sieht man gar nichts. Auch der Feldstecher tut sich schwer, um am Rand Einzelsterne aufzulösen. Erfolg hat der Beobachter hier erst mit dem Vierzöller. Die Konzentration der Sterne, die ja die kugelförmigen Sternhaufen charakterisiert – im Gegensatz zu den offenen Sternhaufen –, kann man auch bei M 92 nur ahnen, denn sogar mit sehr großen Fernrohren gelingt es nicht, das Zentrum eines kugelförmigen Sternhaufens in Einzelsterne aufzulösen.

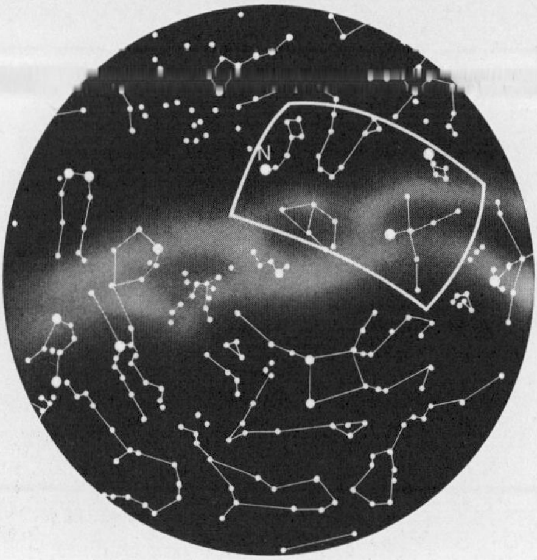

8 Leier – Schwan

Die hellen Sterne

α Cygni (Deneb);
RA 20^h39^m7;
Dekl. + 45° 06′; 1.3^m

γ Cygni (Sadir);
RA 20^h20^m4;
Dekl. +40° 06′; 2.3^m

α Lyrae (Wega);
RA 18^h35^m2;
Dekl. +38° 44′; 0.0^m

Sichtbarkeit Mitternachtssichtbarkeit über Südhorizont (Mittlere Ortszeit): Juli. – Die Sterne im Kartenausschnitt gehen jeden Monat ungefähr 2 Stunden früher auf: August 22^h, September 20^h.
Nördliche Erdhalbkugel: Alle Sterne des Nordhimmels sichtbar. – Südliche Erdhalbkugel: Deklination (+) des nördlichsten noch sichtbaren Sterns am Beobachtungsort mit der südlichen geographischen Breite $\varphi = 90° - \varphi°$ Süd.

Leier (Lyra) Ein sehr einprägsames, kompaktes Sternbild, das teilweise noch zirkumpolar ist. Der Hauptstern Wega, der hellste Stern des nördlichen Himmels, bildet zusammen mit Deneb im Sternbild Schwan und Atair im Sternbild Adler das »Sommerdreieck«, die recht auffällige Figur eines fast gleichschenkeligen Dreiecks am nördlichen Sommerhimmel (es steht etwa Mitte Juli um Mitternacht hoch im Süden, Deneb und Wega dabei fast im Zenit!). Mit einem Weitwinkelfeldstecher bekommt man das gesamte Sternbild ins Gesichtsfeld. Den interessanten Doppelstern ε Lyrae und den bekannten Ringnebel in der Leier behandeln die nachfolgenden Seiten.
Schwan (Cygnus) Ein gleichfalls recht markantes Sternbild zwischen Leier und Pegasus. Das Sternbild ist teilweise noch zirkumpolar. Mit etwas Phantasie läßt die Anordnung der hellen Sterne die Formen des fliegenden Schwans erkennen. Der Kopf des Schwans ist der Stern β Cygni (Albireo), ein lohnender Doppelstern für den Feldstecher (man beachte die Farben der beiden Sterne!). Prächtige Milchstraßenpartien zwischen α Cygni und γ Cygni. 5 Grad links von Deneb der berühmte Nordamerika-Nebel.

Stern 1. Größe	Stern 2. Größe	Stern 3. Größe	Stern 4. Größe	Stern 5. Größe	Doppelstern	Doppel- und var. Stern	variabler Stern	offener Sternhaufen	Kugelsternhaufen	Spiralnebel	diffuser Nebel	pla… Neb…

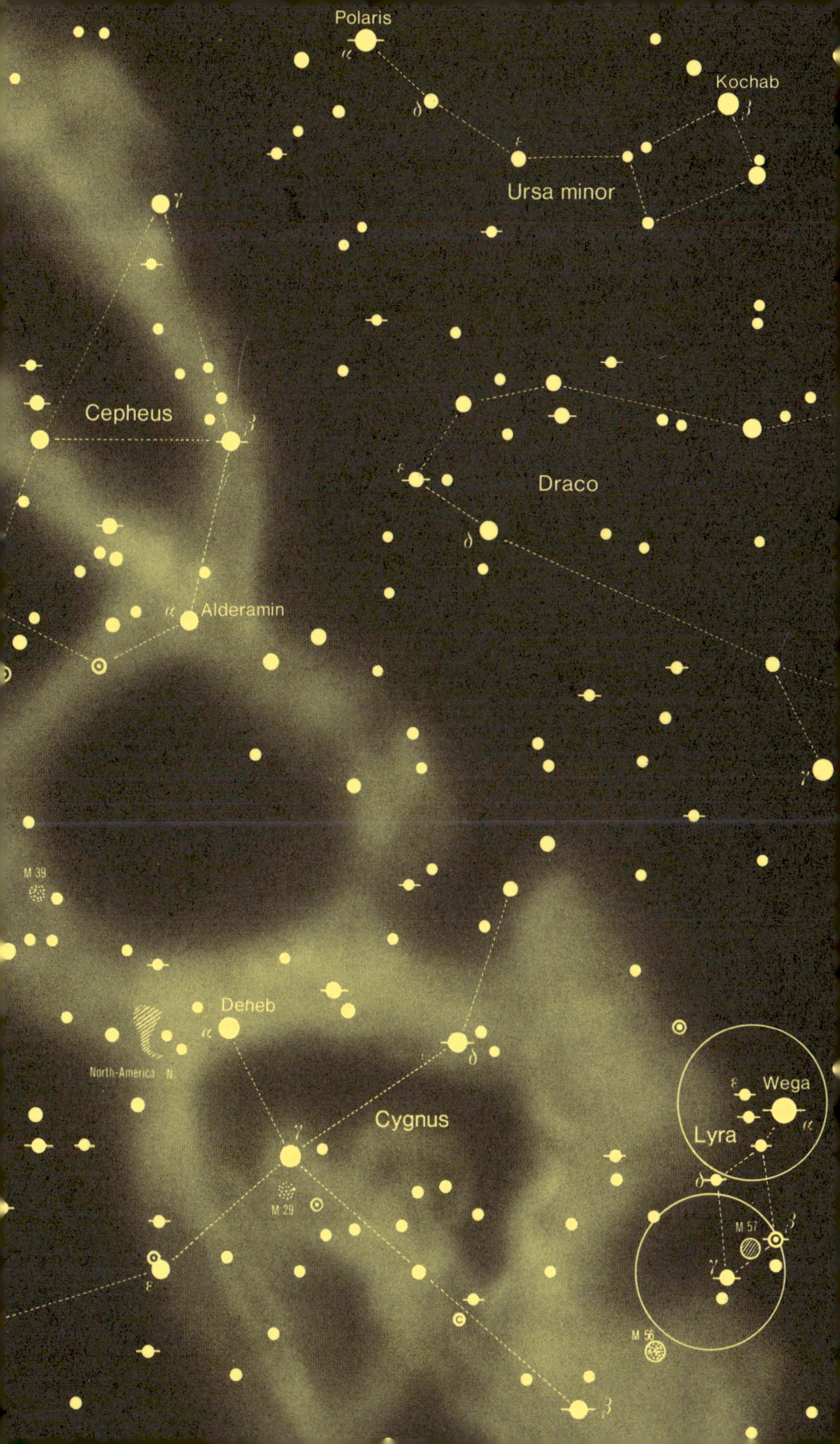

Polaris
Kochab
Ursa minor
Cepheus
Draco
Alderamin
M 39
Deneb
North-America N.
Cygnus
Wega
Lyra
M 29
M 57
M 56

Der Ausschnitt im Fernrohr

Beschreibung ε Lyrae, Doppelstern; RA $18^h 42^m$; Dekl. $+39° 37'$.
Etwa 2 Grad links von Wega, also verhältnismäßig sehr nahe an diesem sehr auffällig hellen Stern, findet der Beobachter einen Stern ungefähr 4. Größenklasse, der sich bei näherem Hinschauen als Doppelstern erweist (Augentest: rund 200 Bogensekunden Distanz trennen scharfe Augen ohne optische Hilfsmittel!). In unserem Ausschnitt ist der Doppelstern ε Lyrae links von der Bildmitte deutlich erkennbar. Der Doppelstern hat nun die Besonderheit, daß jeder Begleiter wiederum doppelt ist! Um das festzustellen, reicht der Feldstecher nicht mehr aus; jedoch gelingt die Trennung ohne Schwierigkeiten in einem 3zölligen Fernrohr.
Der hellere Stern links unten im Bildausschnitt ist ζ Lyrae. Der Stern bildet zusammen mit ε Lyrae und Wega fast ein gleichseitiges Dreieck am Himmel. ζ Lyrae ist ebenfalls ein Doppelstern mit der Distanz von 44 Bogensekunden und demzufolge bereits in einem kleinen Feldstecher mit etwa 8facher Vergrößerung auflösbar. Übrigens: wer genau hinschaut, wird das Sternpünktchen auf dem Foto eiförmig erkennen, die Duplizität deutet das bereits an.

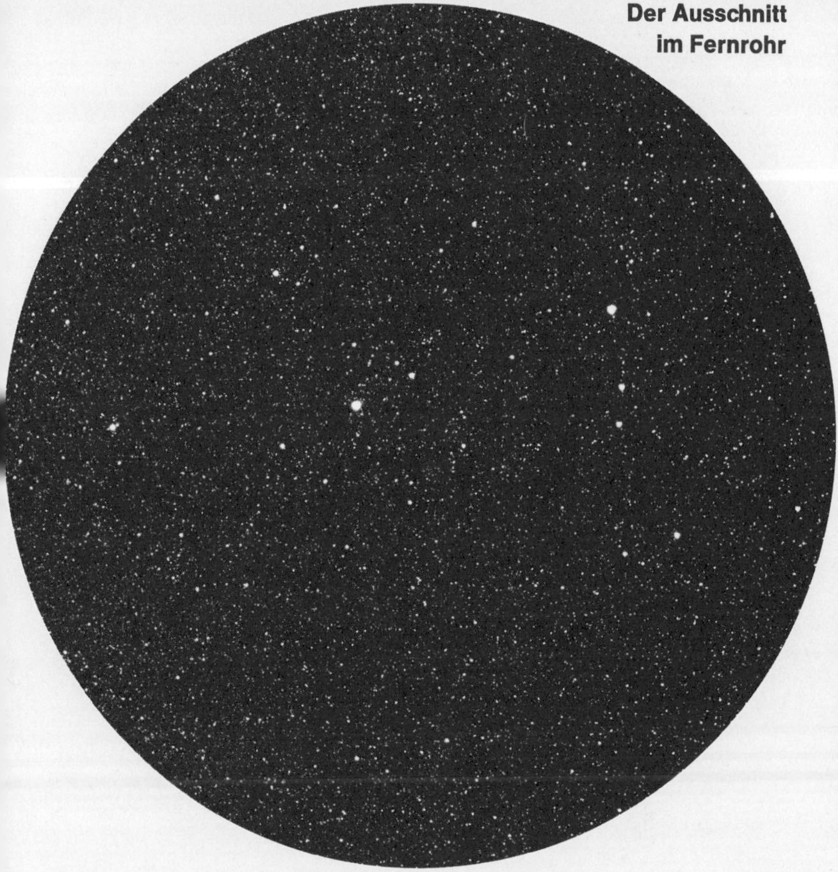

Beschreibung M 57 = NGC 6720, planetarischer Nebel; RA 18^h51^m7; Dekl. $+32° 58'$.

Nahe der Bildmitte und in Richtung zum Rand rechts oben fallen in diesem Ausschnitt sofort zwei hellere Sterne auf. Es handelt sich um γ Lyrae und β Lyrae. Sie befinden sich etwa in 2,5 Grad Entfernung. Ungefähr in der Mitte der Strecke, näher an β Lyrae, sucht man den planetarischen Nebel M 57, der unter dem Namen Ringnebel in der Leier viel bekannter ist. Mit dem Feldstecher sieht man nicht mehr als ein sternförmiges Objekt 9. Größenklasse. Nicht mehr und nicht weniger bietet uns auch das Ausschnittphoto. Beobachtet der Sternfreund mit einem Dreizöller, so wandelt sich das »Sternchen« in eine winzige, fahl aussehende Scheibe. Die typische Ringform wird erst von 6–8 Zoll Öffnung an für den Beobachter wahrnehmbar. Sehr große Fernrohre zeigen dann noch den Zentralstern (15. Größenklasse!), der das Gas des Nebels mit Hilfe seiner Ultraviolett-Strahlung zum Leuchten bringt.

Der Stern β Lyrae verdient übrigens auch die Beachtung des Betrachters: er ist der Prototyp einer Klasse veränderlicher Sterne (Periode 12,9 Tage, Max. 3.3^m, Min. 4.2^m). Er hat drei Begleiter mit 7^m (Distanz 46″), 9^m (67″) und 9^m (86″).

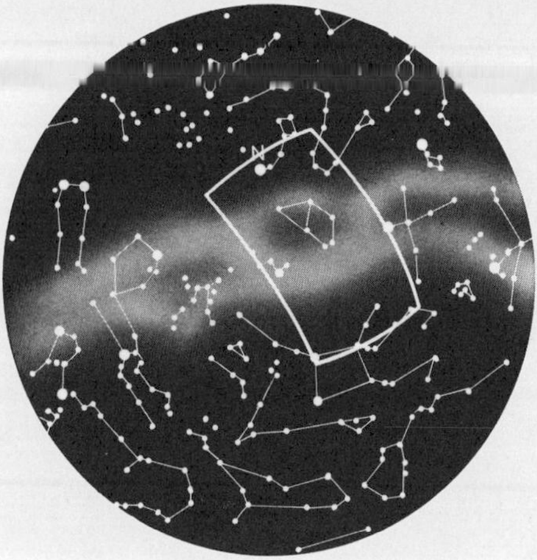

9 Eidechse–Kepheus

Die hellen Sterne

α Cephei (Alderamin);
RA 21^{h}17^{m}4;
Dekl. +62° 22′; 2.6^m

β Cephei (Alphirk);
RA 21^{h}28^{m}0;
Dekl. +70° 20′; 3.3^m

Sichtbarkeit Mitternachtssichtbarkeit über Südhorizont (Mittlere Ortszeit): August. – Die Sterne im Kartenausschnitt gehen jeden Monat ungefähr 2 Stunden früher auf: September 22^h, Oktober 20^h.
Nördliche Erdhalbkugel: alle Sterne des Nordhimmels sichtbar. – Südliche Erdhalbkugel: Deklination (+) des nördlichsten noch sichtbaren Sterns am Beobachtungsort mit der südlichen geographischen Breite $\varphi = 90° - \varphi°$ Süd.

Eidechse (Lacerta) Das unbedeutende Sternbild entspricht einer nord-südlich ausgerichteten Sternkette zwischen den Sternbildern Schwan und Andromeda.
Kepheus (Cepheus) Das zirkumpolare Sternbild verdient aus mehreren Gründen Beachtung. Historisch ist es dem griechischen Sagenkreis zuzuordnen; Cepheus ist der Ehemann der Cassiopeia und der Vater der Andromeda – Namen, die als Sternbilder in der Nachbarschaft ja wohlbekannt sind. Zu finden ist das Sternbild Kepheus in der Mitte zwischen den Sternbildern Schwan, Cassiopeia und Kleiner Bär.
In der astronomischen Wissenschaft bekannt geworden ist das Sternbild durch den Stern Delta, einen klassischen veränderlichen Stern, über den auf Seite 70 ausführlicher berichtet wird. Weiter ist ein interessantes Objekt der zwischen 3.6^m und 5.1^m unregelmäßig veränderliche Stern μ Cephei, bekannt als der »Granatstern« wegen seiner tiefroten Färbung.
Zum Sternbild gehören einige sternreiche Milchstraßenpartien.

Stern 1. Größe	Stern 2. Größe	Stern 3. Größe	Stern 4. Größe	Stern 5. Größe	Doppelstern	Doppel- und var. Stern	variabler Stern	offener Sternhaufen	Kugelsternhaufen	Spiralnebel	diffuser Nebel	plane… Nebe…

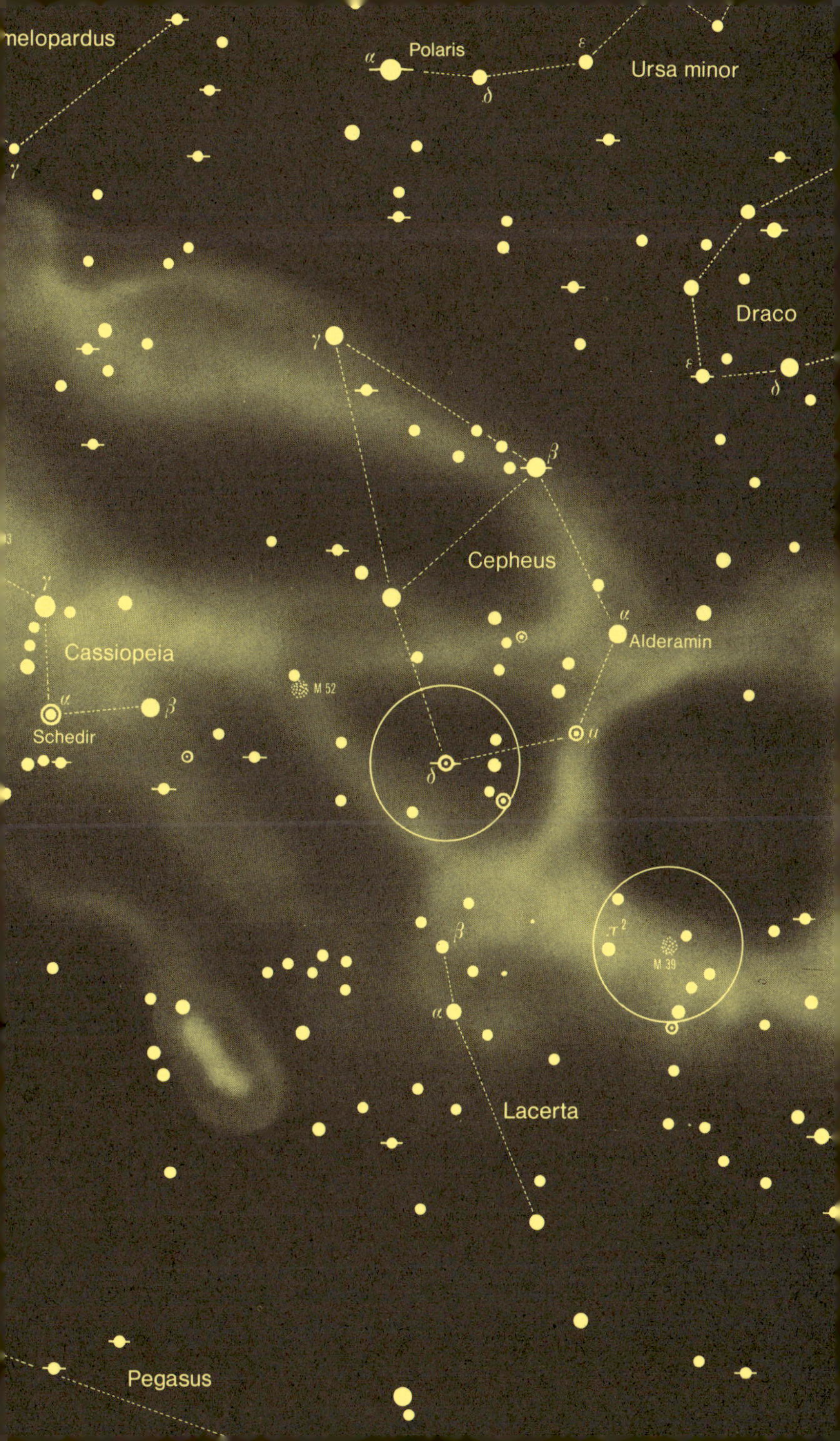
melopardus
Polaris
Ursa minor
Draco
Cepheus
Alderamin
Cassiopeia
Schedir
M 52
M 39
Lacerta
Pegasus

Der Ausschnitt im Fernrohr

Beschreibung δ Cephei, veränderlicher Stern; RA 22^h37^m3; Dekl. 58° 10′.
Wir finden den Stern δ Cephei in der Mitte auf der Verbindungslinie zwischen den Sternen γ Cassiopeiae und α Cygni. Fast halbkreisförmig ist δ Cephei umgeben von den Sternen λ Cephei, ζ Cephei und ε Cephei. Delta Cephei ist veränderlich zwischen 3.9^m und 5.1^m. Die Lichtwechselperiode dauert 5 Tage und 6,75 Stunden.
Der Stern hat Astronomiegeschichte gemacht! Er ist der Urtyp einer Klasse von veränderlichen Sternen, die die Wissenschaftler in die Lage versetzt haben, über den Aufbau des Weltraums wesentlich Neues zu erfahren: die streng periodisch pulsierenden Sterne. Es ist sehr lehrreich, selbst einmal eine oder mehrere Lichtwechselperioden zu beobachten. Charakteristisch für die Cepheiden – so heißt die nach Delta benannte Klasse – ist der Helligkeitsunterschied von einer Größenklasse, ein rascher Helligkeitsanstieg und ein langsamer Helligkeitsabfall und die verblüffende Konstanz der Periode. Cepheiden sind bereits in anderen Milchstraßensystemen (Galaxien) entdeckt worden. Sie helfen mit, Entfernungen im Kosmos zu bestimmen.

Der Ausschnitt im Fernrohr

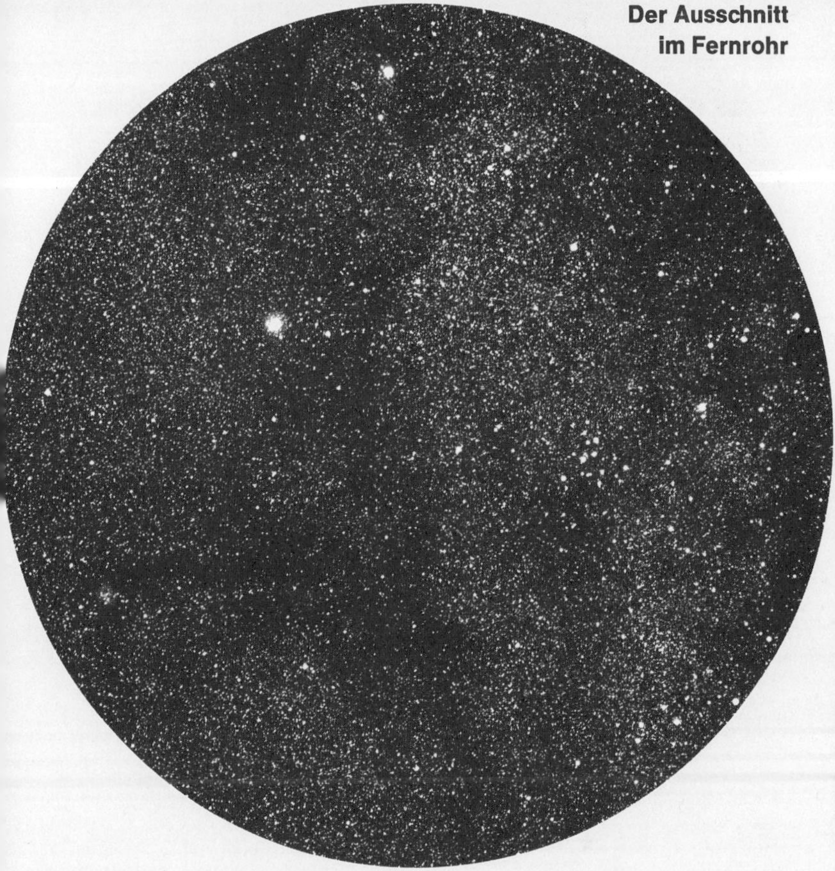

Beschreibung M 39 = NGC 7092, offener Sternhaufen; RA 21^h30^m4; Dekl. $+48° 13'$.

Auf halbem Weg zwischen δ Cephei und Deneb, dem Hauptstern im Sternbild Schwan, stößt der Beobachter auf eine recht interessante Milchstraßenpartie. Dort entdeckt er neben hellen und dunklen Stellen in der Milchstraße den offenen Sternhaufen M 39, nicht weit weg vom Stern π_2 im Schwan. Verhältnismäßig weit auseinandergezogene Sterne kennzeichnen diesen Sternhaufen deutlich und weisen auf seinen Typ hin. M 39 hat die scheinbare Helligkeit 5.3^m. Er ist ein Objekt schon für den kleinen Feldstecher. Zum Sternhaufen gehören etwa 30 Einzelsterne (Bildmitte rechts).

Dem Betrachter dieses Ausschnitts werden die eigenartig geformten Dunkelgebiete in der Milchstraße auffallen; besonders links Mitte zum Rand. Auch beim Beobachten sind sie nicht zu übersehen. Am Ende des auf dem Bild nach links zum Rand hin verlaufenden »dunklen Schlauchs« sieht man den »Cocon-Nebel«, einen Gasnebel. Kein leichtes Objekt! Es verlangt lichtstarke Optik und dunkle Nacht. Dabei verdienen die Dunkelwolken mit der merkwürdigen Sternleere im Vergleich zur so sternreichen Umgebung Beachtung.

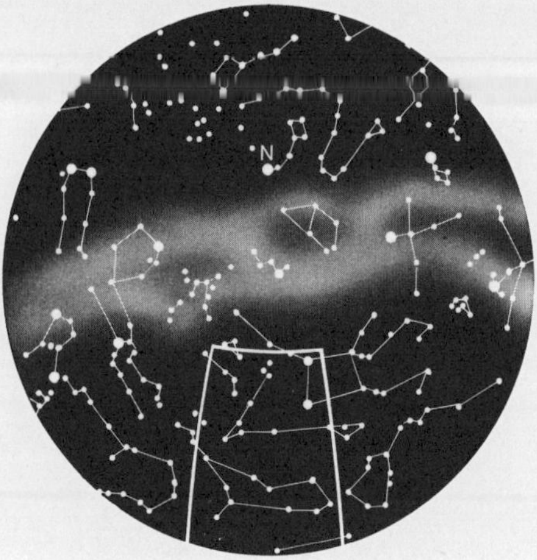

10 Fische – Walfisch – Widder

Die hellen Sterne

β Ceti (Deneb Kaitos);
RA 0^h41^m1;
Dekl. $-18^\circ\ 16'$; 2.2^m

α Arietis (Hamal);
RA 2^h04^m3;
Dekl. $+23^\circ\ 14'$; 2.0^m

β Arietis (Sheratan);
RA 1^h51^m9;
Dekl. $+20^\circ\ 34'$; 2.7^m

α Piscium (Alrisha);
RA 1^h59^m5;
Dekl. $+2^\circ\ 31'$; 3.9^m

Sichtbarkeit Mitternachtssichtbarkeit über Südhorizont (Mittlere Ortszeit): Oktober. – Die Sterne im Kartenausschnitt gehen jeden Monat ungefähr 2 Stunden früher auf: November 22^h, Dezember 20^h.
Nördliche Erdhalbkugel: Deklination (–) des südlichsten noch sichtbaren Sterns am Beobachtungsort mit der nördlichen geographischen Breite $\varphi = 90^\circ - \varphi^\circ$ Nord. – Südliche Erdhalbkugel: Deklination (+) des nördlichsten noch sichtbaren Sterns am Beobachtungsort mit der südlichen geographischen Breite $\varphi = 90^\circ - \varphi^\circ$ Süd.

Fische (Pisces) Eigentlich ist es nur die Tatsache, daß es sich um ein Tierkreiszeichen handelt, die dem Sternbild Gewicht gibt. Es führt am Himmel ein recht unscheinbares Dasein. Erwähnenswert ist noch, daß sich in diesem Tierkreissternbild die Ekliptik und der Himmelsäquator schneiden. Es ist auch der sogenannte Frühlingspunkt, der Nullpunkt, von dem aus die Rektaszension (RA) gezählt wird.
Walfisch (Cetus) Ein sehr ausgedehntes Sternbild, dessen meisten Sterne südlich des Himmelsäquators liegen. Berühmt geworden ist das Sternbild mit dem veränderlichen Stern Mira, über den auf Seite 75 und 189 ausführlich berichtet wird.
Widder (Aries) Tierkreissternbild. Dadurch ist es namentlich bekannter als es auf Grund seiner Ausdehnung und Sternzahl gerechtfertigt sein würde. Der Stern Gamma (γ) ist ein Doppelstern, der mit einem kleinen astronomischen Fernrohr (2-Zöller) bequem aufgelöst werden kann.

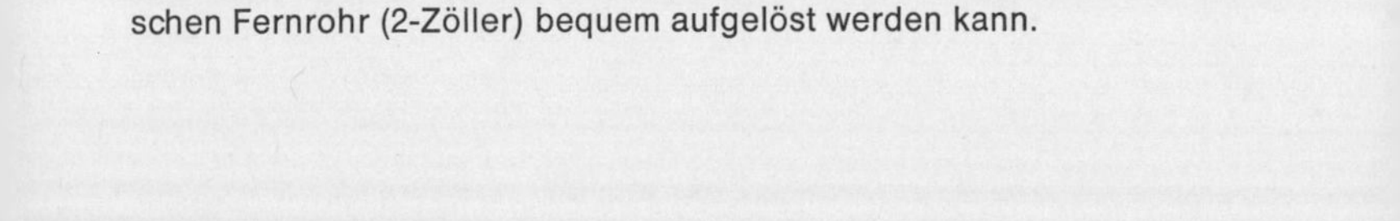

M 33
Triangulum
Sirrah
Aries
Pegasus
Mesartim
M 74
Algenib
Pisces
Ecliptic
Mira
Cetus
Deneb Kaitos
Galactic South Pole
Fornax

Der Ausschnitt im Fernrohr

Beschreibung M 77 = NGC 1068, Spiralnebel; RA 2^h40^m3; Dekl. -0° 13′. Objekt etwa 9. Größenklasse.

Dieser nicht ganz einfach zu beobachtende Spiralnebel befindet sich unmittelbar östlich des Sterns δ Ceti. Es ist der hellste Spiralnebel einer zahlreichen Gruppe in dieser Gegend (insgesamt über 40!). Die Astronomen sprechen von einem Galaxienhaufen, wie wir ihn in noch größerem Umfang im Bereich des Sternbildes Jungfrau nachweisen können (siehe dazu Seite 88).

Für die Auffindung ist unbedingt ein sehr leistungsstarker Feldstecher (14x100 oder 22 x 80) bzw. ein dreizölliges Astro-Fernrohr notwendig. Dazu eine klare Nacht fernab von einer Stadt mit aufgehelltem Himmelsgrund. Ausgangspunkt für die Suche ist der Stern δ Ceti. Ein knapper Grad östlich davon entdeckt man zwei ungefähr gleich helle Sterne (siehe Ausschnitt oben!), die mit dem Spiralnebel ein gleichseitiges Dreieck bilden. Spiralnebel sind – mit wenigen Ausnahmen – für die visuelle Beobachtung schwierig. Das Objekt erscheint dem Beobachter als zartes nebeliges Sternchen (linker Bildrand).

Beschreibung *o* Ceti = Mira, langperiodischer veränderlicher Stern; RA 2^h16^m8; Dekl. −3° 12′. Maximale Helligkeit 2.0^m, minimale Helligkeit 10^m. Periode 331 Tage.

Der Stern darf für sich in Anspruch nehmen, der erste veränderliche Stern zu sein, der systematisch beobachtet worden ist. Die Lichtschwankungen wurden bereits im Jahr 1596 entdeckt. Auffällig ist die rötliche Farbe des Sterns (Bildmitte) – übrigens ein Charakteristikum der langperiodischen Veränderlichen, die meist sogenannte rote Riesensterne sind.

Ursache für die Veränderlichkeit sind wahrscheinlich physikalische Vorgänge im Stern (Pulsation S. 188 f.). Die Helligkeitsänderung vollzieht sich übrigens nicht gleichmäßig, und die maximale Helligkeit von Mira kann zwischen der 1. und der 4. Größenklasse schwanken. Das gilt auch für die Periode, für die es Abweichungen zwischen 320 und 370 Tagen gibt.

Zum Aufsuchen wählt man am besten die Sterne α Piscium und ζ Ceti (Baten Kaitos). Mira bildet mit den genannten Sternen ungefähr ein rechtwinkeliges Dreieck. Siehe auch Beobachtungsanleitung S. 189.

11 Eridanus – Stier

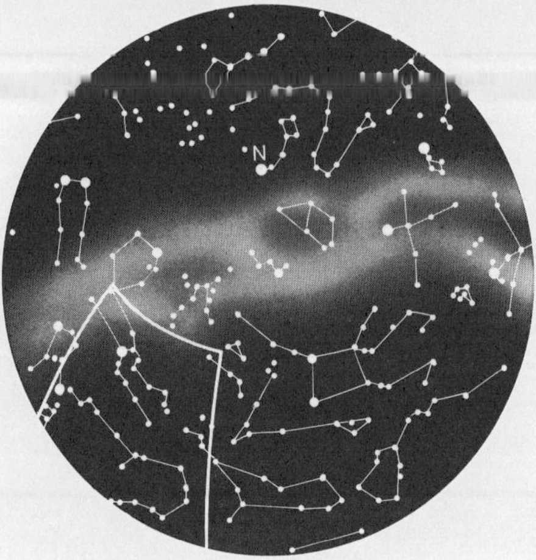

Die hellen Sterne

β Eridani (Cursa);
RA 5^h05^m4;
Dekl. $-5°\ 09'$; 2.9^m

λ Eridani (Zaurak);
RA 3^h55^m8;
Dekl. $-13°\ 39'$; 3.2^m

α Tauri (Aldebaran);
RA 4^h33^m0;
Dekl. $+16°\ 25'$; 0.9^m

β Tauri (Nath);
RA 5^h23^m1;
Dekl. $+28°\ 34'$; 1.7^m

Sichtbarkeit Mitternachtssichtbarkeit über Südhorizont (Mittlere Ortszeit): November. – Die Sterne im Kartenausschnitt gehen jeden Monat ungefähr 2 Stunden früher auf: Dezember 22^h, Januar 20^h.
Nördliche Erdhalbkugel: Deklination (–) des südlichsten noch sichtbaren Sterns am Beobachtungsort mit der nördlichen geographischen Breite $\varphi = 90° - \varphi°$ Nord. – Südliche Erdhalbkugel: Deklination (+) des nördlichsten noch sichtbaren Sterns am Beobachtungsort mit der südlichen geographischen Breite $\varphi = 90° - \varphi°$ Süd.

Eridanus (Eridanus) Auf dieser Karte sehen wir nur den nördlichen Teil des weit über den Südhimmel sich erstreckenden Sternbildes (siehe auch Karte 20). Das Sternbild führt auch die Bezeichnung »Fluß Eridanus«. Für die Beobachtung des Nordteils geht man vom hellen Orion-Stern Rigel aus.
Stier (Taurus) Tierkreissternbild. Auffällig der helle, rötlich strahlende Hauptstern Aldebaran; im Altertum glaubte man hier das »Auge des Stiers« zu sehen. Er ist umgeben von einer Sterngruppe, die unter dem Namen Hyaden fast so bekannt ist wie die Plejaden (Siebengestirn), die sich ebenfalls im Sternbild Stier befinden (siehe nähere Beschreibung auf den folgenden beiden Seiten). Das dem Sternbild Stier benachbarte Leitsternbild Orion macht die Auffindung leicht: verlängert man die drei Gürtelsterne des Orion um eine gedachte Gerade schräg nach oben, gelangt der Blick rasch auf Aldebaran und die Hyaden.

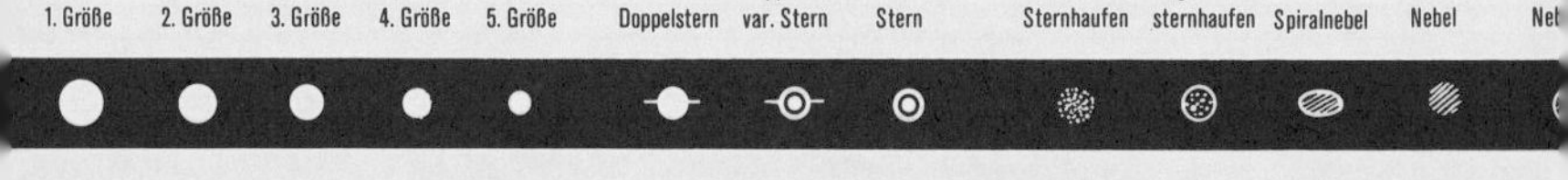

Aries
Plejades
Taurus
Aldebaran
Hyades
Ecliptic
Menkar
Cetus
M 77
Rigel
Eridanus
Lepus

Der Ausschnitt im Fernrohr

Beschreibung M 45 = Plejaden (Siebengestirn), offener Sternhaufen; RA 3^h43^m9; Dekl. $+23° 58'$.

Hier kann der Beobachter seine Augen prüfen. Etwa 6 bis 8 der hellsten Sterne sind mit bloßen Augen zu erkennen. Mit dem Feldstecher sieht man unschwer bereits 30 Sterne. Das Siebengestirn ist auf alle Fälle der markanteste und glanzvollste offene Sternhaufen des ganzen Nordhimmels! Huberta von Bronsart weist in ihrer »kleinen Lebensbeschreibung der Sternbilder« (Literaturverzeichnis Seite 228) darauf hin: »Die Plejaden sind bei allen Völkern auf der Erde bekannt, freilich unter sehr verschiedenen Benennungen. Man kann bei der Zeitrechnung mancher Völker sozusagen von einem Plejadenjahr sprechen (so wie es das Mondjahr und das Sonnenjahr gibt).«

Von den Plejaden kann auch der Amateurphotograph bereits mit handelsüblichen Kameras interessante Aufnahmen machen, auf denen auch die berühmten Reflexionsnebel, in die die hellen Plejadensterne eingebettet sind, sichtbar werden können. Beachtung verdienen die Plejaden außerdem für die Prüfung der Reichweite von astronomischen Fernrohren und für photometrische Aufgaben. Einzelheiten im »Handbuch für Sternfreunde«.

Beschreibung Hyaden (Regengestirn), offener Sternhaufen; RA 4^h16^m7; Dekl. $+15° 31'$.

Im Vergleich zum Siebengestirn (Plejaden) bieten die Hyaden nicht auf Anhieb den Anblick eines offenen Sternhaufens. Das Feld wirkt auseinandergezogen. Der helle rötliche Stern Aldebaran (α Tauri) macht die Auffindung leicht. Wir sehen ihn links im Ausschnitt. Rechts davon beginnen die Hyadensterne mit dem bereits mit freiem Auge trennbaren Doppelstern ϑ Tauri (untere Bildmitte).

Zum offenen Sternhaufen der Hyaden gehören insgesamt etwa 350 Sterne, die alle mit der gleichen Geschwindigkeit durch den Weltraum rasen: mit 43 Sekundenkilometern!

Auch die Hyaden tauchen in der antiken Sternkunde bereits auf. Dabei gibt es eine Reihe von Deutungen. In der germanischen Mythologie zeigen die Hyaden den aufgerissenen Rachen des Fenriswolfs. In der Sagenwelt Griechenlands indessen ist es eine Schweinefamilie, wobei Aldebaran die Muttersau repräsentiert und die Hyadensterne die Ferkel ...

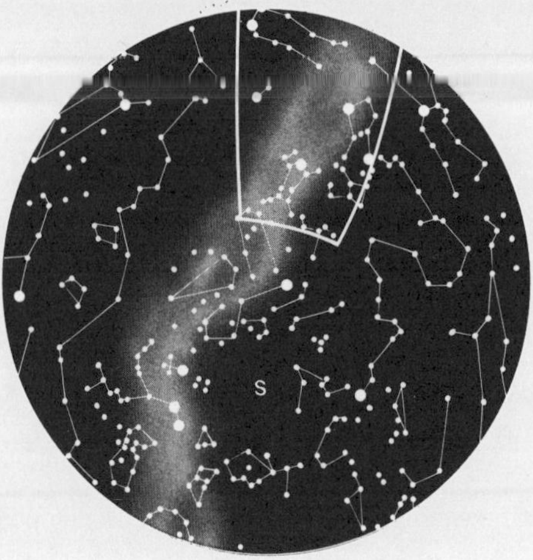

12 Kleiner Hund – Großer Hund – Hase – Einhorn – Orion – Zwillinge

Die hellen Sterne

α Canis maioris (Sirius); RA 6^h42^m9; Dekl. $-16°\ 39'$; -1.4^m

α Canis minoris (Procyon); RA 7^h36^m7; Dekl. $+5°\ 21'$; 0.4^m

α Geminorum (Castor); RA 7^h31^m4; Dekl. $+\ 32°\ 00'$; 1.6^m

α Orionis (Beteigeuze); RA 5^h52^m5; Dekl. $+7°\ 24'$; $0.4–1.3^m$ (veränderlich).

Sichtbarkeit Mitternachtssichtbarkeit über Südhorizont (Mittlere Ortszeit): Dezember. – Die Sterne im Kartenausschnitt gehen jeden Monat ungefähr 2 Stunden früher auf: Januar 22^h, Februar 20^h.

Nördliche Erdhalbkugel: Deklination (–) des südlichsten noch sichtbaren Sterns am Beobachtungsort mit der nördlichen geographischen Breite $\varphi = 90° - \varphi°$ Nord. – Südliche Erdhalbkugel: Deklination (+) des nördlichsten noch sichtbaren Sterns am Beobachtungsort mit der südlichen geographischen Breite $\varphi = 90° - \varphi°$ Süd.

Einhorn (Monoceros) Gering ausgeprägte Milchstraße in diesem Sternbild.

Großer Hund (Canis maior) Hauptstern Sirius ist der hellste Stern am Himmel überhaupt! Auch hier dienen die Gürtelsterne des Leitsternbildes Orion als Suchhilfe: die von ihnen ausgehende Gerade nach Südosten führt zum Sirius. Canis maior enthält eine Anzahl heller Sterne und ist in seiner Gesamtheit für Beobachter auf der Südhalbkugel der Erde ein auffälliges Sternbild.

Hase (Lepus) Sternbild südlich des Orion, etwa in gleicher Höhe mit Sirius.

Kleiner Hund (Canis minor) In der Mitte zwischen den Sternen Pollux (Zwillinge) und Sirius (Großer Hund).

Orion (Orion) Prächtiges Sternbild auf dem Himmelsäquator und deshalb auf der ganzen Erde zu beobachten. Das Rechteck mit den drei hellen Gürtelsternen (Jakobsstab) ist am Himmel nicht zu übersehen. Auffällig die rötliche Färbung des Sterns Beteigeuze (Betelgeuse), ein Riesenstern mit dem 500fachen Durchmesser unserer Sonne. Berühmt der Orion-Nebel, in dunkler Nacht mit bloßen Augen sichtbar.

Zwillinge (Gemini) Tierkreissternbild (nördlichstes!) mit den nicht zu übersehenden hellen Sternen Castor und Pollux. Der offene Sternhaufen M 35 mit über 100 Sternen ist mit bloßen Augen wahrnehmbar.

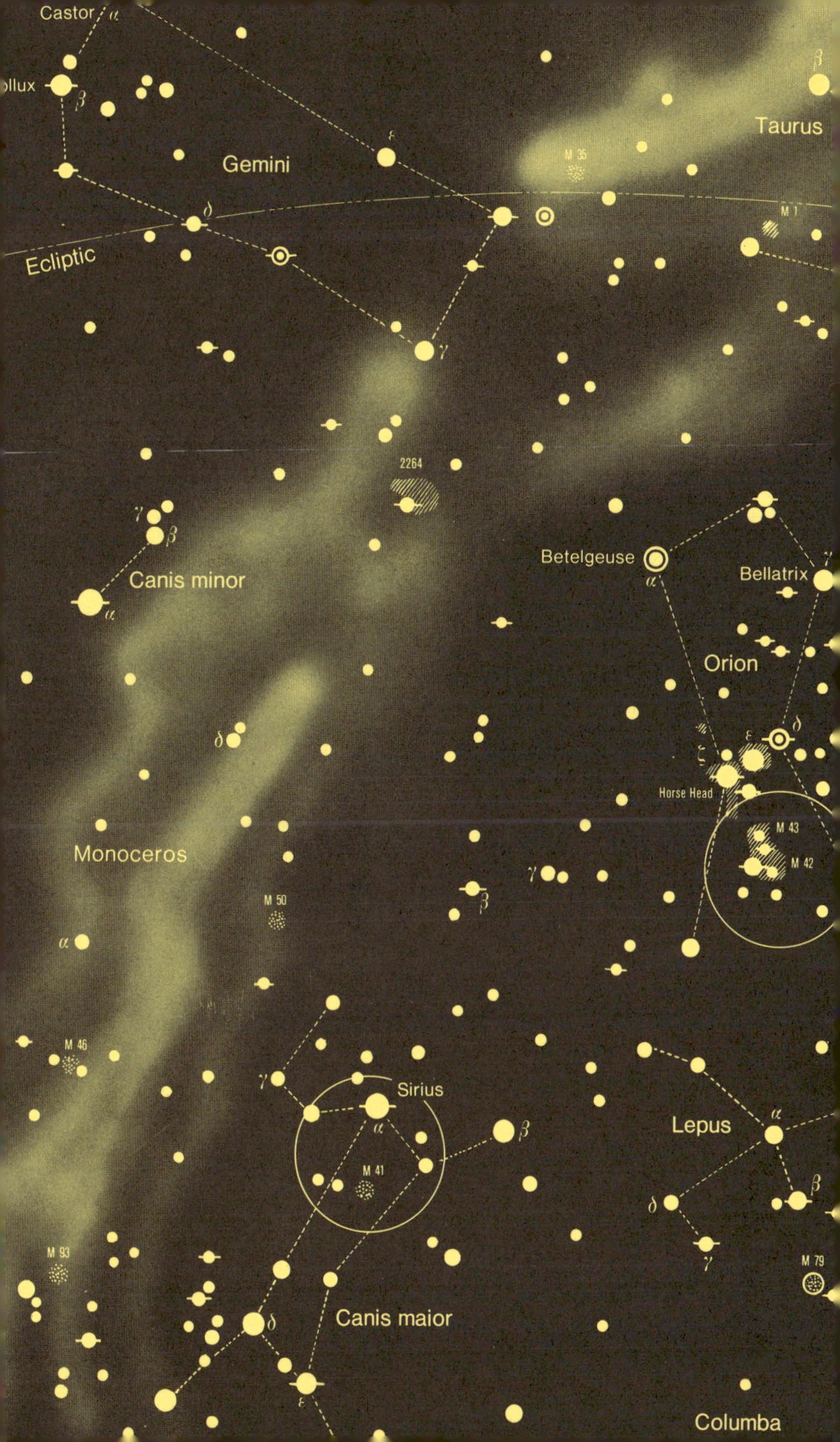
Castor
ollux
Gemini
Taurus
M 35
M 1
Ecliptic
2264
Canis minor
Betelgeuse
Bellatrix
Orion
Horse Head
M 43
M 42
Monoceros
M 50
M 46
Sirius
M 41
Lepus
M 93
M 79
Canis maior
Columba

Der Ausschnitt im Fernrohr

Beschreibung M 41 = NGC 2287, offener Sternhaufen; RA $6^{h}44^{m}9$; Dekl. $-20^{\circ}\ 42'$.

Etwa 4 Grad südlich des strahlenden Sterns Sirius fällt dieser offene Sternhaufen sofort auf. Im Gesichtsfeld der für astronomische Zwecke besonders geeigneten Feldstecher (siehe Seite 218) erscheinen sowohl Sirius wie M 41 gleichzeitig. Da der Sternhaufen die Helligkeit 5. Größenklasse hat, lohnt sich in dunkler Nacht der Versuch, das Objekt mit bloßen Augen zu suchen.

M 41 ist für den Sternfreund nicht schwierig. Die Fülle der Einzelsterne überrascht. Hans Vehrenberg macht in seinem »Messier-Buch« (Literaturverzeichnis Seite 228) auf folgendes aufmerksam: »Im Haufenzentrum entdeckt man einen Stern von auffallend rötlichem Licht.«

Links zum Rand unseres Ausschnitts hin bilden drei Sterne ein deutliches Dreieck. Die beiden äußeren Sterne (oben π Canis maioris, unten 17 Canis maioris) sind Doppelsterne mit den Distanzen 12″ bzw. 44″. Ersteren löst ein 2- bis 3zölliges Fernrohr auf, für letzteren ist ein 15 x 60 oder 22 x 80 Feldstecher geeignet.

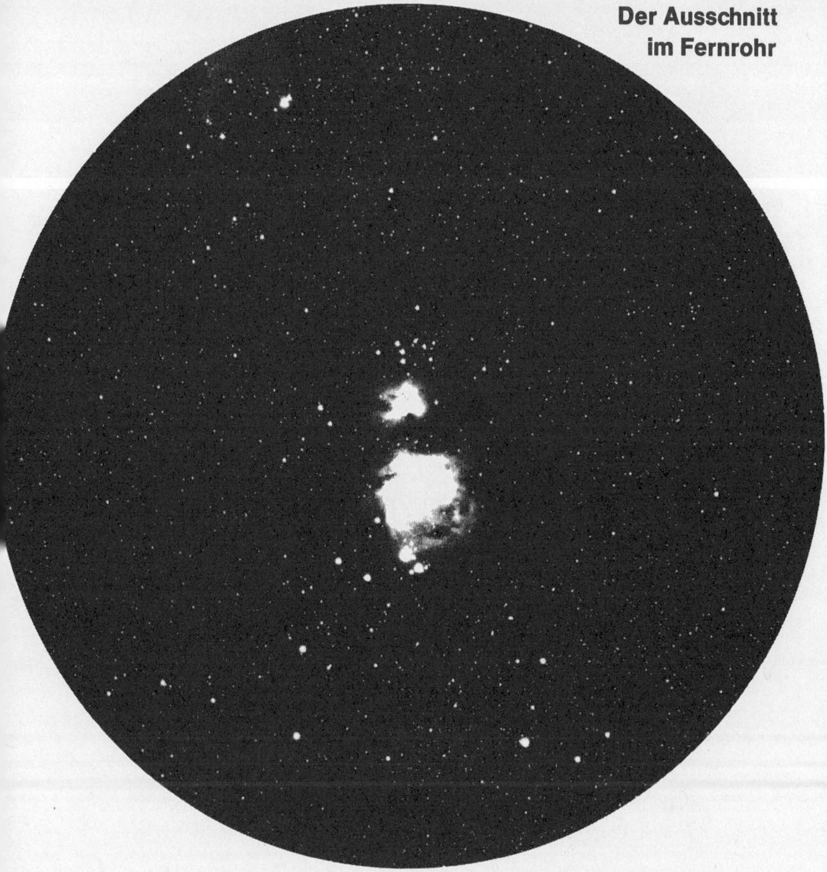

Beschreibung M 42 = NGC 1976 = Großer Orion-Nebel, Gasnebel; RA 5^h33^m0; Dekl. $-5° 21'$.
Dieser galaktische oder Gasnebel ist ein Objekt unserer Milchstraße. Es ist ein sogenannter »diffuser Nebel«. Die Nebelmaterie wird von Sternen zum Leuchten angeregt. Die sehr dünne Gasmasse hat selbst kein Eigenlicht.
Bereits im Feldstecher und kleinen Astro-Fernrohr entdeckt der Beobachter Nebelstrukturen und einen auffälligen Vierfachstern (ϑ Orionis), eingebettet in den Großen Orion-Nebel. Zum Aufsuchen benützt man die Leitlinie Stern Rigel und ζ Orionis (einer der drei Gürtelsterne). Etwa in der Mitte auf dieser Linie befindet sich das Objekt M 42, das genaugenommen die Doppelbezeichnung M 42 – M 43 trägt.
Die photographische Darstellung ist nicht ganz einfach: Die kurze Belichtung erfaßt nur das Zentrum; die lange Belichtung bringt zwar die beträchtliche Ausdehnung des Nebels, führt aber zur völligen Überbelichtung im Zentrum.
Übrigens leuchtet nicht das gesamte angesammelte Gas. Auffällige Dunkelpartien (= sternarm) lassen die Absorption durch das Gas erkennen.

13 Krebs – Löwe – Sextant – Wasserschlange

Die hellen Sterne

α Leonis (Regulus);
RA 10^h05^m7;
Dekl. $+12°$ 13′; 1.4^m

γ Leonis (Algieba);
RA 10^h17^m2;
Dekl. $+20°$ 06′; 2.3^m

α Hydrae (Alfard);
RA 9^h25^m1;
Dekl. $-8°$ 26′; 2.0^m

Sichtbarkeit Mitternachtssichtbarkeit über Südhorizont (Mittlere Ortszeit): Februar. – Die Sterne im Kartenausschnitt gehen jeden Monat ungefähr 2 Stunden früher auf: März 22^h, April 20^h.
Nördliche Erdhalbkugel: Deklination (–) des südlichsten noch sichtbaren Sterns am Beobachtungsort mit der nördlichen geographischen Breite $\varphi = 90° - \varphi°$ Nord. – Südliche Erdhalbkugel: Deklination (+) des nördlichsten noch sichtbaren Sterns am Beobachtungsort mit der südlichen geographischen Breite $\varphi = 90° - \varphi°$ Süd.

Krebs (Cancer) Tierkreissternbild ohne nennenswerte figürliche Einprägsamkeit. Etwa in der Mitte auf der Verbindungslinie zwischen den hellen Sternen Prokyon (Kleiner Hund) und Regulus (Löwe) bringt bereits der Feldstecher den offenen Sternhaufen M 67. Der schon mit bloßen Augen sichtbare Sternhaufen Praesepe wird auf der Seite 86 ausführlich beschrieben.
Löwe (Leo) Tierkreissternbild. Die nebenstehende Karte zeigt nur den Kopf des Löwen mit dem hellen Stern Regulus. Der Stern γ Leonis ist ein Doppelstern und ein dankbares Objekt für ein kleines Astro-Fernrohr (2-Zöller genügt).
Sextant (Sextans) Unscheinbares Sternbild zwischen den hellen Sternen Regulus (Löwe) und Alfard (Hydra).
Wasserschlange (Hydra) Wegen seiner großen Ausdehnung ist dieses Sternbild kaum einprägsam zu nennen. Es reicht mit dem »Schwanzende der Schlange« bis zu den Sternbildern Waage und Skorpion. Der hellste Stern Alfard bildet mit den Löwen-Sternen Regulus und Denebola ein fast gleichschenkeliges Dreieck.

ε
γ
Praesepe
M 44
δ
Leo
Cancer
Ecliptic
Regulus
α
α
M 67
β
ε
δ
α
β
Hydra
Sextans
δ
α
γ
Alphard
δ
γ
Pyxis

Der Ausschnitt im Fernrohr

Beschreibung M 44 = NGC 2632 = Praesepe (Krippe, Bienenkorb), offener Sternhaufen; RA 8^h37^m5; Dekl. $+19° 52'$.
Nahe dem Stern δ Cancri, der auf der Ekliptik etwa gleich weit entfernt von den Sternen Regulus (Löwe) und δ Geminorum zu suchen ist, fällt schon mit bloßen Augen die Praesepe, ein offener Sternhaufen, auf, allerdings nur als Nebelfleck; erst der Feldstecher bringt die Auflösung in einzelne Sterne. Da die Sterne verhältnismäßig weit verteilt sind, ist es ein Objekt für schwache Vergrößerungen.
Galilei sah mit seinem Fernrohr 30 Einzelsterne, eine Leistung, die heute der Feldstecher-Beobachter ohne weiteres nachmachen kann. Die Wissenschaftler haben herausgefunden, daß über 200 Sterne zu diesem offenen Sternhaufen gehören. Sie sehen auch eine gewisse Ähnlichkeit zu den Hyaden (siehe Seite 79), schon wegen der lockeren Verteilung der Sterne.
Übrigens: wie es mit der Umweltverschmutzung bestellt ist, kann der Sternfreund gerade an diesem Sternhaufen testen: In klarer Nacht ist mit freiem Auge der Nebelfleck blaß, aber doch sofort erkennbar; bei einer verunreinigten Atmosphäre verschwimmt er zusehends.

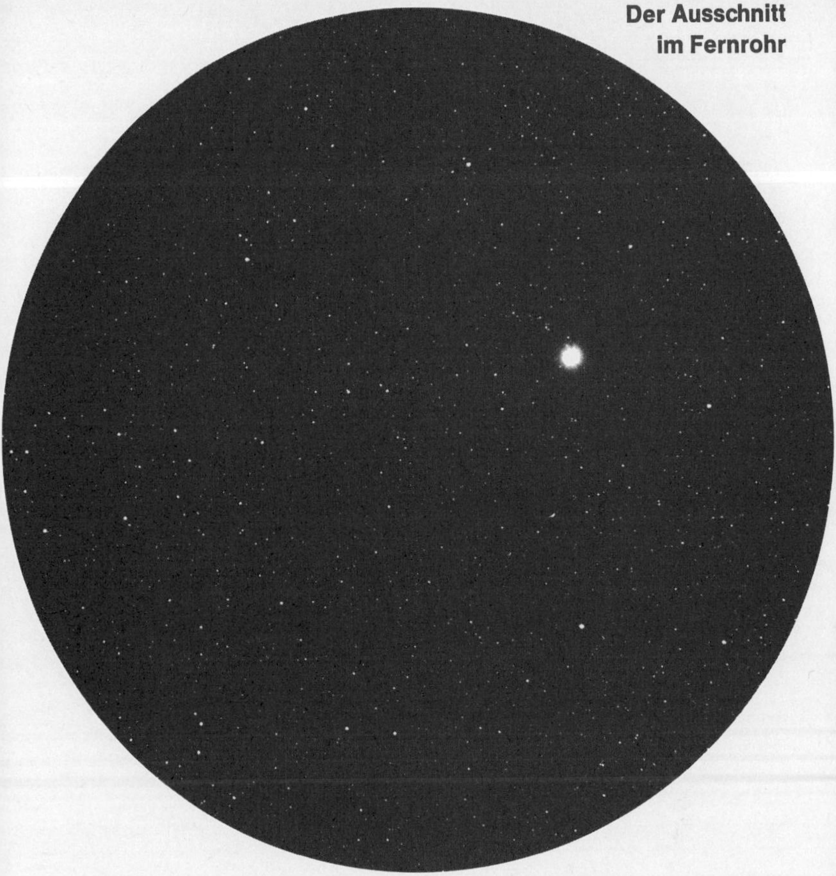

Beschreibung α Leonis = Regulus, Hauptstern des Sternbildes Löwe (Leo); RA 10^h05^m7; Dekl. $+12° 13'$.

Zu viel Ehre für einen einzelnen Stern, an dieser Stelle vorgestellt zu werden? Mitnichten! Regulus, auch Königstern genannt, ist einer der hellsten Sterne am Himmel und hat die Eigenschaft, daß er fast ganz genau auf der Ekliptik steht. Das hat zur Folge, daß die Sonne jedes Jahr im Lauf ihrer scheinbaren Bahn durch die zwölf Tierkreissternbilder einmal vor dem Stern Regulus vorüberzieht, und zwar um die Zeit des 23. August. Beobachten können wir das freilich nicht, weil die Sonne ja alles überstrahlt.

Indessen ist die Lage des hellen Sterns auf der Ekliptik insofern von Interesse, als er auch für den Mond und die Planeten »bedeckungsfähig« wird. Es gibt natürlich zahlreiche Sterne, die auf der Ekliptik liegen und durch den Mond und die Planeten bedeckt werden können; nur ist die Beobachtung bei einem so hellen Stern besonders eindrucksvoll und auch leichter. Wann solche Bedeckungen stattfinden, darüber geben die astronomischen Jahrbücher Auskunft. Zwei andere helle Sterne liegen noch ziemlich nahe der Ekliptik, es sind Spica im Sternbild Jungfrau und Antares im Sternbild Skorpion.

14 Becher – Haar der Berenike – Jungfrau – Rabe

Die hellen Sterne

γ Corvi; RA 12^h13^m2; Dekl. –17° 16′; 2.8^m

α Virginis (Spica); RA 13^h22^m6; Dekl. –10° 54′; 1.0^m

γ Virginis (Arich); RA 12^h39^m1; Dekl. –1° 11′; 2.9^m

Sichtbarkeit Mitternachtssichtbarkeit über Südhorizont (Mittlere Ortszeit): März. – Die Sterne im Kartenausschnitt gehen jeden Monat ungefähr 2 Stunden früher auf: April 22^h, Mai 20^h.
Nördliche Erdhalbkugel: Deklination (–) des südlichsten noch sichtbaren Sterns am Beobachtungsort mit der nördlichen geographischen Breite $\varphi = 90° - \varphi°$ Nord. – Südliche Erdhalbkugel: Deklination (+) des nördlichsten noch sichtbaren Sterns am Beobachtungsort mit der südlichen geographischen Breite $\varphi = 90° - \varphi°$ Süd.

Becher (Crater) Die helleren Sterne bilden ein unregelmäßiges Viereck. Das nicht besonders augenfällige Sternbild gehört zum Südhimmel. Man findet es etwa in der Mitte auf der Verbindungslinie zwischen den hellen Sternen Spica (Sternbild Jungfrau) und Alphard (Sternbild Wasserschlange).
Haar der Berenike (Coma Berenices) Wenig markantes Sternbild zwischen Bootes und Löwe. Mit zahlreichen Galaxien, die mit wenigen Ausnahmen nur großen Teleskopen zugänglich sind.
Jungfrau (Virgo) Tierkreissternbild mit dem hellen Stern Spica (Kornähre). Dieser Stern steht in unmittelbarer Nähe zur Ekliptik. Auch im Sternbild Jungfrau finden sich zahlreiche extragalaktische Systeme. Man spricht von einem sog. Virgo-Haufen, einer ausgedehnten Anhäufung von Galaxien. Der Stern γ Virginis ist ein für kleine Fernrohre dankbarer Doppelstern; beide Komponenten haben die Helligkeit 3.7^m bei einer Distanz von 4,4 Bogensekunden. Das Objekt ist im Zweizöller aufzulösen.
Rabe (Corvus) Sternbild in unmittelbarer Nähe des Sternbildes Jungfrau. Ähnlich wie das Sternbild Becher bilden die helleren Sterne ein Viereck.

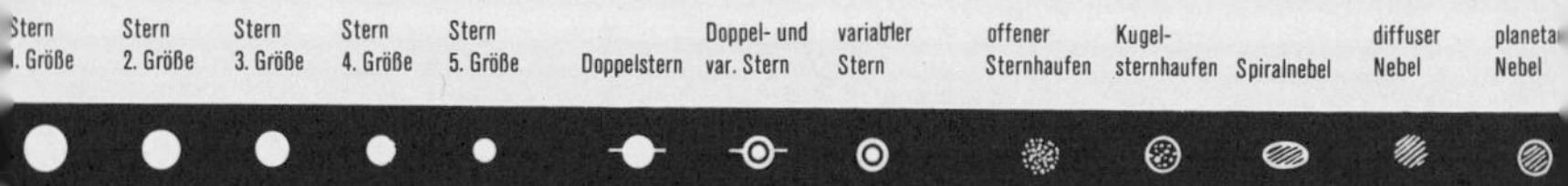

Galactic North Pole
M 64
Coma Berenices
M 53
M 85
M 100
M 88
M 99
M 98
M 90
M 89
M 59
M 86
M 84
M 87
M 58
M 60
Vindemiatrix
Denebola
Leo
M 66
M 65
M 105
M 96
M 49
M 61
Virgo
M 104
Algorab
Corvus
Crater
M 68
Hydra

Der Ausschnitt im Fernrohr

Beschreibung M 104 = NGC 4594, Galaxie; RA 12^h37^m3; Dekl. $-11° 21'$.
Das Ausschnittfoto zeigt das Objekt links von der Bildmitte zum Rand hin. Mit etwas Phantasie könnte man eine »Saturnaufnahme« mit einem kleineren Fernrohr vermuten. Großaufnahmen dieses Spiralnebels lassen tatsächlich eine Saturnähnlichkeit erkennen, wiewohl die Galaxie natürlich mit dem Planeten Saturn überhaupt nichts gemeinsam hat. M 104 hat die Helligkeit von 8.7^m und findet sich nicht weit weg vom Stern δ Corvi, gehört aber noch zum Sternbild Jungfrau. Wegen seines Aussehens heißt die Galaxie auch »Sombrero-Nebel«. Auch M 104 gehört noch zu dem sog. Virgo-Haufen, jener Ansammlung von Galaxien im Sternbild Jungfrau, zu der auch der auf der nächsten Seite beschriebene Spiralnebel M 88 gehört; genau genommen schon nicht mehr im Sternbild Jungfrau, sondern im Sternbild Haar der Berenike. Hans Vehrenberg weist in seinem »Messier-Buch« auf den Umfang dieses Galaxienhaufens hin: »Es gibt Anzeichen dafür, daß sich der Haufen über das große Himmelsgebiet zwischen 10^h und 15^h45^m in RA und $-3°$ und $+20°$ in Dekl. erstreckt und etwa 13 500 Galaxien bis zur Grenzgröße 15.7^m zählen dürfte.«

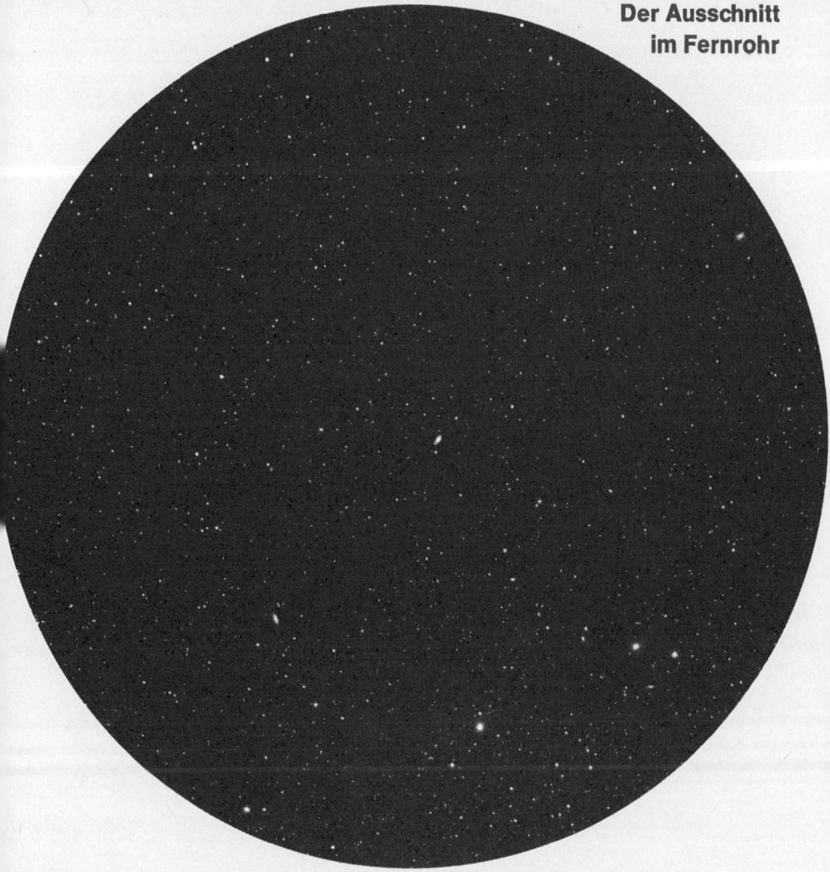

Beschreibung M 88 = NGC 4501, Galaxie; RA 12^h29^m5; Dekl. $+14° 42'$. Unmittelbar in der Bildmitte des Ausschnitts ist unser Objekt mit einer Spiralstruktur, die Ähnlichkeit mit derjenigen des Andromeda-Nebels hat. Zum Aufsuchen stellt man das Fernrohr auf die Mitte der Verbindungslinie zwischen den Sternen ε Virginis und β Leonis ein. Da M 88 nur eine Helligkeit von 10^m hat, ist es nicht einfach, die Galaxie auszumachen. Viel hängt von der Durchsichtigkeit der Atmosphäre und von einer lichtstarken Optik ab. Auch ist es bei der Beobachtung dieses und anderer ähnlicher Objekte notwendig, daß der Beobachter mit gut an die Dunkelheit angepaßten Augen beobachtet (volle Dunkelanpassung tritt für das Auge erst nach etwa einer ³/₄ Stunde ein). Beim genauen Hinschauen entdeckt man unten im Bildausschnitt andere Galaxien, die zum Virgo-Galaxienhaufen gehören. Links unten ist M 90 abgebildet, 10 Größenklassen hell und im Aussehen ähnlich M 88. Eine große Wahrscheinlichkeit spricht dafür, daß in einem so dichten Nebelhaufen, wie ihn der Virgo-Haufen repräsentiert, Zusammenstöße von Galaxien stattgefunden haben. Das Fehlen von Spiralarmen gilt als Anzeichen dafür, das es Zusammenstöße gegeben hat, bevor sich die Spiralstruktur entwickelt hat (O. Struve).

15 Bootes – Nördliche Krone – Schlange – Waage

Die hellen Sterne

α Bootis (Arcturus);
RA 14^h13^m4;
Dekl. $+19°\ 77'$; -0.1^m

α Coronae Borealis (Gemma);
RA 15^h32^m6;
Dekl. $+26°\ 53'$;
2.2^m–2.3^m (veränderlich)

α Serpentis (Unuk);
RA 15^h41^m8;
Dekl. $+6°\ 35'$; 2.8^m

Sichtbarkeit Mitternachtssichtbarkeit über Südhorizont (Mittlere Ortszeit): Mai. – Die Sterne im Kartenausschnitt gehen jeden Monat ungefähr 2 Stunden früher auf: Juni 22^h, Juli 20^h.
Nördliche Erdhalbkugel: Deklination (–) des südlichsten noch sichtbaren Sterns am Beobachtungsort mit der nördlichen geographischen Breite $\varphi = 90° - \varphi°$ Nord. – Südliche Erdhalbkugel: Deklination (+) des nördlichsten noch sichtbaren Sterns am Beobachtungsort mit der südlichen geographischen Breite $\varphi = 90° - \varphi°$ Süd.

Bootes (Bärenhüter) Auf den S. 56/57 ist der nördliche Teil dieses Sternbildes vorgestellt worden. Hier geht es um den südlichen Teil mit dem Hauptstern Arcturus, einem hellen, auffälligen rötlich-gelben Stern. Sein auf die griechische Sagenwelt zurückzuführender Name bedeutet soviel wie »Hüter des Bären«. Der Stern π Bootis unmittelbar in der Nähe von Arcturus ist ein Doppelstern für das kleine Fernrohr.
Nördliche Krone (Corona Borealis) Die Anordnung der sechs hellen Sterne dieses Sternbildes macht dem Namen alle Ehre. Unschwer kann man sie als Krone deuten. Man findet das Sternbild zwischen Bootes und Herkules. Der Stern ζ Coronae Borealis ist als Doppelstern ein dankbares Objekt für das 2zöllige Fernrohr.
Schlange (Serpens) Das Sternbild ist »zweigeteilt«. Die hier abgebildete Partie ist Serpens Caput – das Haupt der Schlange, unmittelbar südlich der Nördlichen Krone.
Waage (Libra) Tierkreissternbild. Der Hauptstern α Librae steht praktisch auf der Ekliptik. Zu suchen ist zwischen Spica und Antares.

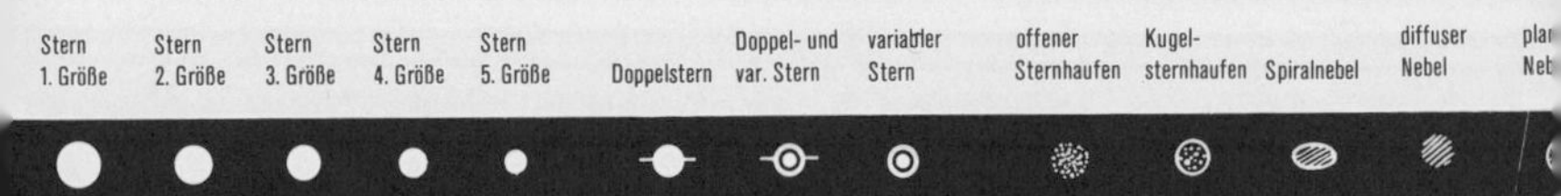

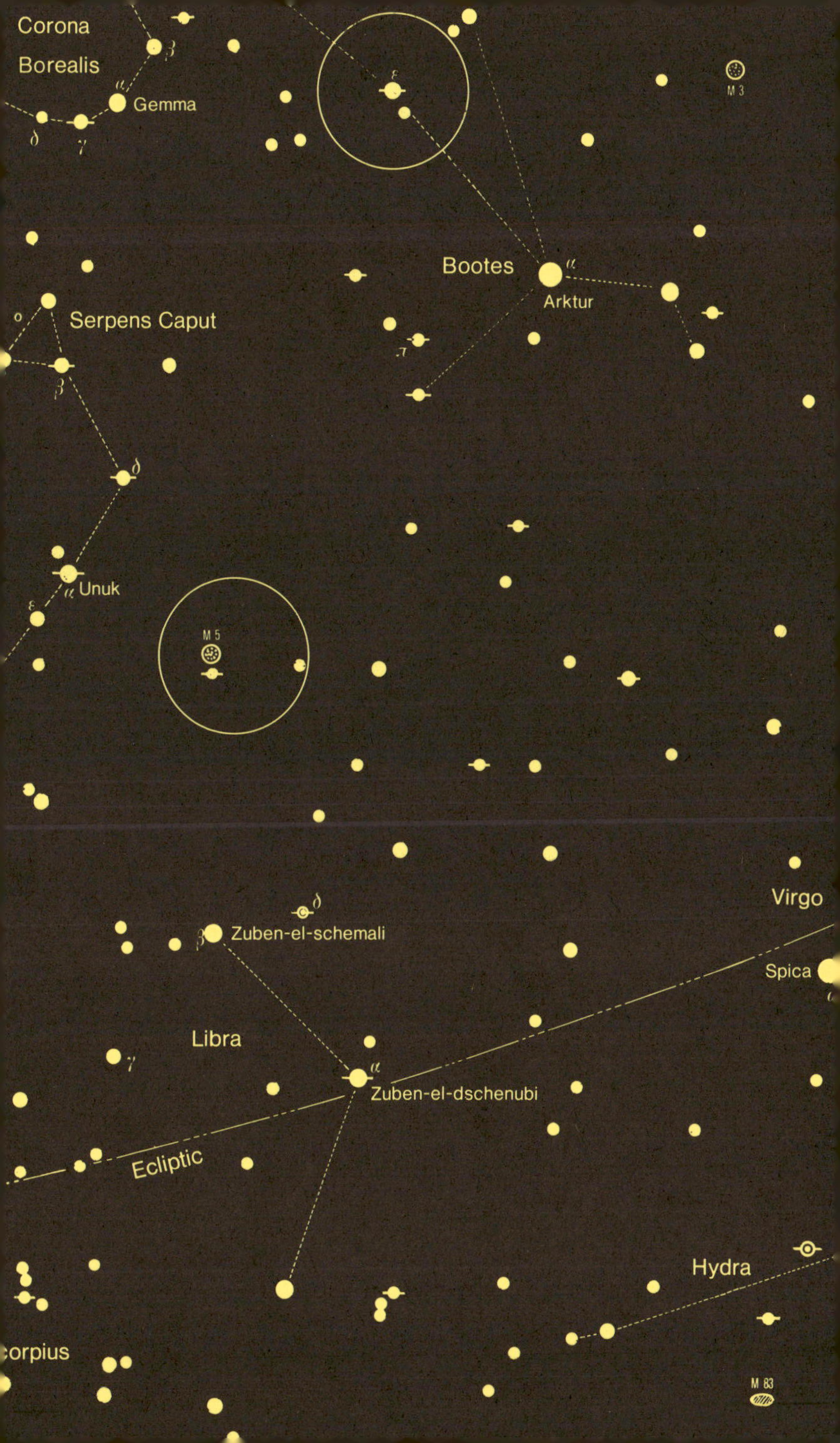
Corona
Borealis
Gemma
M 3
Bootes
Arktur
Serpens Caput
Unuk
M 5
Virgo
Zuben-el-schemali
Spica
Libra
Zuben-el-dschenubi
Ecliptic
Hydra
corpius
M 83

Der Ausschnitt im Fernrohr

Beschreibung ε Bootis, Doppelstern; RA 14^h42^m8; Dekl. $+27° 17'$.
Unser Objekt ist unmittelbar in der Mitte des Ausschnitts. ε Bootis bildet mit den Sternen Arcturus und Gemma nahezu ein gleichschenkliges Dreieck. Der hellere Stern des Paares hat die Größenklasse 2.7^m und eine gelbliche Färbung, der dunklere Begleiter 5.1^m und bläuliche Färbung. Die Distanz beträgt 2.9 Bogensekunden (″). Dieser Doppelstern ist ein beliebtes Prüfobjekt für das Auflösungsvermögen 3- und 4zölliger Fernrohre. Auf unserem Foto ist der Stern nicht getrennt, wohl aber deutet sich die Eiform an, die ein Hinweis auf den Doppelstern ist. Der Helligkeitsunterschied zwischen den beiden Komponenten macht sich bei der Trennung bemerkbar und ist der Grund dafür, daß der Stern vom Zweizöller nicht getrennt wird, wiewohl die angegebene Distanz rein rechnerisch bereits von dieser Öffnung aufgelöst werden müßte. Aber die theoretische Trennungsgrenze setzt gleichhelle Sterne voraus. Bereits der Unterschied von einer Größenklasse erschwert spürbar die Trennung von Doppelsternen, abgesehen natürlich von den Einflüssen der Atmosphäre und Umgebung des Beobachtungsortes (Luftunruhe, Luftverschmutzung, Streulicht).

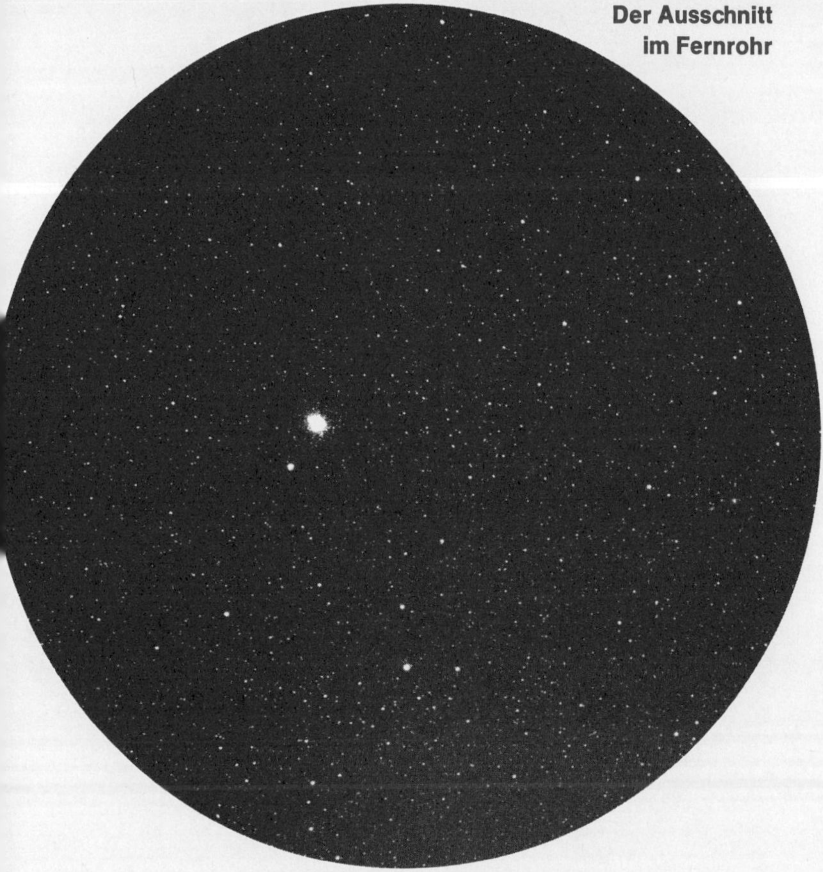

Beschreibung M 5 = NGC 5904, kugelförmiger Sternhaufen; RA 15^h16^m0; Dekl. $+2° 16'$.

Unschwer ist links von der Bildmitte der kugelförmige Sternhaufen M 5 zu erkennen. Das Objekt ist verhältnismäßig hell (6.3^m) und auch leicht zu finden. Zum Aufsuchen geht man vom Stern δ Serpentis oder β Librae aus. Mit beiden Sternen bildet M 5 fast ein gleichschenkliges Dreieck. Ganz nahe bei M 5 steht ein Stern 5. Größenklasse (5 Serpentis); er ist links unterhalb M 5 im Ausschnitt zu sehen. Da das Umfeld verhältnismäßig arm an helleren Sternen ist, hebt sich der kugelförmige Sternhaufen recht gut ab. M 5 ist ein ausgesprochenes Objekt für den Feldstecher. Im 3- bis 4zölligen Fernrohr bei etwa 40facher Vergrößerung steigert sich der Anblick; die Randpartien werden in Einzelsterne aufgelöst. Der Anblick ist schon deshalb beeindruckend, weil relativ zahlreich Sterne der Größenklasse 12 bis 14 im Kugelsternhaufen vertreten sind. Altersbestimmungen von M 5 ergeben Werte über 20 Milliarden Jahre – also eines der alten kosmischen Objekte.

5 Serpentis unterhalb von M 5 und der in der Verlängerung der Geraden etwa 1 Grad davon entfernte Stern 6 Serpentis sind Doppelsterne.

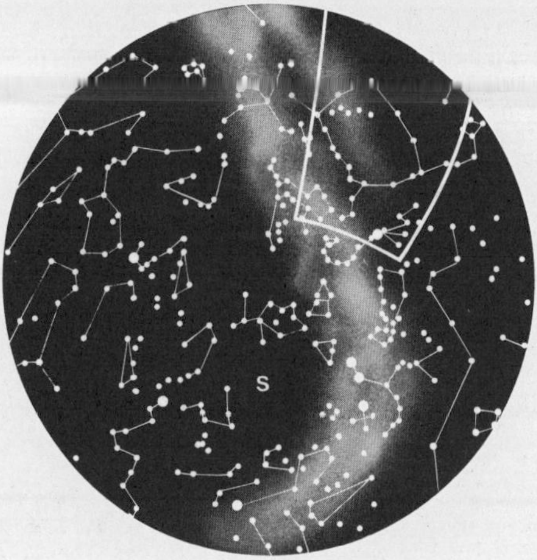

16 Herkules – Schlangenträger – Schütze – Skorpion

Die hellen Sterne

α Herculis (Ras Algethi); RA 17^h12^m4; Dekl. $+14°\ 27'$; 3.0^m–4.0^m (veränderlich)

α Ophiuchi (Ras Alhague); RA 17^h32^m6; Dekl. $+12°\ 36'$; 2.1^m

α Scorpii (Antares); RA 16^h26^m3; Dekl. $-26°\ 19'$; 0.9^m–1.8^m (veränderlich)

Sichtbarkeit Mitternachtssichtbarkeit über Südhorizont (Mittlere Ortszeit): Juni. – Die Sterne im Kartenausschnitt gehen jeden Monat ungefähr 2 Stunden früher auf: Juli 22^h, August 20^h.
Nördliche Erdhalbkugel: Deklination (–) des südlichsten noch sichtbaren Sterns am Beobachtungsort mit der nördlichen geographischen Breite $\varphi = 90° - \varphi°$ Nord. – Südliche Erdhalbkugel: Deklination (+) des nördlichsten noch sichtbaren Sterns am Beobachtungsort mit der südlichen geographischen Breite $\varphi = 90° - \varphi°$ Süd.

Herkules (Hercules) Der nördliche Teil des ausgedehnten Sternbildes wird auf S. 60 vorgestellt. An dieser Stelle verdient der Stern Ras Algethi Aufmerksamkeit, den man auf der Linie Wega – Antares (etwa in der Mitte) findet, unweit des helleren Hauptsterns des Sternbildes Schlangenträger, Ras Alhague. Ras Algethi ist ein »Roter Riese« unter den Sternen und fällt durch seine gelbrote Färbung auf. Er ist veränderlich und hat einen bläulich aussehenden Begleiter in 4.7 Bogensekunden Distanz mit der Helligkeit 5.4^m.
Schlangenträger (Ophiuchus) Ausladendes Sternbild zwischen Herkules und Skorpion mit schönen Milchstraßenpartien. Die Nähe der Milchstraße erklärt den Reichtum an Sternhaufen: M 10, M 12, M 14, M 19.
Schütze (Sagittarius) Tierkreissternbild (s. auch S. 100). In diesem Teil eine der interessantesten Milchstraßengegenden! Sternhaufen und Gasnebel! In Mitteleuropa steht das Sternbild tief über dem Horizont. Günstige Beobachtungsmöglichkeiten in Nordafrika, Mittelamerika, Indien usw.
Skorpion (Scorpius) Tierkreissternbild (s. auch S. 132). Der helle rötliche Stern Antares (bedeutet so viel wie »Gegenmars«) ist am Horizont nicht zu übersehen. Sichtbarkeit wie Sternbild Schütze!

Stern 1. Größe	Stern 2. Größe	Stern 3. Größe	Stern 4. Größe	Stern 5. Größe	Doppelstern	Doppel- und var. Stern	variabler Stern	offener Sternhaufen	Kugelsternhaufen	Spiralnebel	diffuser Nebel	pl N

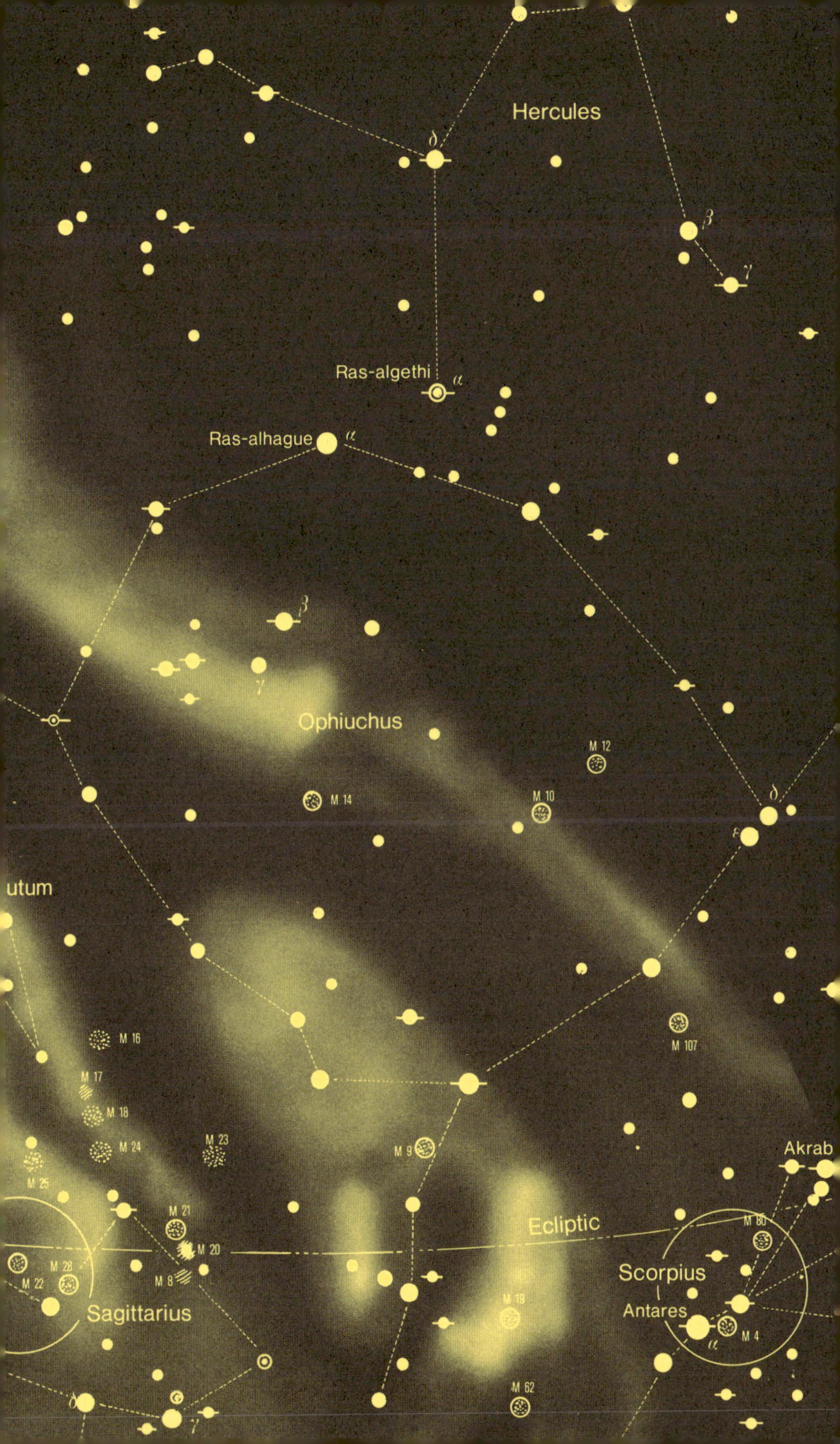

Hercules
Ras-algethi
Ras-alhague
Ophiuchus
M 12
M 14
M 10
utum
M 16
M 17
M 18
M 24
M 23
M 107
M 9
M 25
M 21
M 20
M 28
M 22
M 8
Sagittarius
Ecliptic
M 19
M 62
Akrab
M 80
Scorpius
Antares
M 4

Der Ausschnitt im Fernrohr

Beschreibung M 22 = NGC 6656, kugelförmiger Sternhaufen; RA 18^h33^m3; Dekl. $-23°\ 58'$.

Links von der Bildmitte befindet sich der kugelförmige Sternhaufen M 22. Die Nähe zu einer sternreichen Milchstraßenpartie ist nicht zu übersehen. Der helle sternartige Fleck rechts zum Rand hin ist ein weiteres Messier-Objekt, der kugelförmige Sternhaufen M 28.

Zum Aufsuchen von M 22 muß man in mittleren nördlichen Breiten den Hochsommer abwarten; Juli und August sind die bevorzugten Monate. M 22 steht noch etwas südlich der südlichsten Stelle der Ekliptik und gelangt damit eigentlich erst auf der geographischen Breite des nördlichen Wendekreises (Mexiko, Cuba, Ostbengalen, Arabien) zu jener Höhe über dem Horizont, die der Mitteleuropäer zum Beispiel beim Sommerdreieck gewohnt ist.

M 22 erreicht eine scheinbare Helligkeit von 6^m und ist im Feldstecher ein brillantes Objekt. Mit Recht wird er mit dem schönsten Kugelsternhaufen des nördlichen Himmels, dem M 13 (s. S. 62) verglichen. Zum Auffinden geht der Beobachter mit seinem Feldstecher vom Stern Atair im Sternbild Adler der Milchstraße entlang zum hellen Stern σ Sagittarii (Nunki).

Beschreibung α Scorpii und Umgebung; RA 16^h26^m3; Dekl. $-26°\ 19'$.
Diese Himmelsregion ist in mehrfacher Hinsicht für den beobachtenden Sternfreund von Interesse. Der Ausschnitt zeigt von der Bildmitte nach links unten die Konstellation σ Scorpii, M 4 und α Scorpii. M 4 ist ein kugelförmiger Sternhaufen von verhältnismäßig lockerer Struktur. Bereits mit einem 3zölligen Fernrohr werden sehr viele Sterne aufgelöst. Sowohl auf dem Foto wie beim Beobachten fällt die Armut an Feldsternen auf. Andererseits sind hellere Sterne von einem eigenartigen »Schleier« umgeben, der nichts mit einem Plattenfehler zu tun hat. Das Foto verrät vielmehr interstellare Gas- und Staubansammlungen, die die Durchsicht auf die helligkeitsschwächeren Sterne verwehren.
Antares, der Stern α Scorpii, ist ein Stern sehr hoher Leuchtkraft (»Roter Riese«). Er ist verwandt mit den Sternen Arkturus im Sternbild Bootes und Beteigeuze im Sternbild Orion. Antares hat nahezu den 300fachen Durchmesser unserer Sonne und mehr als die 2000fache Helligkeit. Die rötliche Färbung des Sterns fällt dem Beobachter auf. Sie hat ihm auch den Namen gegeben: »dem Mars gleichend« (Antares, aus dem Griechischen).

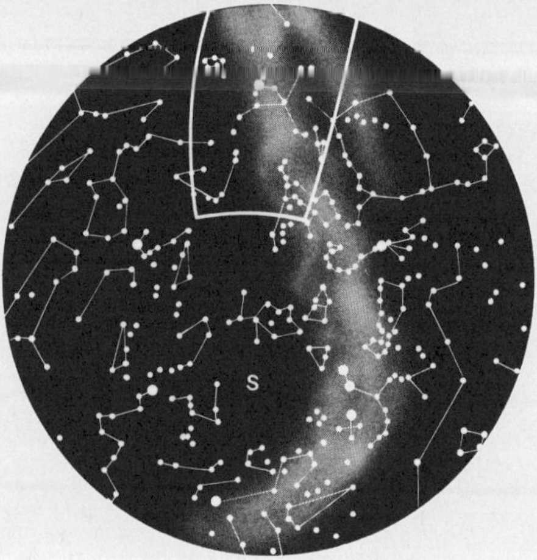

17 Adler – Steinbock – Delphin – Füllen – Pfeil – Schütze – Füchslein

Die hellen Sterne

α Aquilae (Altair);
RA 19^h48^m3;
Dekl. $+8°$ 44′; 0.8^m

γ Aquilae (Reda, Tarazed);
RA 19^h43^m9;
Dekl. $+10°$ 29′; 2.8^m

β Capricorni (Dabih);
RA 20^h18^m2;
Dekl. $-14°$ 56′; 3.2^m

σ Sagittarii (Nunki);
RA 18^h52^m2;
Dekl. $-26°$ 22′; 2.1^m

Sichtbarkeit Mitternachtssichtbarkeit über Südhorizont (Mittlere Ortszeit): Juli. – Die Sterne im Kartenausschnitt gehen jeden Monat ungefähr 2 Stunden früher auf: August 22^h, September 20^h.
Nördliche Erdhalbkugel: Deklination (–) des südlichsten noch sichtbaren Sterns am Beobachtungsort mit der nördlichen geographischen Breite $\varphi = 90° - \varphi°$ Nord. – Südliche Erdhalbkugel: Deklination (+) des nördlichsten noch sichtbaren Sterns am Beobachtungsort mit der südlichen geographischen Breite $\varphi = 90° - \varphi°$ Süd.

Adler (Aquila) Das Sternbild ähnelt einem fliegenden Vogel, dessen Kopf durch die Sterne Altair (α), Alshain (β) und Tarazed (γ) dargestellt wird. Das Sternbild steht am Himmelsäquator und ist auf der ganzen Erde zu beobachten.
Steinbock (Capricornus) Tierkreissternbild. Der größere Teil ist hier abgebildet. Der Stern β Capricorni erscheint im Feldstecher als Doppelstern; der hellere Stern ist gelb, der lichtschwächere bläulich.
Delphin (Delphinus) Ein kleines Sternbild etwa gleich heller Sterne.
Füllen (Equuleus) Kleines Viereck, das die Ähnlichkeit eines Pferdekopfes hat.
Pfeil (Sagitta) Kleines Sternbild mit auffällig linear angeordneten Sternen 4. Größenklasse.
Schütze (Sagittarius) Tierkreissternbild. Etwa die Hälfte ist auf dieser Karte davon abgebildet. Es ist das südlichste aller Tierkreissternbilder. Besonders schöne Partien der Milchstraße zu sehen. Zahlreiche Nebel und Sternhaufen. Lohnendes Sternbild für die Beobachtung mit dem Feldstecher.
Füchslein (Vulpecula) Unscheinbares, von der Milchstraße durchzogenes Sternbild zwischen Adler und Schwan.

Stern 1. Größe	Stern 2. Größe	Stern 3. Größe	Stern 4. Größe	Stern 5. Größe	Doppelstern	Doppel- und var. Stern	variabler Stern	offener Sternhaufen	Kugelsternhaufen	Spiralnebel	diffuser Nebel	pla Ne

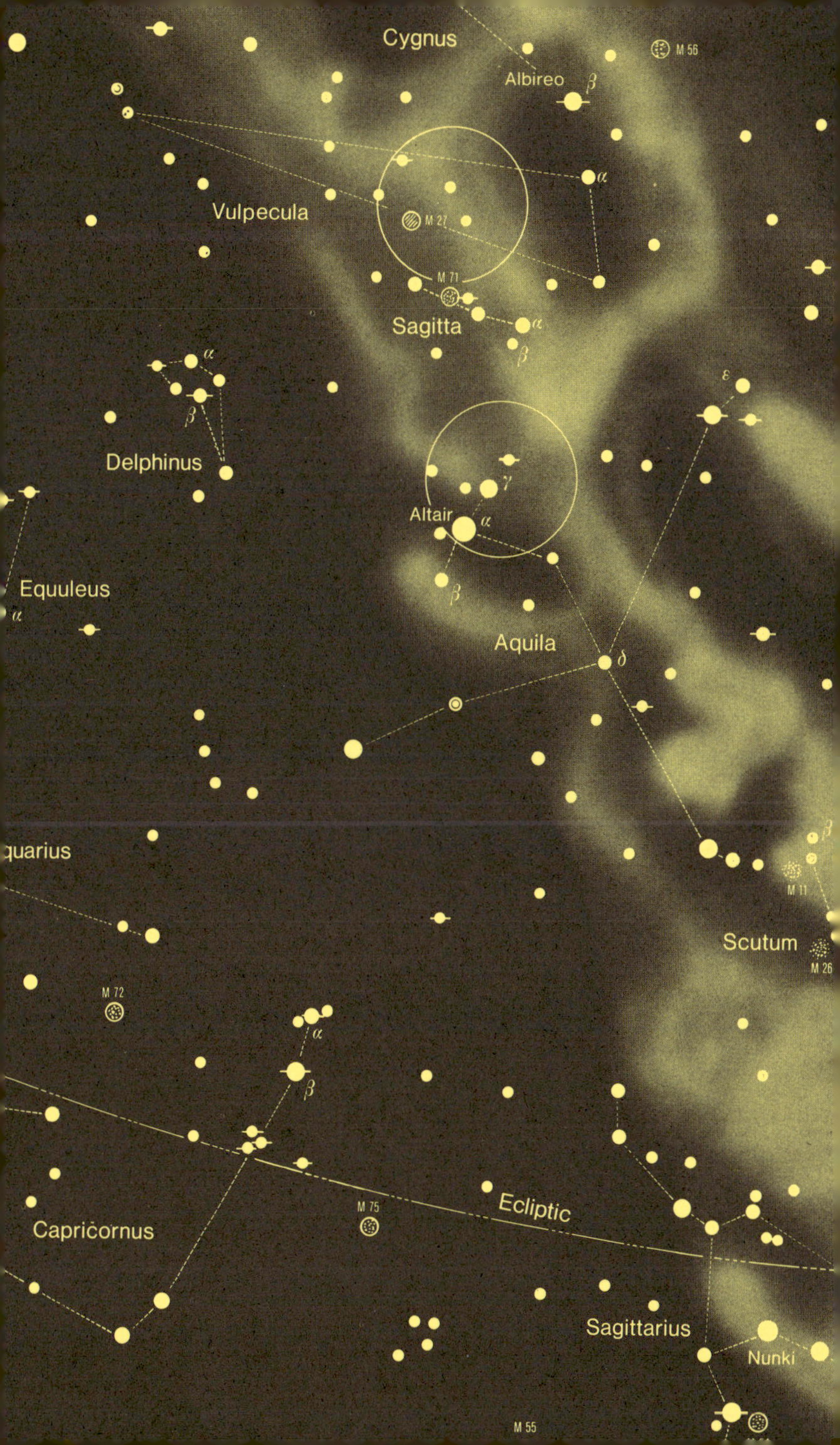

Cygnus
M 56
Albireo
Vulpecula
M 27
M 71
Sagitta
Delphinus
Altair
Equuleus
Aquila
quarius
M 11
Scutum
M 26
M 72
M 75
Ecliptic
Capricornus
Sagittarius
Nunki
M 55

Der Ausschnitt im Fernrohr

Beschreibung Dunkelnebel Barnard 142/143 = Dreiteilige Höhle in der Milchstraße; RA $19^h 40^m$; Dekl. $+10^\circ\ 30'$.

Eine der eindrucksvollsten Erscheinungen am Himmel ist die Milchstraße. Das Gefunkel der vielen Sterne zeigt sich prächtig im Feldstecher. Der genaue Beobachter wird entdecken, daß die sternreichen Felder immer wieder einmal unterbrochen sind, und man sieht dafür sozusagen »schwarze Löcher im Himmel« mit wenigen oder gar keinen Sternen. Die Wissenschaftler haben herausgefunden, daß in diesen Fällen mächtige Dunkelwolken aus kosmischer Materie (Gas und Staub) vor die Sterne gelagert sind und den Durchblick zu den Sternen trüben oder ganz unmöglich machen. Ein markanter Dunkelnebel dieser Art ist die »Dreiteilige Höhle«.

Das Objekt befindet sich 1 Grad westlich (rechts) des Sternes γ Aquilae. Für die Beobachtung ist eine mondlose Nacht mit guter Durchsicht notwendig. Der Dunkelnebel ist dann aber im Feldstecher ein auffälliges Objekt, das in deutlichem Kontrast zur sternreichen Umgebung steht.

Beschreibung M 27 = NGC 6853; Dumbbell-Nebel = planetarischer Nebel; RA 19^h57^m; Dekl. $+22°\ 35'$.

Den hellsten planetarischen Nebel des nördlichen Himmels finden wir im Sternbild Füchslein. Es handelt sich um einen Gasnebel, der im Fernrohr den Eindruck einer blaß leuchtenden Planetenscheibe erwecken kann. Daher auch der Name dieser Gattung von Himmelsobjekten, obwohl diese Nebel mit den Planeten überhaupt nichts zu tun haben. Der Engländer Lord Rosse fand in seinem großen Fernrohr eine Ähnlichkeit mit einer Hantel und gab daher dem Nebel den Namen »Dumbbell-Nebel« (engl. dumbbell = Hantel). Der Zentralstern wird von der Helligkeit des Nebels überstrahlt und ist ohne weiteres nicht zu beobachten.

Der Dumbbell-Nebel ist bereits im Feldstecher bei 6- bis 8facher Vergrößerung als deutliches Nebelscheibchen zu erkennen. Das typische Objekt ist sogar in Stadtnähe nicht zu übersehen. Ausgangspunkt ist für die Aufsuchung Stern α Aquilae (Altair). Von dort zum Stern Gamma im Sternbild Pfeil. Dann noch etwa 3 Grad nördlich bis zum Dumbbell-Nebel (Bildmitte links).

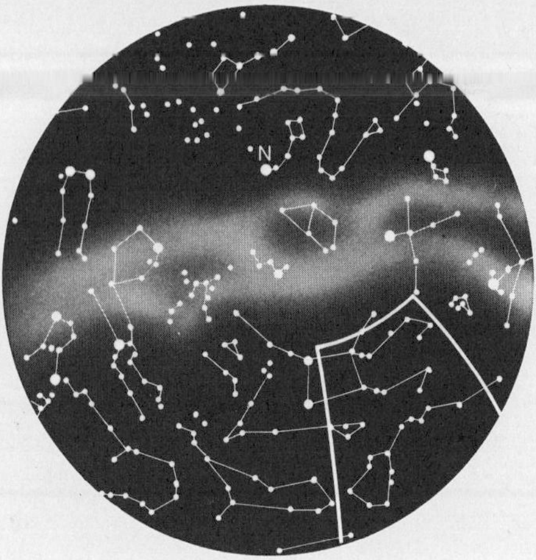

18 Pegasus – Wassermann – Südlicher Fisch

Die hellen Sterne

α Aquarii (Sadalmelek); RA 22^h03^m2; Dekl. $-0°\ 34'$; 3.2^m

α Pegasi (Markab); RA 23^h02^m3; Dekl. $+14°\ 56'$; 2.6^m

α Piscis Austrini (Fomalhaut); RA 22^h54^m9; Dekl. $-29°\ 53'$; 1.3^m

Sichtbarkeit Mitternachtssichtbarkeit über Südhorizont (Mittlere Ortszeit): September. – Die Sterne im Kartenausschnitt gehen jeden Monat ungefähr 2 Stunden früher auf: Oktober 22^h, November 20^h.
Nördliche Erdhalbkugel: Deklination (–) des südlichsten noch sichtbaren Sterns am Beobachtungsort mit der nördlichen geographischen Breite $\varphi = 90° - \varphi°$ Nord. – Südliche Erdhalbkugel: Deklination (+) des nördlichsten noch sichtbaren Sterns am Beobachtungsort mit der südlichen geographischen Breite $\varphi = 90° - \varphi°$ Süd.

Pegasus (Pegasus) Die hellen Sterne bilden ein augenfälliges großes Viereck am nördlichen Himmel (Leitsternbild!). In unserem Kartenausschnitt fehlen zur Vollständigkeit des Vierecks die beiden Sterne γ Pegasi und α Andromedae, die links in der Fortsetzung der beiden gestrichelten Linien zu suchen sind. Der Stern Sirrah (α Andromedae) wird zum Pegasus-Viereck hinzugenommen, obwohl er zum Sternbild Andromeda gehört. Vom Sommerdreieck aus in südöstlicher Richtung findet man das Pegasus-Viereck.
Südlicher Fisch (Piscis Austrinus) In mittleren nördlichen Breiten ist das Sternbild gerade noch unterhalb des Sternbilds Wassermann auszumachen. Auffällig ist der helle Stern Fomalhaut, der in der Liste der hellsten Sterne des gesamten Himmels an 18. Stelle steht. Der arabische Name bedeutet soviel wie »Maul des Fisches«.
Wassermann (Aquarius) Tierkreissternbild. Das Sternbild hat wenig Profil. Man sucht es zwischen Pegasus und Südlichem Fisch. Über den Kugelsternhaufen M 2 wird auf Seite 106 berichtet.

Stern 1. Größe | Stern 2. Größe | Stern 3. Größe | Stern 4. Größe | Stern 5. Größe | Doppelstern | Doppel- und var. Stern | variabler Stern | offener Sternhaufen | Kugelsternhaufen | Spiralnebel | diffuser Nebel | plane Nebe

β
Scheat
Pegasus
Markab
α
M 15
ε
Pisces
β
γ
α
M 2
γ
Ecliptic
β
Aquarius
δ
Capricornus
δ
γ
M 30
ε
Formalhaut
α
Piscis austrinus

Der Ausschnitt im Fernrohr

Beschreibung M 2 = NGC 7089, kugelförmiger Sternhaufen; RA 21^h30^m9; Dekl. –1° 03′.

M 2 steht unmittelbar in der Bildmitte des Ausschnitts, ein kugelförmiger Sternhaufen, dem nachgesagt wird, daß er unter günstigen Umständen schon mit freiem Auge wahrgenommen werden kann (scheinbare Helligkeit 6.3^m). Zum Aufsuchen am Himmel geht der Beobachter von den Sternen α Aquarii und β Aquarii aus. Im Weitwinkelfeldstecher erscheint M 2 im Gesichtsfeld, sobald β Aquarii gefunden ist (Distanz des Sternhaufens von diesem Stern ca. 5 Grad).

Im Gegensatz zu M 4 (s. S. 99) ist M 2 ein sehr kompakter Kugelsternhaufen und daher schwer in Einzelsterne aufzulösen. Selbst am Rand gelingt das mit den Mitteln des Amateurastronomen kaum. Das Umfeld von M 2 ist ausgesprochen gleichmäßig mit schwächeren Sternen durchsetzt. Irgendwelche Sternkonzentrationen und Dunkelwolken sind nicht erkennbar. Ja, diese Himmelsregion wirkt im Vergleich zu den Ballungsgebieten im Schwan oder Schützen ausgesprochen eintönig.

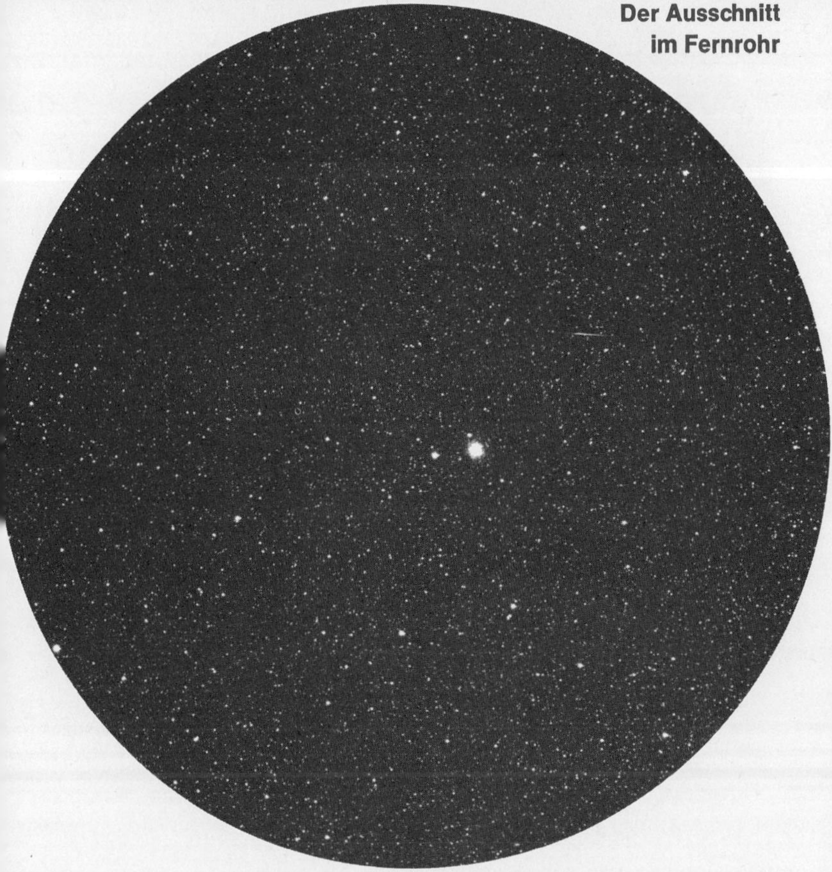

Beschreibung M 15 = NGC 7078, kugelförmiger Sternhaufen; RA 21^h27^m6; Dekl. +11° 57′.

Nahe dem Stern ε Pegasi entdeckt man den kugelförmigen Sternhaufen M 15. Beide Objekte bringt ein Weitwinkelfeldstecher zusammen ins Gesichtsfeld. Die scheinbare Helligkeit von M 15 beträgt 6.2^m; er ist damit ähnlich wie schon M 2 ein gut auffindbares Sternsystem. Ähnlich wie bei M 2 weist das Umfeld der Sterne keine Zusammenballungen auf. Im Bildausschnitt ist M 15 in der Mitte, rechts oberhalb ein schwache Meteorspur.

»Der kugelförmige Sternhaufen M 15 im Pegasus bildet mit M 3, M 13 und M 92 die Gruppe der Kugelhaufen des nördlichen Sommersternhimmels und schließt diese nach Osten hin ab«, schreibt Hans Vehrenberg in »Mein Messier-Buch«. Wir dürfen nicht vergessen, daß die an Kugelsternhaufen reichen Sternbilder Schütze, Skorpion und – teilweise wenigstens – Schlangenträger bereits zum südlichen Sternhimmel zählen.

M 15 ist ein von der Wissenschaft genau untersuchtes Sternsystem. Die Entfernung wird mit 10 parsec angegeben. Die hellsten Einzelsterne haben scheinbare Helligkeiten um 14.5^m. Bekannt sind davon ungefähr 25 Stück.

19 Phönix – Tukan

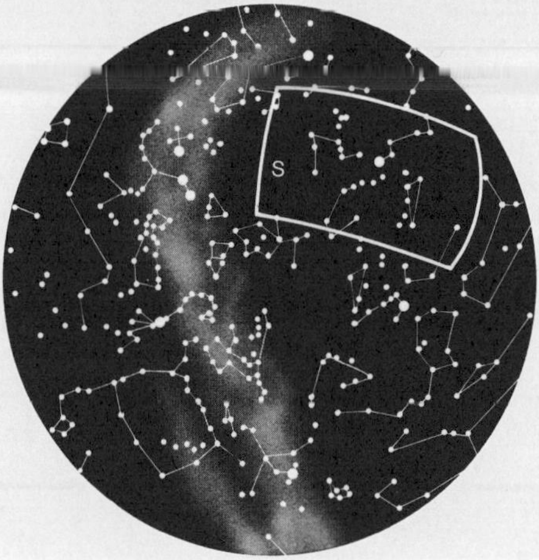

Die hellen Sterne

α Phoenicis; RA 0^h23^m8; Dekl. –42° 35′; 2.4^m

β Tucanae; RA 0^h29^m3; Dekl. –63° 14′; 3.8^m

Sichtbarkeit Mitternachtssichtbarkeit über Nordhorizont (Mittlere Ortszeit): Oktober. – Die Sterne im Kartenausschnitt gehen jeden Monat ungefähr 2 Stunden früher auf: November 22^h, Dezember 20^h.
Nördliche Erdhalbkugel: Deklination (–) des südlichsten noch sichtbaren Sterns am Beobachtungsort mit der nördlichen geographischen Breite φ = 90° – φ° Nord. – Südliche Erdhalbkugel: Alle Sterne des Südhimmels sichtbar.

Phönix (Phoenix) Sternbilder des südlichen Himmels, soweit sie von der Nordhemisphäre der Erde aus nicht zu beobachten sind, wurden auf Karten erstmals von J. Bayer 1603 in seiner »Uranometria« dargestellt. Grundlagen lieferten die Beobachtungen von Seeleuten, die nach Java und Sumatra gefahren waren. Sie hatten recht willkürlich neue Sternkonstellationen gebildet und nach der tropischen Vogelwelt benannt. Dazu gehören die Sternbilder Phönix und Tukan. Das Sternbild Phönix repräsentiert eine verhältnismäßig sternarme Gegend, etwa markiert zwischen den hellen Sternen Fomalhaut (Südlicher Fisch) und Achernar (Eridanus). Die Sternarmut hier und auch in den benachbarten Sternbildern Bildhauerwerkstatt und Ofen hängt damit zusammen, daß die Region senkrecht zur galaktischen Ebene liegt.
Tukan (Tucana) Auch dieses Sternbild des südlichen Himmels überzeugt nicht durch eine übersichtliche Konstellation oder gar durch Sternreichtum. Dafür findet man im südlichen Teil des Sternbildes die Kleine Magellansche Wolke und den mit bloßen Augen sichtbaren kugelförmigen Sternhaufen 47 Tucanae. Darüber wird auf der nächsten Seite ausführlich berichtet. Das Sternbild Tukan schließt unmittelbar südlich an das Sternbild Phönix an.

Stern 1. Größe	Stern 2. Größe	Stern 3. Größe	Stern 4. Größe	Stern 5. Größe	Doppelstern	Doppel- und var. Stern	variabler Stern	offener Sternhaufen	Kugelsternhaufen	Spiralnebel	diffuser Nebel	plan. Neb…

Octans
Mensa
LMC
Large Magellanic Cloud
Hydrus
SMC
Small Magellanic Cloud
104
362
Reticulum
Tucana
1261
Achernar
Horologium
Eridanus
Phoenix
55
Sculptor
Fornax
Galactic South Pole

Der Ausschnitt im Fernrohr

Beschreibung SMC = Small Magellanic Cloud = Kleine Magellansche Wolke, Galaxie; RA 0^h50^m0; Dekl. –73° 00′.

Dem Sternfreund in südlichen Breiten ist es vorbehalten, die zwei nächsten extragalaktischen Sternsysteme zu beobachten: die beiden Magellanschen Wolken (Große Magellansche Wolke s. S. 118). Was uns der Bildausschnitt zeigt, erinnert mehr an einen offenen Sternhaufen; auch der Anblick im Fernrohr entspricht dem. Wenn man aber erfährt, daß die Kleine Magellansche Wolke ungefähr 10mal näher ist als der berühmte Andromeda-Nebel, dann wird klar, warum Fernrohr und Kamera so viele Einzelheiten bringen.

Die Kleine Magellansche Wolke ist ein auffälliges Objekt am Südhimmel. Der helle Stern Achernar, Sternbild Eridanus, mag als Orientierungshilfe dienen; von ihm aus sucht man das Objekt südwärts in Richtung Pol. Die hohe südliche Deklination macht die Galaxie erst in mittleren südlichen Breiten zu einem dankbaren Objekt. Dort ist das Sternsystem zirkumpolar.

Die Kl. Mag. Wolke ist fast frei von absorbierendem Staub. So beobachtet man entferntere Galaxien durch sie hindurch. Kugelhaufen und Haufenveränderliche sind häufig. Links zum Bildrand der kugelförmige Sternhaufen 47 Tucanae.

Beschreibung β Tucanae, Doppelstern; RA 0^h29^m3; Dekl. –63° 14′.
Unser Objekt fällt in der Bildmitte sofort ins Auge. Beide Komponenten sind ungefähr gleich hell (4.5^m) und befinden sich in einer Distanz von 27 Bogensekunden. Es ist also ein Doppelstern für das kleine Fernrohr (Feldstecher ab 12facher Vergrößerung). Daß ein Begleiter nochmals doppelt ist, hat für den Sternfreund nur theoretische Bedeutung: der dritte Stern im System hat nur die scheinbare Helligkeit 14.0^m und ist bei einer Distanz von 2.2 Bogensekunden nur in großen Fernrohren zu trennen.
β Tucanae bildet mit dem hellen Stern Achernar, Sternbild Eridanus, und der Kleinen Magellanschen Wolke ein gleichschenkeliges Dreieck. Hellere Feldsterne fehlen in der Umgebung weitgehend. Das Gebiet darf man als sternarm bezeichnen. Seine Ursache hat das in der Nähe des Galaktischen Pols im Sternbild Bildhauerwerkstatt (Sculptor).
Mit der Deklination –63 Grad ist β Tucanae von Europa aus nie zu beobachten. Von Mittelamerika aus gesehen, erhebt er sich etwas über den Horizont, während er in Australien und Neuseeland fast das ganze Jahr über zu beobachten ist.

20 Fluß Eridanus – Kleine Wasserschlange – Pendeluhr – Grabstichel – Netz

Die hellen Sterne

α Eridani (Achernar); RA 1^h35^m9; Dekl. $-57° 29'$; 0.6^m

α Hydri; RA 1^h57^m2; Dekl. $-61° 49'$; 3.0^m

α Reticuli; RA 4^h13^m8; Dekl. $-62° 36'$; 3.4^m

Sichtbarkeit Mitternachtssichtbarkeit über Nordhorizont (Mittlere Ortszeit): November. – Die Sterne im Kartenausschnitt gehen jeden Monat ungefähr 2 Stunden früher auf: Dezember 22^h, Januar 20^h.
Nördliche Erdhalbkugel: Deklination (–) des südlichsten noch sichtbaren Sterns am Beobachtungsort mit der nördlichen geographischen Breite $\varphi = 90° - \varphi°$ Nord. – Südliche Erdhalbkugel: Alle Sterne des Südhimmels sichtbar.

Fluß Eridanus (Eridanus) Das Sternbild beginnt beim Sternbild Orion (s. S. 80) und erreicht die südlichste Deklination mit seinem Hauptstern Achernar, dem 9.hellsten Stern am Himmel.
Grabstichel (Caelum) Ein unbedeutendes Sternbild zwischen Eridanus und Columba.
Kleine Wasserschlange (Hydrus) Wenig profiliertes Sternbild zwischen den beiden Magellanschen Wolken.
Netz (Reticulum) Die ersten Sternbilder des neuentdeckten Südhimmels sind von den Seefahrern mit Namen der tropischen Vogelwelt belegt worden; Abbé Nicolas Louis de Lacaille vervollständigte Mitte des 18. Jahrhunderts die Liste; er verwendete dazu die Bezeichnungen technischer Geräte, die vor allem von der zeitgenössischen Naturwissenschaft verwendet wurden. Der Abbé beobachtete von 1751 bis 1754 vom Kap der Guten Hoffnung aus den Südhimmel. Einer unscheinbaren Konstellation eng angeordneter Sterne in der Mitte zwischen Achernar und Canopus gab er den Namen Netz.
Pendeluhr (Horologium) Sternbild zwischen Netz und Fluß Eridanus.

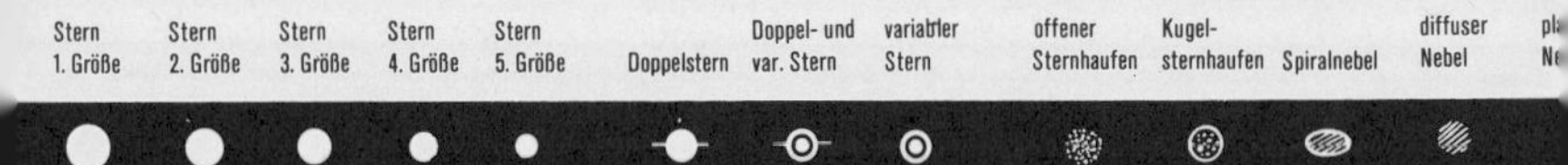

Octans
Chamaeleon
Mensa
Volans
104
Small Magellanic Cloud
SMC
362
Hydrus
LMC
Large Magellanic Cloud
1313
Reticulum
Pictor
Dorado
1261
Horologium
Eridanus
Caelum
1851
Fornax
f

Der Ausschnitt im Fernrohr

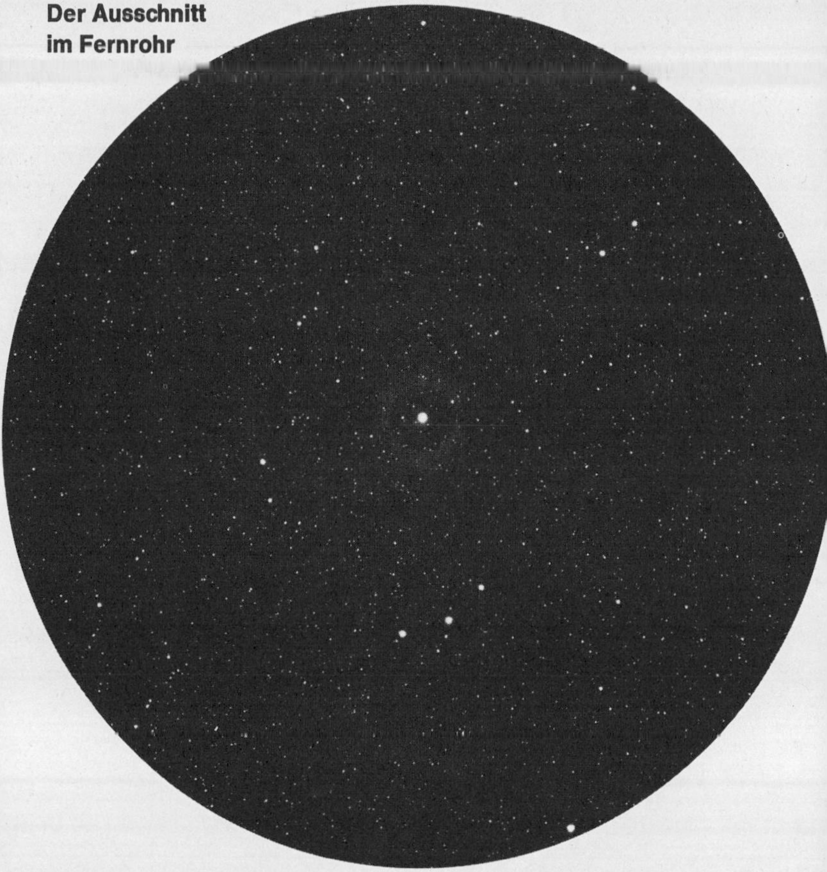

Beschreibung f Eridani, Doppelstern; RA 3^h46^m7; Dekl. $-37° 46'$.
Etwa in der Mitte auf der Linie zwischen den Sternen β Fornacis und β Caeli entdeckt der Beobachter den Doppelstern f Eridani. Seine beiden Komponenten haben die Helligkeiten 5.4^m und 4.9^m; die Distanz beträgt 7,7 Bogensekunden. Man findet den Stern leichter dadurch, daß im Gesichtsfeld mühelos eine Sternanordnung von drei ungefähr gleich hellen Sternen erscheint (im Bildausschnitt unterhalb von f Eridani). Der Stern steht ziemlich genau in der Bildmitte. Die drei Sterne sind knapp 2 Grad unterhalb; auch ein stärker vergrößernder Feldstecher bringt diese Distanz mühelos im Gesichtsfeld unter.
Hans Vehrenberg, der die Aufnahme zum Bildausschnitt machte, gibt dazu noch einen Kommentar: »Der Heiligenschein um den Stern ist Folge von Reflexion an der Plattenrückseite. Infolge Plattenmangel mußte ich z. T. vorhandene Emulsionen ohne ausreichenden Lichthofschutz verwenden.« H. Vehrenberg hat seine Fotos vom Südhimmel auf dem Boyden-Observatorium in Südafrika gemacht.

Beschreibung NGC 1313, Galaxie; RA 3^h17^m6; Dekl. $-66^\circ\ 40'$.
In der Mitte unseres Bildausschnittes steht das extragalaktische System NGC 1313, das mit der scheinbaren Helligkeit von 10^m kein leichtes Objekt ist. Zur Aufsuchung wählt man am besten als Ausgangspunkt den hellen Stern Achernar (Sternbild Eridanus). Von dort weiter über α Hydri zu β Horologii. NGC 1313 bildet mit β Horologii und dem etwas helleren Stern β Reticuli ein gleichschenkeliges Dreieck. Trotz der nur mäßigen Helligkeit und einer geringen Flächenausdehnung wird der Beobachter in dunkler, mondloser Nacht das Objekt mit einem lichtstarken Feldstecher finden, da NGC 1313 weder in Milchstraßenwolken eingebettet ist noch ein dichtes Umfeld von Sternen hat. Sowohl zur Prüfung der Optik wie auch der Sichtverhältnisse (Trübung der Atmosphäre, Streulicht!) sind solche Objekte recht gut geeignet. Natürlich stellen sie auch einige Anforderungen an die Findigkeit des Sternfreundes! Auf jeden Fall ist es ratsam, diese Nachforschung am Himmel mit einem fest aufgestellten Fernrohr zu machen. Das gilt auch für die Beobachtung mit dem Feldstecher, der auf einem Dreibein (Kino-Stativ) tadellos steht und schnell montiert ist.

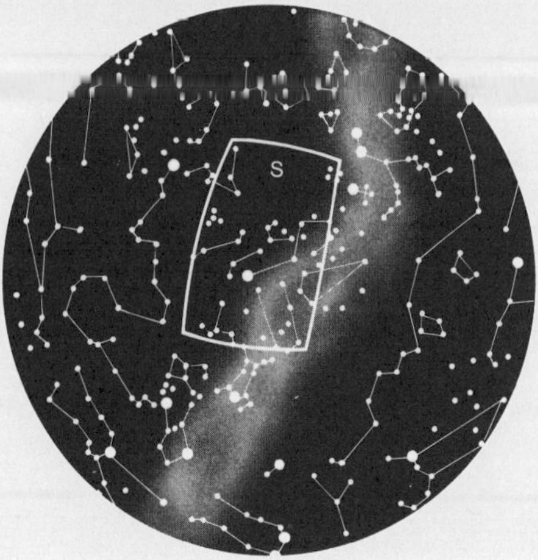

21 Achterschiff – Goldfisch – Fliegender Fisch – Malerstaffelei – Schiffskiel – Tafelberg – Taube

Die hellen Sterne

α Carinae (Canopus); RA 6^h22^m8; Dekl. –52° 40′; -0.9^m

β Carinae (Miaplacidus); RA 9^h12^m7; Dekl. –69° 31′; 1.8^m

ε Carinae; RA 8^h21^m5; Dekl. –59° 21′; 1.7^m

Sichtbarkeit Mitternachtssichtbarkeit über Nordhorizont (Mittlere Ortszeit): Dezember. – Die Sterne im Kartenausschnitt gehen jeden Monat ungefähr 2 Stunden früher auf: Januar 22^h, Februar 20^h.
Nördliche Erdhalbkugel: Deklination (–) des südlichsten noch sichtbaren Sterns am Beobachtungsort mit der nördlichen geographischen Breite φ = 90° – φ° Nord. – Südliche Erdhalbkugel: Alle Sterne des Südhimmels sichtbar.

Achterschiff (Puppis) Das Sternbild – zwischen den Sternbildern Großer Hund und Schiffskiel – wird hier mit seinem südlichen Teil abgebildet (s. auch S. 81). Milchstraßenpartien!
Fliegender Fisch (Volans) Kleines Sternbild unmittelbar bei den hellen Sternen β Carinae und ε Carinae.
Goldfisch (Dorado) Das Interessanteste in diesem Sternbild ist die Große Magellansche Wolke.
Malerstaffelei (Pictor) Der Name dieses kleinen Sternbildes zwischen Dorado und Carina geht auf Lacaille zurück.
Schiffskiel (Carina) Ein sternreiches Sternbild des Südhimmels mit drei sehr hellen Sternen (Canopus 2.hellster Stern am Himmel überhaupt!) und viel Milchstraße. Ursprünglich zusammen mit Puppis und Vela das Riesensternbild Schiff Argo.
Tafelberg (Mensa) Unbedeutendes kleines Sternbild mit Ausläufern der Großen Magellanschen Wolke.
Taube (Columba) Unterhalb des Sternbildes Hase. In Europa noch sichtbares Sternbild.

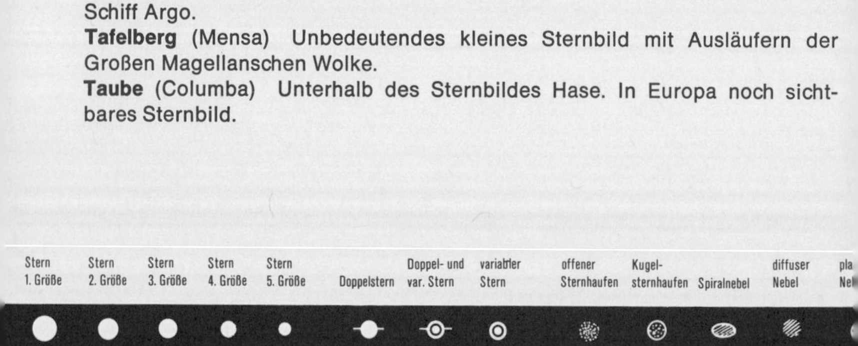

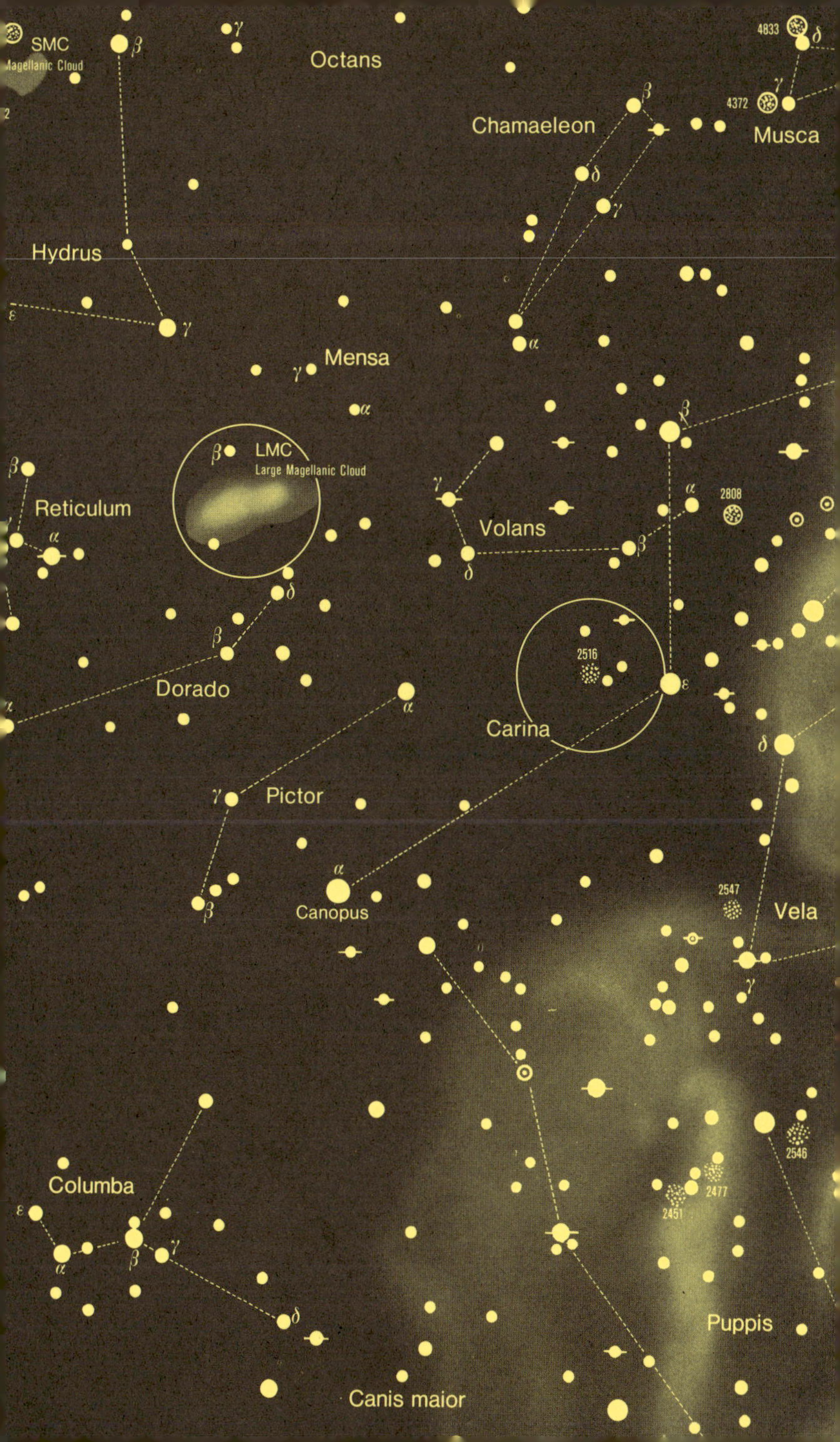

SMC
Magellanic Cloud
Octans
4833
4372
Chamaeleon
Musca
Hydrus
Mensa
LMC
Large Magellanic Cloud
Reticulum
2808
Volans
2516
Dorado
Carina
Pictor
2547
Canopus
Vela
2546
2477
2451
Columba
Puppis
Canis maior

Der Ausschnitt im Fernrohr

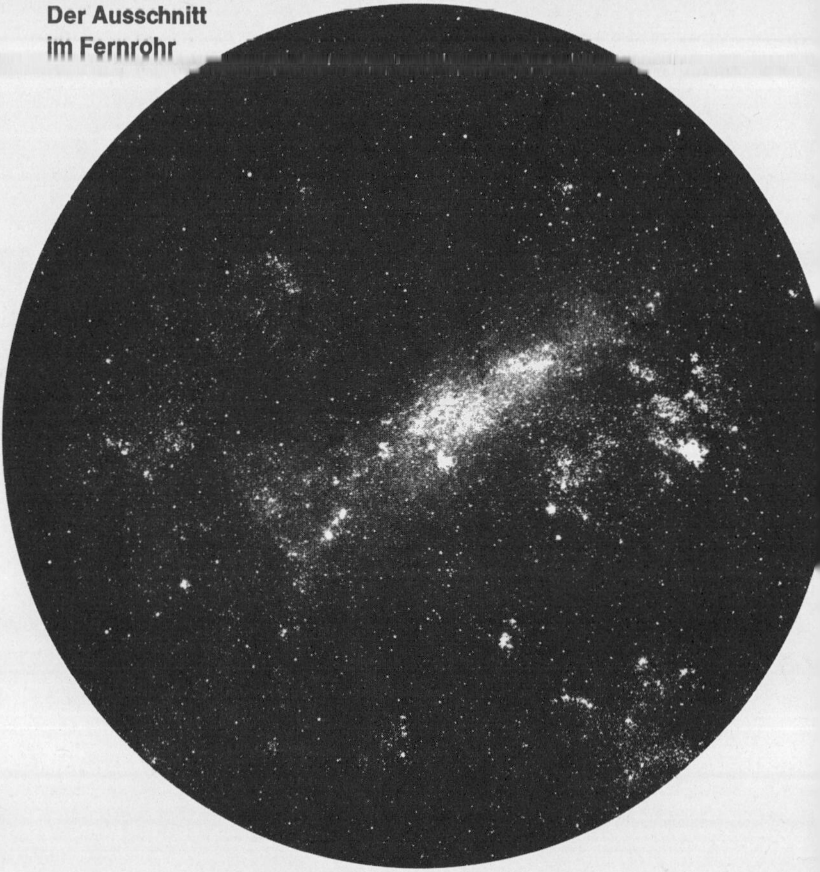

Beschreibung LMC = Large Magellanic Cloud = Große Magellansche Wolke, Galaxie; RA 5^h24^m0; Dekl. $-69° 08'$.

Die Große Magellansche Wolke ist das einzige extragalaktische System, das mit bloßem Auge bei Vollmondschein zu sehen ist! Die Galaxie bildet mit den hellen Carina-Sternen Alpha und Beta etwa ein gleichschenkeliges Dreieck. Von der Kleinen Magellanschen Wolke ist sie am Himmel rund 20 Grad entfernt. Um das herrliche Objekt hoch über dem Horizont zu sehen, muß man südlich des Erdäquators beobachten. In mittleren südlichen Breiten ist die Große Magellansche Wolke zirkumpolar. Sie umfaßt 8 x 8 Grad Himmelsareal.

Die große Nähe dieses extragalaktischen Systems macht seine Erforschung leichter. Die von der Milchstraße her bekannten Objekte sind dort alle gefunden worden: veränderliche Sterne, offene Sternhaufen und Kugelsternhaufen, planetarische Nebel, Gasnebel, Dunkelwolken. Der hellste Gasnebel in der Großen Magellanschen Wolke ist NGC 2070 – in unserem Bildausschnitt rechts am Rand. Er heißt auch Tarantel-Nebel oder »die große Schnalle«, ist mit bloßen Augen gut zu erkennen und vom gleichen Nebeltyp wie der Orion-Nebel.

Beschreibung NGC 2516, offener Sternhaufen; RA 7^h59^m7; Dekl. –60° 44′.
Das Objekt in der Bildmitte unseres Ausschnitts zeigt den hellen offenen Sternhaufen NGC 2516 im Sternbild Carina. Am Himmel findet ihn der Sternfreund unmittelbar neben dem sehr hellen Stern ε Carinae, mit dem zusammen ihn ein Weitwinkelfeldstecher ins Gesichtsfeld bringt. Der offener Sternhaufen ist mit bloßen Augen zu sehen; seine photographische scheinbare Helligkeit liegt bei 3.0^m. Die Umgebung von NGC 2516 ist noch Milchstraßenrandgebiet, nicht vergleichbar mit dem Sterngewimmel im Sternbild Puppis und in den dem Kreuz des Südens nahen Regionen von Carina. Ohne Ausnahme gehören alle offenen Sternhaufen unserem Milchstraßensystem an und sind zur galaktischen Ebene hin konzentriert. Deshalb treten die offenen Sternhaufen entweder in den Sternwolken der Milchstraße oder in den Randzonen davon auf. Bei unserem Objekt handelt es sich offensichtlich um einen verhältnismäßig konzentrierten offenen Sternhaufen, dessen Einzelsterne im kleinen Fernrohr aber sehr schön sichtbar werden.

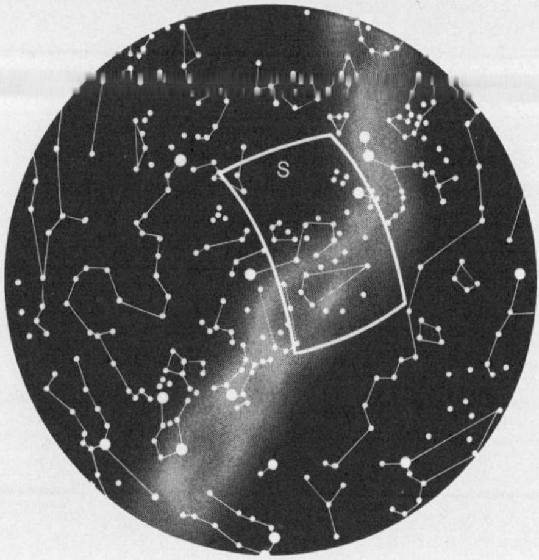

22 Luftpumpe – Schiffskiel – Schiffskompaß Segel

Die hellen Sterne

γ Velorum; RA 8h07m9; Dekl. –47° 12′; 2.1m

δ Velorum; RA 8h43m3; Dekl. –54° 31′; 2.0m

λ Velorum (Alsulhai); RA 9h06m1; Dekl. –43° 14′

Sichtbarkeit Mitternachtssichtbarkeit über Nordhorizont (Mittlere Ortszeit): Februar. – Die Sterne im Kartenausschnitt gehen jeden Monat ungefähr 2 Stunden früher auf: März 22h, April 20h.
Nördliche Erdhalbkugel: Deklination (–) des südlichsten noch sichtbaren Sterns am Beobachtungsort mit der nördlichen geographischen Breite φ = 90° – φ° Nord. – Südliche Erdhalbkugel: Alle Sterne des Südhimmels sichtbar.

Luftpumpe (Antlia) Eine Namensschöpfung des Abbé Lacaille für ein völlig unbedeutendes Sternbild, das südlich vom Stern Alphard (Wasserschlange) unter günstigen Umständen auch in Europa dicht über dem Horizont gesehen werden kann.
Schiffskiel (Carina) Siehe dazu auch Beschreibung S. 116. Hier sind es vor allem die prächtigen Sternwolken der Milchstraße, die diesen Teil des Sternbildes auszeichnen.
Schiffskompaß (Pyxis) Kleines Sternbild zwischen Puppis und Antlia; in Mitteleuropa im Februar um Mitternacht knapp über dem Südhorizont.
Segel (Vela) Das dritte der Teilsternbilder, die aus dem einst weitausgedehnten Sternbild Schiff Argo gebildet worden sind. Durch das Sternbild verläuft der galaktische Äquator. Schöne Milchstraßenausschnitte erinnern daran. Der helle Stern γ Velorum gilt als einer der heißesten Sterne, die bekannt sind. Die Färbung neigt zum Bläulichen, die Oberflächentemperaturen erreichen 30 000 Grad und darüber (Sonne 6000 Grad). Daß der »erste« Stern des Sternbildes die Bezeichnung Gamma führt, hat seinen Grund in der erwähnten Aufteilung des Sternbildes Schiff Argo: die alten Sternbezeichnungen sind geblieben.

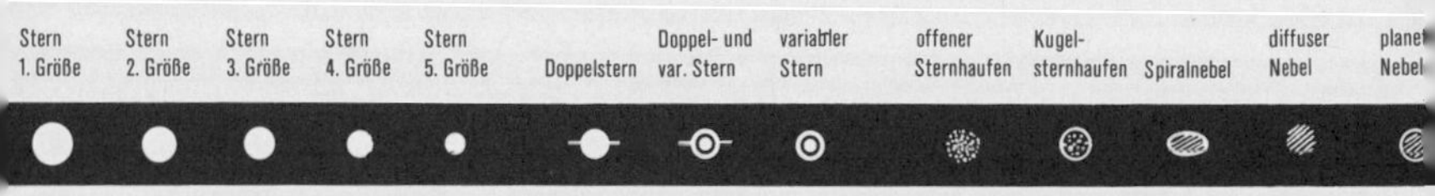

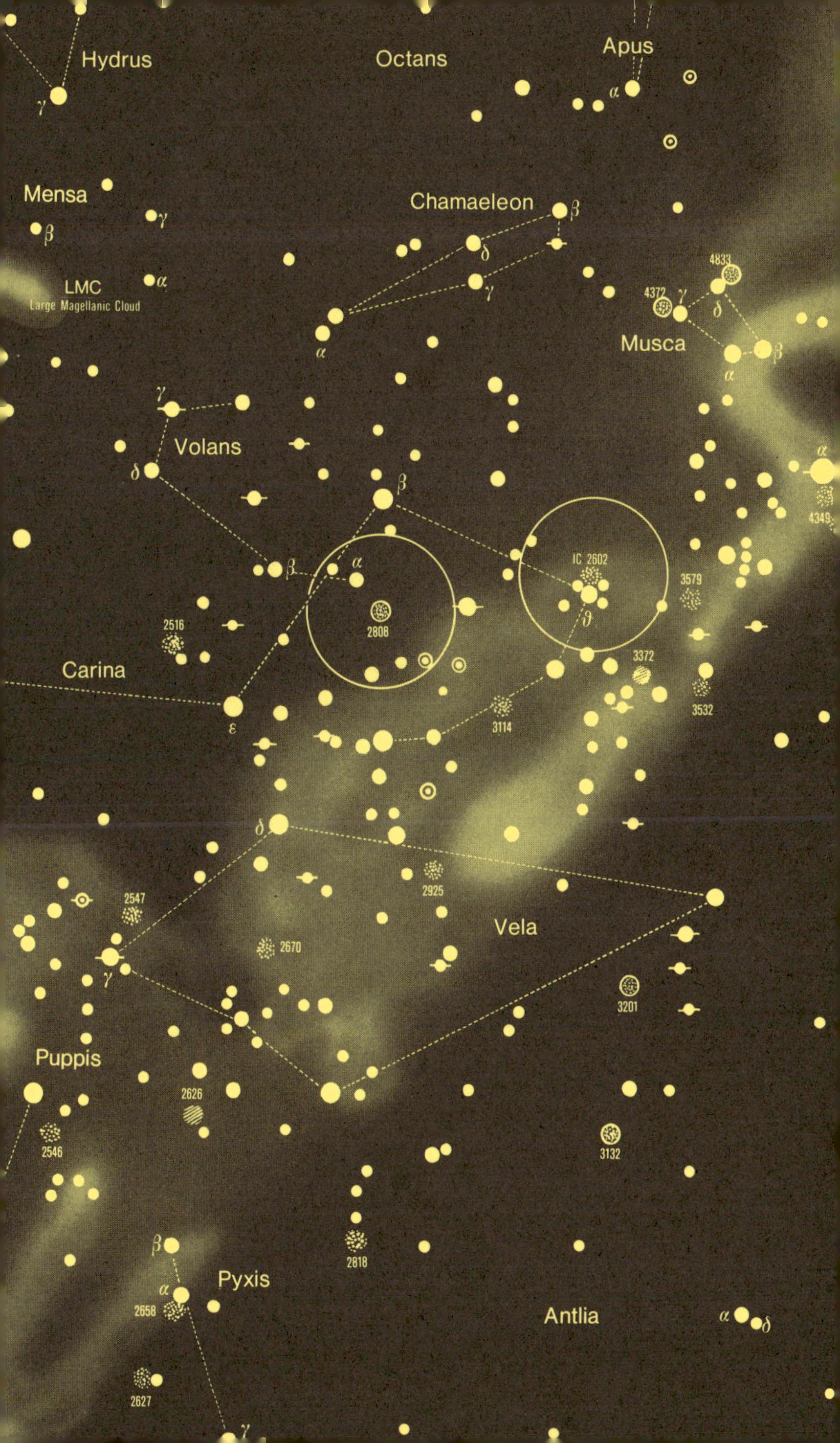

Hydrus
Octans
Apus
Mensa
Chamaeleon
LMC
Large Magellanic Cloud
4833
4372
Musca
Volans
IC 2602
3579
2808
2516
Carina
3372
3114
3532
4349
2547
2925
2670
Vela
3201
Puppis
2626
2546
3132
2818
Pyxis
2658
Antlia
2627

Der Ausschnitt im Fernrohr

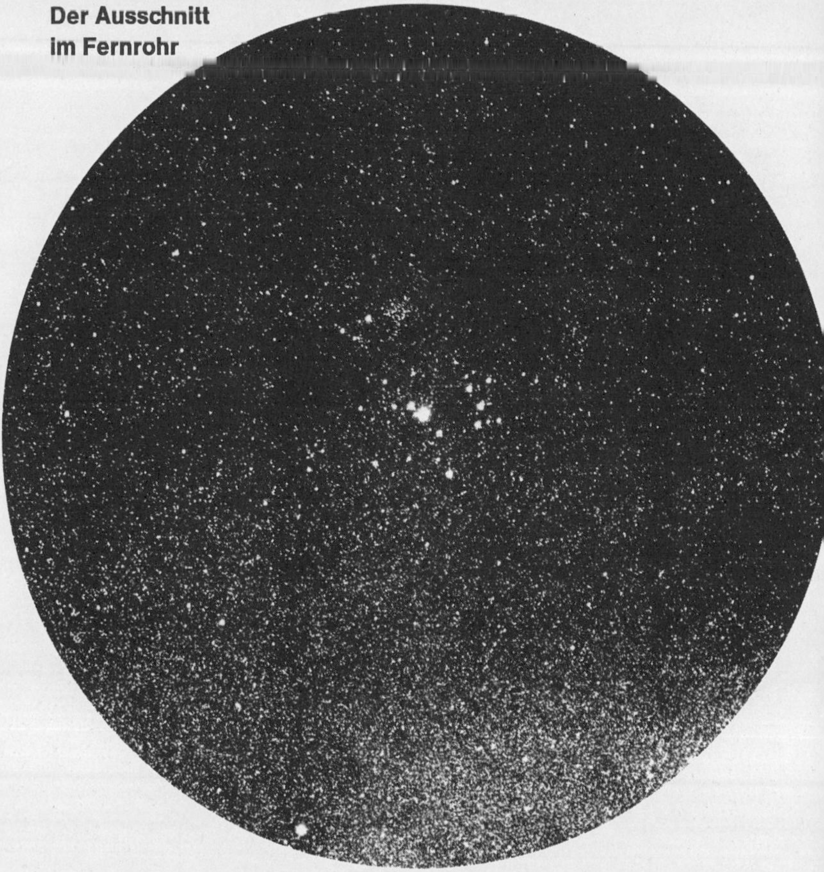

Beschreibung IC 2602, offener Sternhaufen; RA 10^h41^m0; Dekl. –64° 08′. Hier haben wir ein einprägsames Beispiel für das Eingebettetsein der offenen Sternhaufen in die Sternwolken der Milchstraße. IC 2602 ist unmittelbar in der Mitte des Ausschnitts. Der kleine Sternhaufen darüber ist das Objekt Melotte 101.

Die Objekte mit dem Kennbuchstaben »M« gehen zurück auf eine Nebelliste des französischen Astronomen Messier und sind hellere Objekte zwischen der Deklination +70 Grad und –35 Grad. Ein neuer Katalog für Nebelflecke und Sternhaufen führt die Bezeichnung NGC (= New General Catalogue von Dreyer). Auch M-Objekte haben ihre NGC-Nummer; es gibt davon über 6000. Inzwischen gibt es aber auch einen Nachtrag: den Index-Catalogue mit der Abkürzung IC. Diese Abkürzung wird ebenfalls zur Kennzeichnung von Nebeln und Sternhaufen in Verbindung mit einer Zahl benutzt; Beispiel: der offene Sternhaufen IC 2602. Zum Aufsuchen von IC 2602 ist es hilfreich zu wissen, daß der Stern ϑ Carinae ganz dicht dabei steht. Hat man diesen Stern im Gesichtsfeld, dann auch automatisch IC 2602 und Melotte 101. ϑ Carinae liegt auf der Linie ε Carinae und α Crucis, fast in der Mitte.

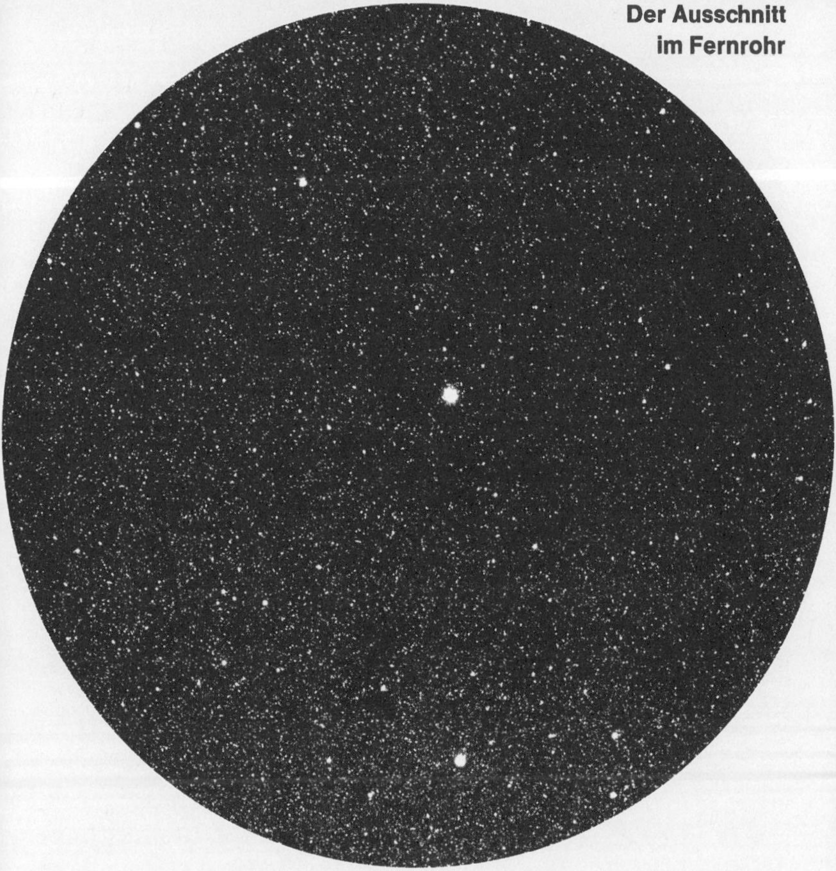

Beschreibung NGC 2808, kugelförmiger Sternhaufen; RA 9^h10^m9; Dekl. $-64^\circ\ 39'$.

Das fast sternartige, kompakte Objekt unmittelbar in der Bildmitte des Ausschnitts ist der Kugelsternhaufen NGC 2808. Obwohl das Umfeld sternreich ist, fällt der kugelförmige Sternhaufen als Objekt auf, da keine helleren Feldsterne in unmittelbarer Nähe sind. Zum Aufsuchen geht man zweckmäßigerweise von dem hellen Stern β Carinae aus. Der nächste Schritt ist α Volantis. In unserem Bildausschnitt links oben. Hat man diesen Stern, so ist auch NGC 2808 im Gesichtsfeld des Feldstechers.

Bei solchen Suchaktionen ist grundsätzlich zu beachten, daß in der Regel das Gesichtsfeld des Feldstechers größer ist (zwischen 3 bis 8 Grad) als das eines astronomischen Fernrohrs. Auch bei kleinen Vergrößerungen (zwischen 20- und 50fach) ist das Gesichtsfeld selten größer als 2 Grad Himmelsareal.

Mit der Deklination −64 Grad ist NGC 2808 erst in Mittelamerika und Südindien einigermaßen hoch genug über dem Horizont. In Brasilien, Südafrika und Australien erreicht der Sternhaufen Zenitnähe.

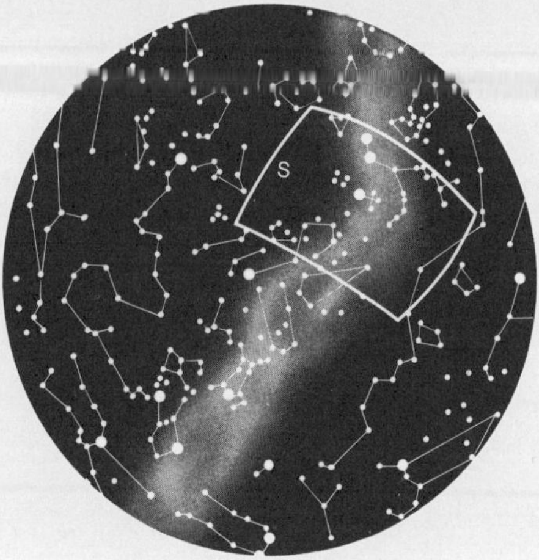

23 Chamäleon – Fliege – Kentaur – Kreuz des Südens

Die hellen Sterne

α Centauri (Toliman); RA 14^h36^m2; Dekl. $-60°\ 38'$; 0.1^m

β Centauri (Agena); RA 14^h00^m3; Dekl. $-60°\ 08'$; 0.9^m

α Crucis (Acrux); RA 12^h23^m8; Dekl. $-62°\ 49'$; 1.1^m

β Crucis; RA 12^h44^m8; Dekl. $-59°\ 25'$; 1.5^m

γ Crucis; RA 12^h28^m4; Dekl. $-56°\ 50'$; 1.6^m

Sichtbarkeit Mitternachtssichtbarkeit über Nordhorizont (Mittlere Ortszeit): März. – Die Sterne im Kartenausschnitt gehen jeden Monat ungefähr 2 Stunden früher auf: April 22^h, Mai 20^h.
Nördliche Erdhalbkugel: Deklination (–) des südlichsten noch sichtbaren Sterns am Beobachtungsort mit der nördlichen geographischen Breite $\varphi = 90° - \varphi°$ Nord. – Südliche Erdhalbkugel: Alle Sterne des Südhimmels sichtbar.

Chamäleon (Chamaeleon) Aus fünf Sternen 4. Größe besteht das nahe dem Südpol gelegene Sternbild.
Fliege (Musca) Die Hauptsterne bilden ein kleines Viereck. Das Sternbild steht zwischen dem Kreuz des Südens und dem Sternbild Chamäleon.
Kentaur (Centaurus) Das Sternbild mit zahlreichen hellen Sternen umrahmt das Kreuz des Südens. Die beiden Hauptsterne sind zusammen mit dem Kreuz des Südens eine Orientierungshilfe am Südhimmel (s. auch S. 25). Alpha Centauri ist der 3.hellste Stern am Himmel, Stern Beta Centauri der 10.hellste. Alpha Centauri ist ein prächtiger Doppelstern ($0.3^m/1.7^m$ bei 18 Bogensekunden Distanz) für das kleine Fernrohr. Schöne Milchstraßenregionen!
Kreuz des Südens (Crux) »Das« Sternbild des Südhimmels, eingebettet in die Milchstraße. Die Sterne α Crucis und γ Crucis bilden den langen Balken des Kreuzes, der genau auf den Südpol hin ausgerichtet ist. Stern α Crucis ist ein Doppelstern ($1.6^m/2.1^m$ bei 4.7 Bogensekunden Distanz).

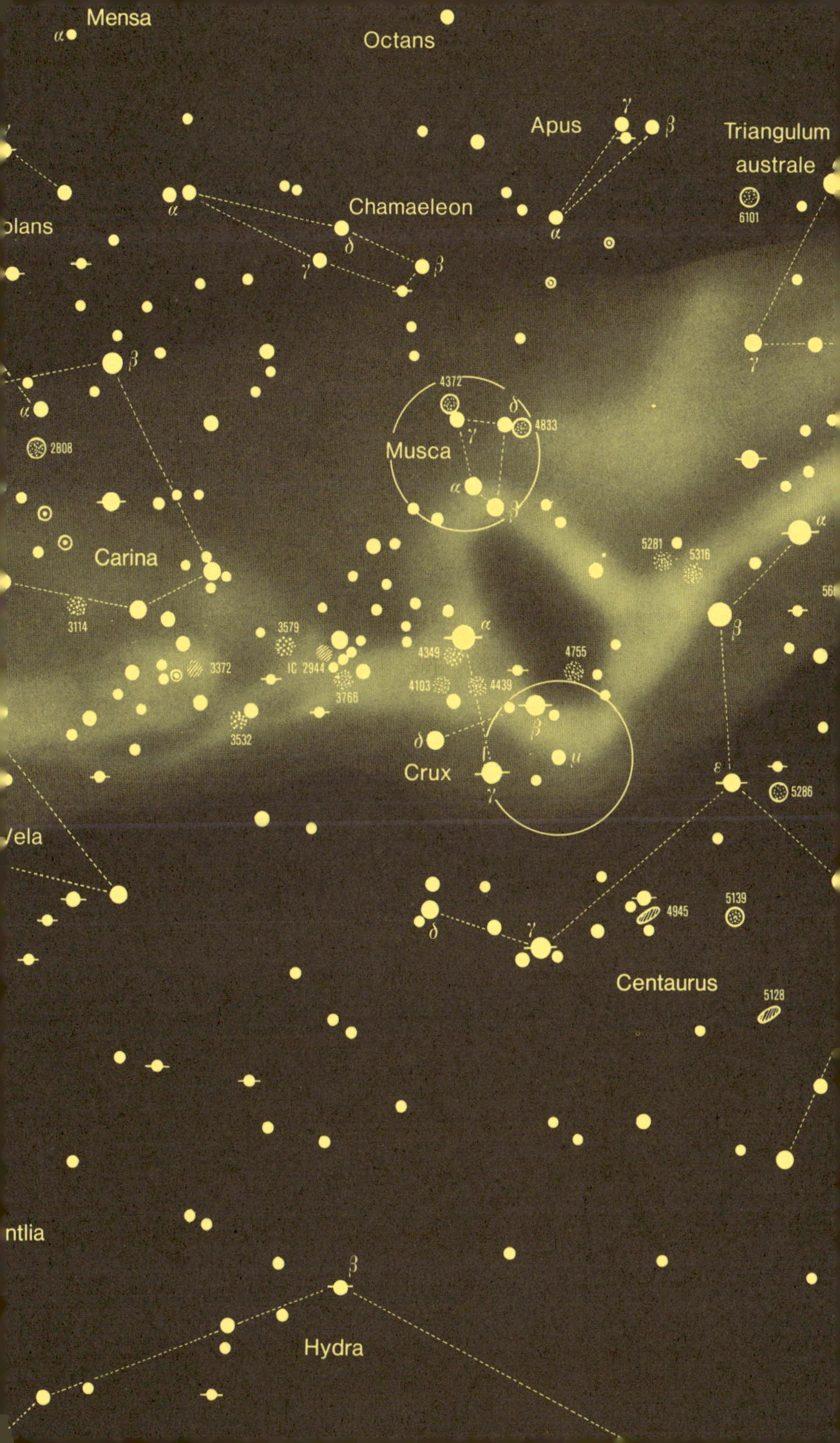

Mensa
Octans
Apus
Triangulum australe
6101
Chamaeleon
olans
Musca
4372
4833
2808
Carina
5281
5316
3114
3579
4349
4755
3372
IC 2944
4103
4439
3766
3532
Crux
5286
Vela
4945
5139
Centaurus
5128
ntlia
Hydra

Der Ausschnitt im Fernrohr

Beschreibung μ Crucis, Sternpaar und Doppelstern; RA 12^h51^m6; Dekl. $-56° 54'$.

Der Ausschnitt gibt im oberen Teil etwas von der Milchstraße in der Umgebung des Kreuz des Südens wieder. Das Feld ist von Sternen übersät! Der helle Stern ist β Crucis (unmittelbar am oberen Rand des Ausschnitts), rechts davon ein offener Sternhaufen (NGC 4852 im Sternbild Kentaur). In der Bildmitte erscheint der Doppelstern μ Crucis. Er bietet zusammen mit dem rechts unterhalb stehenden, weniger hellen Stern für das bloße Auge den Anblick eines Doppelsterns. Hier handelt es sich aber nur um eine Konstellation; sie hat mit dem »echten« Doppelstern μ Crucis nichts zu tun.

Der Begleiter von μ Crucis befindet sich in 35 Bogensekunden Distanz, bei einem Helligkeitsunterschied von $4.3^m/5.5^m$ also ein bequemes Objekt für den Feldstecher. Bei einer Deklination von fast –57 Grad ist dieser – neben Crucis – »nördlichste« hellere Stern des Kreuz des Südens erst in Nordafrika und Mexiko noch recht nahe am Horizont zu sehen. Zenitnähe erreicht er und mit ihm das Kreuz des Südens nur in mittleren südlichen Breiten, etwa auf der geographischen Breite von Neuseeland, Argentinien, Südafrika.

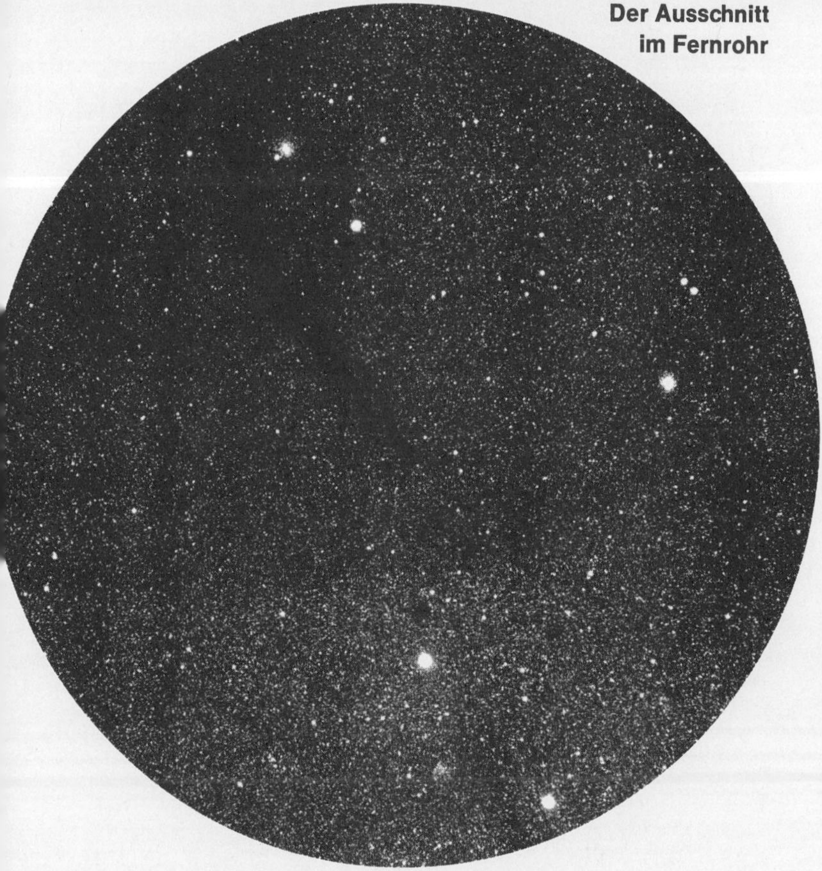

Beschreibung NGC 4372, kugelförmiger Sternhaufen; RA 12^h23^m0; Dekl. $-72° 24'$. NGC 4833, kugelförmiger Sternhaufen; RA 12^h56^m0; Dekl. $-70° 36'$. Ein interessanter Ausschnitt im Sternbild Fliege (Musca). Die in die Milchstraßenwolken eingebetteten Sterne α Muscae und β Muscae zeigt unser Bildausschnitt nahe dem unteren Rand. Zum rechten Rand hin steht NGC 4833 und links oben NGC 4372, von der Bildmitte ausgehend in Richtung auf NGC 4372 eine schön ausgeprägte Dunkelwolke. Interstellare Gas- und Staubansammlungen verhindern den Durchblick auf die Sterne.

Zum Aufsuchen ist die Nähe des Kreuz des Südens hilfreich. Ausgangspunkt ist der helle Stern α Crucis. Suchrichtung Südpol. In einem Weitwinkelfeldstecher stehen α Crucis und β Muscae gemeinsam im Gesichtsfeld. In unmittelbarer Nähe zu NGC 4372 befindet sich ein Stern, der deutlich aus dem Feld heraussticht (γ Muscae). In der Nähe von NGC 4833 ist ebenfalls ein hellerer Stern (im Fernrohr ein Sternpaar).

Oberhalb von α Muscae drei kleine Dunkelwolken. Im dichten Sternfeld der Milchstraße markieren die Dunkelwolken deutlich, allerdings nicht so auffällig wie die schon oben beschriebene wesentlich größere Dunkelwolke.

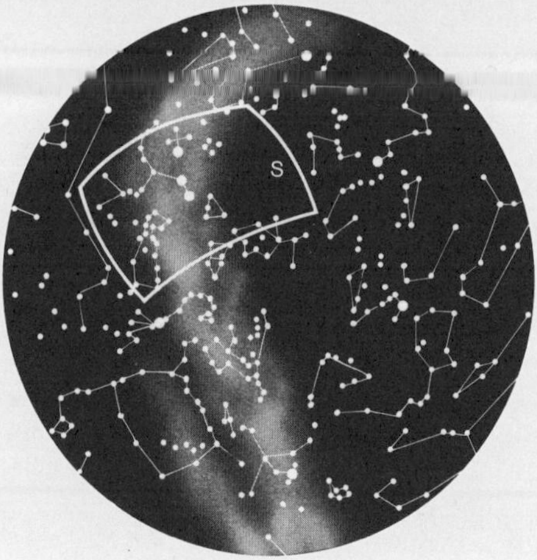

24 Paradiesvogel – Südliches Dreieck – Winkelmaß – Wolf – Zirkel

Die hellen Sterne

α Lupi; RA 14h38m6; Dekl. −47° 11′; 2.9m

β Lupi; RA 14h55m2; Dekl. −42° 56′; 2.8m

α Triangulum Australis; RA 16h43m4; Dekl. −68° 56′; 1.9m

Sichtbarkeit Mitternachtssichtbarkeit über Nordhorizont (Mittlere Ortszeit): Mai. – Die Sterne im Kartenausschnitt gehen jeden Monat ungefähr 2 Stunden früher auf: Juni 22h, Juli 20h.
Nördliche Erdhalbkugel: Deklination (–) des südlichsten noch sichtbaren Sterns am Beobachtungsort mit der nördlichen geographischen Breite $\varphi = 90° - \varphi°$ Nord. – Südliche Erdhalbkugel: Alle Sterne des Südhimmels sichtbar.

Paradiesvogel (Apus) Eines der dem Südpol nächsten Sternbilder ohne bemerkenswerte Merkmale.
Südliches Dreieck (Triangulum Australe) Die dreieckige Konstellation ist im Milchstraßengebiet nicht sehr auffällig. Zum Auffinden ist die Nähe der hellen Sterne α Centauri und β Centauri eine Hilfe.
Winkelmaß (Norma) Ein Sternbild an der Grenze der Sichtbarkeit mit bloßen Augen. Die helleren Sterne haben beinahe 5. Größenklasse. Kugelförmige Sternhaufen und planetarische Nebel!
Wolf (Lupus) Das Sternbild war früher mit dem Sternbild Kentaur vereint. Der speerwerfende Kentaur, der den Wolf jagt, erscheint auf vielen älteren Darstellungen. Das Sternbild fällt auf wegen seiner Ansammlung von Sternen 3. Größe. Das Erkennen einer Konstellation indessen ist in dieser sternreichen Gegend recht mühsam.
Zirkel (Circinus) Unscheinbares Sternbild zwischen dem Südlichen Dreieck und Kentaur.

Stern 1. Größe	Stern 2. Größe	Stern 3. Größe	Stern 4. Größe	Stern 5. Größe	Doppelstern	Doppel- und var. Stern	variabler Stern	offener Sternhaufen	Kugelsternhaufen	Spiralnebel	diffuser Nebel	pl… Ne…

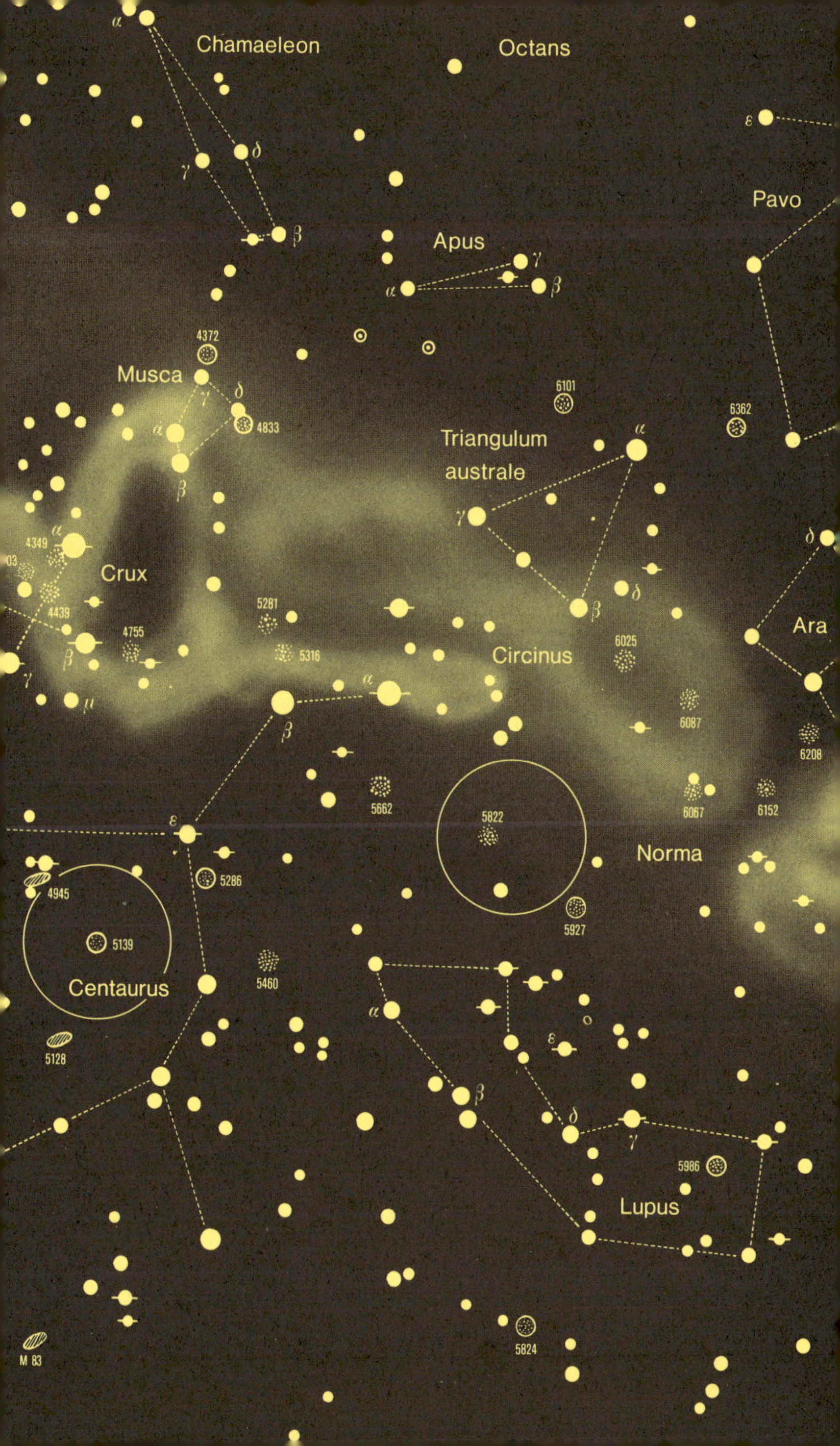
Chamaeleon
Octans
Pavo
Apus
4372
Musca
4833
6101
6362
Triangulum
australe
4349
Crux
4439
4755
5281
5316
Circinus
6025
Ara
6087
6208
5662
5822
6067
6152
Norma
4945
5286
5139
5927
Centaurus
5460
5128
5986
Lupus
M 83
5824

Der Ausschnitt im Fernrohr

Beschreibung NGC 5139 = Omega Centauri, kugelförmiger Sternhaufen; RA 13^h23^m8; Dekl. –47° 03′.

Eines der schönsten Objekte am Himmel! Dieser kugelförmige Sternhaufen gehört – zusammen mit NGC 104 (47 Tucanae) – zu den größtformatigen Kugelsternhaufen, die wir beobachten können. Der scheinbare Durchmesser erreicht den des Vollmondes. Die scheinbare Helligkeit liegt bei 4^m. NGC 5139 bildet mit den Sternen β Centauri und α Lupi ein gleichseitiges Dreieck; eine Tatsache, die beim Aufsuchen nützlich ist.

J. Herschel (er beobachtete 1837 von Südafrika aus) schildert seinen Eindruck: »Dieser schönste aller Kugelhaufen füllt mein 18zölliges Teleskop schon mit seinem dichtesten Teil völlig mit Tausenden von Sternen aus.« Aber bereits der Feldstecher und das kleine Fernrohr bereiten einen überwältigenden Eindruck.

Die Deklination von –47 Grad weist darauf hin, daß Omega Centauri noch im südlichen Europa zu sehen ist (Sizilien!). Rein rechnerisch ist die Deklination –47 ab 43 Grad nördlicher Breite über dem Horizont, aber für einen befriedigenden Eindruck muß das Objekt wenigstens 10–20 Grad hoch stehen.

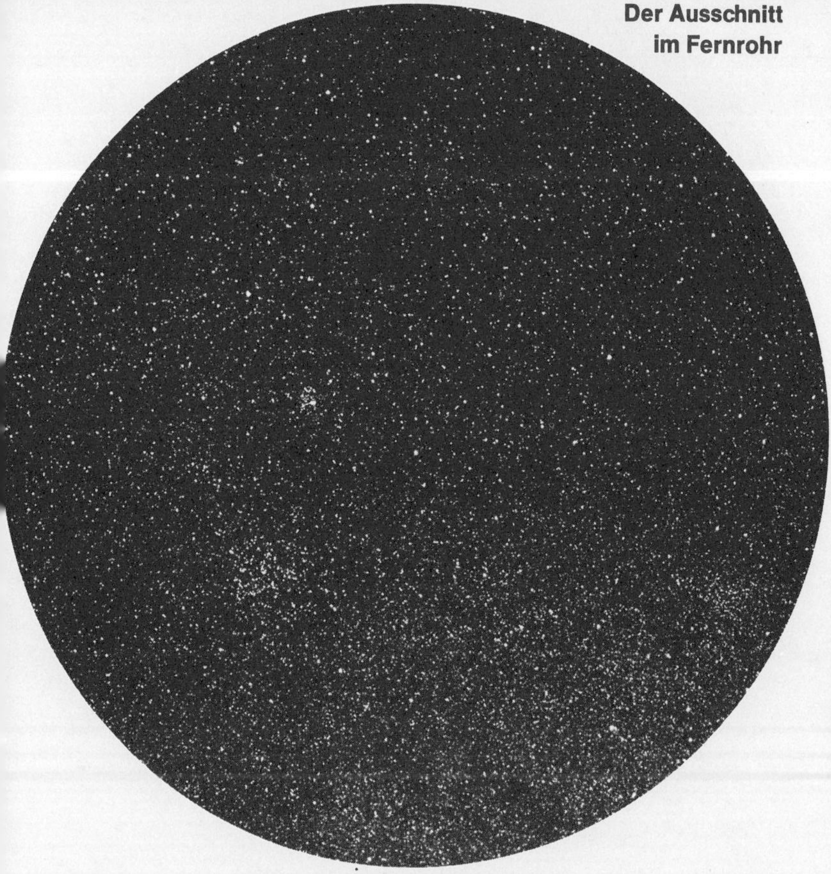

Beschreibung NGC 5822, offener Sternhaufen; RA 15^h01^m6; Dekl. $-54°\ 09'$.
Wir befinden uns in unmittelbarer Nähe zum galaktischen Äquator. Der Reichtum an Sternsystemen ist dementsprechend groß. Das Feld ist mit Sternen übersät, und es ist nicht ganz leicht, den offenen Sternhaufen NGC 5822 herauszuarbeiten. Im Bild steht unser Objekt links von der Bildmitte. Zum Aufsuchen wählt man am besten die Linie zwischen den Sternen α Centauri und γ Lupi. NGC 5822 befindet sich im ersten, dem Stern α Centauri näheren Drittel der Strecke.
Die offenen Sternhaufen lassen überhaupt keine zentrale Dichtezunahme erkennen. Das bestätigt sich auch bei NGC 5822. Die Form ist unregelmäßig. Für die offenen Sternhaufen wird häufig die Bezeichnung galaktische Sternhaufen verwendet, womit die Zugehörigkeit zur Milchstraße zum Ausdruck kommt. Die Häufung in der Nähe des galaktischen Äquators bestätigt das. Die Häufung interstellarer Dunkelwolken in den Regionen, wo offene Sternhaufen oft anzutreffen sind, kann man immer wieder beobachten, bei genauem Hinsehen auch in unserem Bildausschnitt.

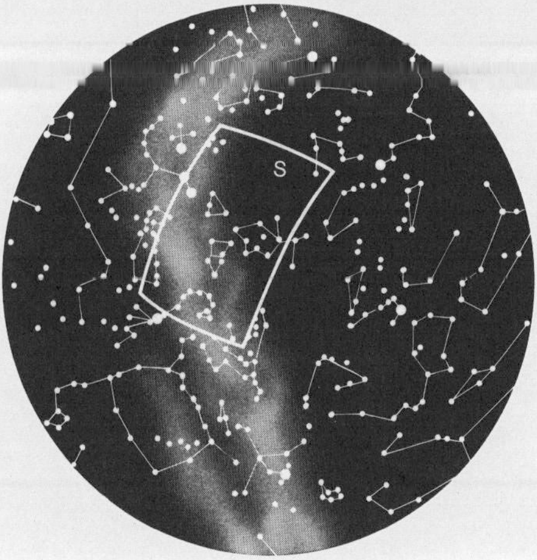

25 Altar – Pfau – Skorpion

Die hellen Sterne

β Arae; RA 17^h21^m1; Dekl. $-55°\ 29'$; 2.8^m

λ Scorpii (Shaula); RA 17^h30^m2; Dekl. $-37°\ 04'$; 1.7^m

θ Scorpii; RA 17^h33^m7; Dekl. $-42°\ 58'$; 2.0^m

Sichtbarkeit Mitternachtssichtbarkeit über Nordhorizont (Mittlere Ortszeit): Juni. – Die Sterne im Kartenausschnitt gehen jeden Monat ungefähr 2 Stunden früher auf: Juli 22^h, August 20^h.
Nördliche Erdhalbkugel: Deklination (–) des südlichsten noch sichtbaren Sterns am Beobachtungsort mit der nördlichen geographischen Breite φ = $90° - \varphi°$ Nord. – Südliche Erdhalbkugel: Alle Sterne des Südhimmels sichtbar.

Altar (Ara) Sternbild südlich des Skorpions inmitten der Milchstraße. Zahlreiche Sternhaufen.
Pfau (Pavo) Das Sternbild verdankt seinen Namen Seefahrern, die im 16. Jahrhundert den Südhimmel in seiner ganzen Schönheit kennenlernten. Zehn Sterne mit Helligkeiten zwischen 3^m und 4^m bilden die Konstellation. Der helle Stern α Pavonis (2.1^m) – er hat auch den Namen Peacock – steht an der Grenze zum Sternbild Teleskopium.
Skorpion (Scorpius) Siehe auch S. 96. Hier sehen wir den südlichen Teil dieses eigenartigen und eindrucksvollen Sternbildes. Hat man das Sternbild in seiner vollen Größe vor Augen – es erstreckt sich zwischen $-10°$ und $-45°$ Deklination –, ist es leicht, in der Konstellation einen Skorpion zu sehen. In Europa ist dieses herrliche Sternbild von Südspanien, Sizilien und Kreta aus in seiner ganzen Größe wahrnehmbar. In den USA kann es vom ganzen Süden aus beobachtet werden. Gerade im Südteil des Sternbildes sind wieder eindrucksvolle Milchstraßenwolken!

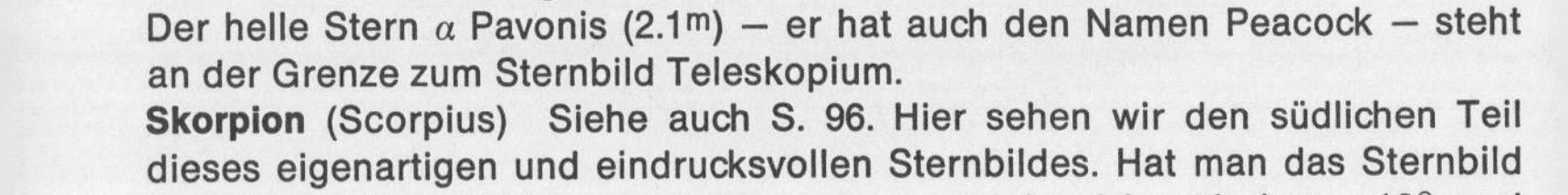

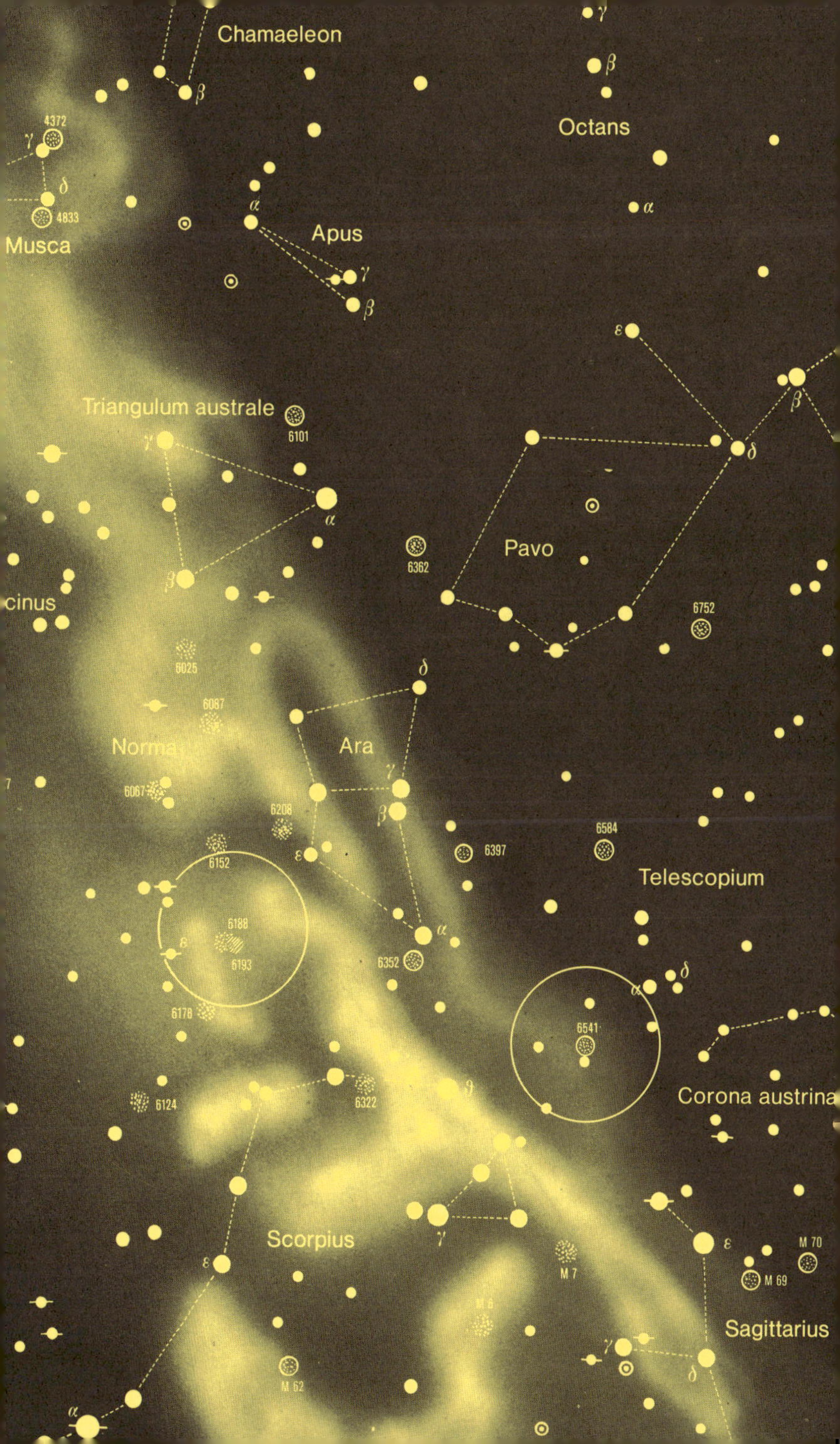
Chamaeleon
Octans
4372
4833
Musca
Apus
Triangulum australe
6101
Pavo
6362
cinus
6752
6025
6087
Norma
Ara
6067
6208
6152
6397
6584
Telescopium
6188
6193
6352
6178
6541
Corona austrina
6124
6322
Scorpius
M 7
M 70
M 69
M 6
Sagittarius
M 62

Der Ausschnitt im Fernrohr

Beschreibung NGC 6541, kugelförmiger Sternhaufen; RA 18^h04^m4; Dekl. $-43° 44'$.

Aus phototechnischen Gründen mußte das Objekt, der kugelförmige Sternhaufen NGC 6541, im Bildausschnitt mit einem Plattenfehler (links Mitte) zusammen dargestellt werden. Der Kugelsternhaufen befindet sich im Sternbild Südliche Krone, das auf S. 136 beschrieben wird. Als Aufsuchungshilfe eignet sich recht gut der helle Stern ϑ Scorpii. Von ihm aus sucht man das Objekt etwa in der Mitte der Linie nach α Telescopii.

Die Sterndichte ist in diesem Feld noch beträchtlich. Die Nähe der Milchstraßenebene ist nicht zu übersehen. Es wird geschätzt, daß unser Milchstraßensystem insgesamt 200 Milliarden Sterne hat, von denen allerdings nur einige Milliarden mit dem Fernrohr feststellbar sind. Bis zur 6. Größenklasse ist die Zahl der Sterne noch bescheiden: etwa 6000 Sterne sind mit bloßen Augen am Himmel zu unterscheiden. Bis zur 7. Größe sind es bereits 10 000, bis zur 8. Größe 20 000. Die Zahl der Sterne bis zur 16. Größenklasse erreicht 20 Millionen. Und bei 20^m sind es 2 Milliarden!

Beschreibung NGC 6188, Gasnebel; RA 16^h35^m9; Dekl. –48° 55′.
Ein sehr dankbares Beobachtungsgebiet an der Grenze zwischen den Sternbildern Altar (Ara) und Winkelmaß (Norma). Prächtige Milchstraßenwolken wechseln ab mit offenen Sternhaufen, dazwischen interstellare Materie in Form von Dunkelwolken. Das Objekt NGC 6188 hingegen ist ein leuchtender Gasnebel, interstellare Materie wird hier sichtbar gemacht. Im Bildausschnitt ist der Gasnebel unmittelbar rechts von der Bildmitte. Dort ist auch ein offener Sternhaufen (NGC 6193), und es ist schwierig, beide Objekte auseinanderzuhalten, doch sind die Strukturen des Gasnebels kaum zu übersehen. Zum Aufsuchen wählt man am besten die Linie zwischen den hellen Sternen α Centauri und γ Scorpii. Ungefähr in der Mitte dieser gedachten Linie befindet sich der im Bild wiedergegebene Ausschnitt. Der hellste Stern am Bildrand links unten ist ε Normae, ein Stern, der dem galaktischen Äquator sehr nahe steht. Südlich von ε Normae befindet sich der offene Sternhaufen NGC 6143 (linker Bildrand). Ein weiterer offener Sternhaufen ist NGC 6167, etwas oberhalb der Bildmitte nach links zwischen NGC 6143 und NGC 6188. Und schließlich am Bildrand unten rechts der offene Sternhaufen NGC 6204.

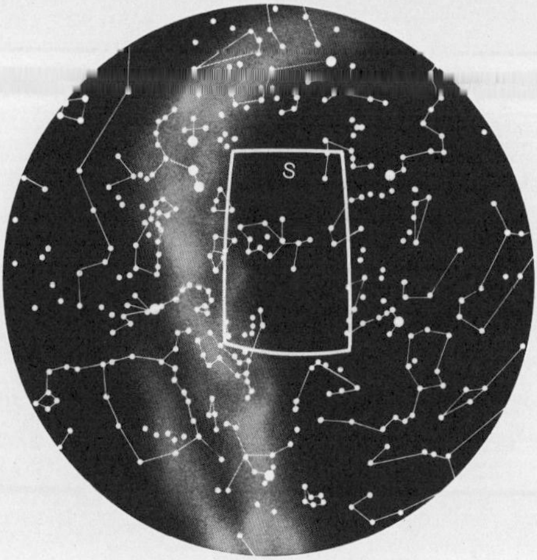

26 Fernrohr – Mikroskop – Südliche Krone

Die hellen Sterne

α Pavonis (Peacock); RA 20^h21^m7; Dekl. –56° 54′; 2.1^m

α Coronae Australis; RA 19^h06^m1; Dekl. –37° 59′; 4.1^m

Sichtbarkeit Mitternachtssichtbarkeit über Nordhorizont (Mittlere Ortszeit): Juli. – Die Sterne im Kartenausschnitt gehen jeden Monat ungefähr 2 Stunden früher auf: August 22^h, September 20^h.
Nördliche Erdhalbkugel: Deklination (–) des südlichsten noch sichtbaren Sterns am Beobachtungsort mit der nördlichen geographischen Breite φ = 90° – φ° Nord. – Südliche Erdhalbkugel: Alle Sterne des Südhimmels sichtbar.

Fernrohr (Telescopium) Der Name dieser zwischen den Sternbildern Altar und Inder sichtbaren Konstellation stammt ebenfalls von jenem Abbé Lacaille, der ganz offenkundig eine Schwäche für feinmechanisch-optische Gerätschaften hatte. In Paris veröffentlichte er im Jahr 1763 einen Sternkatalog »Coelum australe stelliferum« mit nahezu 10 000 Sternen. Das Sternbild Fernrohr deutete er als »la grande lunette astronomique, suspendue à un mat«. Er hatte dabei wohl die langen Teleskope jener Zeit vor Augen, die in der Tat an Masten hochgezogen worden sind.
Mikroskop (Microscopium) Kaum heller als 5^m sind die hellsten Sterne dieses ganz und gar unscheinbaren Sternbildes zwischen Schütze und Kranich.
Südliche Krone (Corona Australe) Das sehr kleine Sternbild unmittelbar südlich des Sternbildes Schütze besticht weniger durch die Helligkeit seiner Sterne als durch deren typische Anordnung am Himmel. Die Sterne bilden einen deutlich ausgeprägten Bogen, ähnlich wie das Sternbild Nördliche Krone zwischen den Sternbildern Herkules und Bootes. Im Sternbild Südliche Krone kann man noch einige Ausläufer der Milchstraße beobachten.

Octans
Hydrus
Apus
angulum
australe
SMC
Small Magellanic Cloud
362
104
6101
6362
Pavo
Tucana
6752
Indus
6584
Telescopium
Corona
austrina
Sagittarius
M 54
M 55
Microscopium

Der Ausschnitt im Fernrohr

Beschreibung NGC 6752, kugelförmiger Sternhaufen; RA 19^h06^m4; Dekl. –60° 04′.

Der verhältnismäßig helle kugelförmige Sternhaufen NGC 6752 müßte in dem Feld lichtschwacher Sterne, das ihn umgibt, mit bloßen Augen aufzufinden sein (scheinbare Helligkeit um 5^m). Der Stern links oben am Rand des Bildausschnittes ist λ Pavonis. Er liegt ungefähr in der Mitte auf der Linie zwischen dem Sternpaar β und γ Arae und dem Stern α Pavonis. Hat man erst einmal λ Pavonis im Gesichtsfeld des Feldstechers, so erblickt man auch den gesuchten kugelförmigen Sternhaufen.

Die Konzentration der Sterne ist in den kugelförmigen Sternhaufen nicht gleich. Grundsätzlich gilt allerdings, daß die Sterne im Zentrum so dicht stehen, daß dort eine Auflösung des Haufens in Einzelsterne auch in großen Fernrohren nicht gelingt. Dagegen ist die Wahrnehmung von Einzelsternen am Rand im kleinen Fernrohr ohne weiteres möglich. Die Beobachtung kugelförmiger Sternhaufen in einer klaren, mondscheinlosen Nacht ist für den Sternfreund immer wieder ein Erlebnis, insbesondere in einem Gebiet, wo das Objekt nicht durch Feldsterne oder gar Milchstraßenwolken beeinträchtigt wird.

Der Ausschnitt im Fernrohr

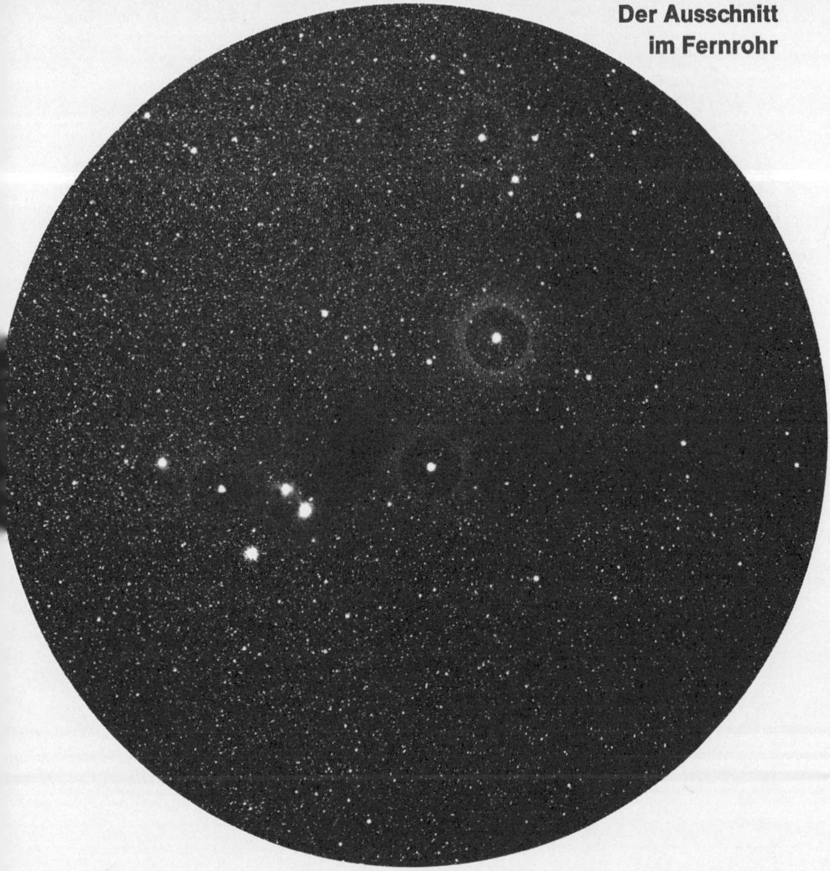

Beschreibung γ Coronae Australis, Doppelstern; RA 19^h03^m0; Dekl. –37° 08′. Das Sternbild Südliche Krone ist bereits von Spanien oder Griechenland aus bequem zu beobachten. In den Hochsommermonaten steht es in den Stunden vor Mitternacht unterhalb des Sternbildes Schütze über dem Horizont. Die typische Konstellation ist nicht zu übersehen.
Der Doppelstern γ Coronae Australis ist der Stern in der Bildmitte des Ausschnittes, der unterste der drei Sterne mit »Heiligenschein« (dieser ist die Folge der Verwendung von Platten mit nicht ausreichendem Lichthofschutz). H. Vehrenberg macht auf die links davon stehenden Sterne aufmerksam: »Sie haben keinen solch ausgeprägten Reflexionsring, weil sie in Nebel gebettet sind und für die Aufnahmeoptik keine scharfe Begrenzung haben.« In dem Gebiet links von unserem Doppelstern findet sich noch ein zum Sternbild Schütze gehörender Kugelsternhaufen (NGC 6723). Der angegebene Doppelstern besteht aus zwei Sternen mit jeweils der scheinbaren Helligkeit 5^m. Die Distanz beträgt 1,8 Bogensekunden. Der fehlende Helligkeitsunterschied zwischen den Komponenten macht den Doppelstern zu einem Testobjekt für einen optisch einwandfreien Dreizöller (= 80 mm Öffnung).

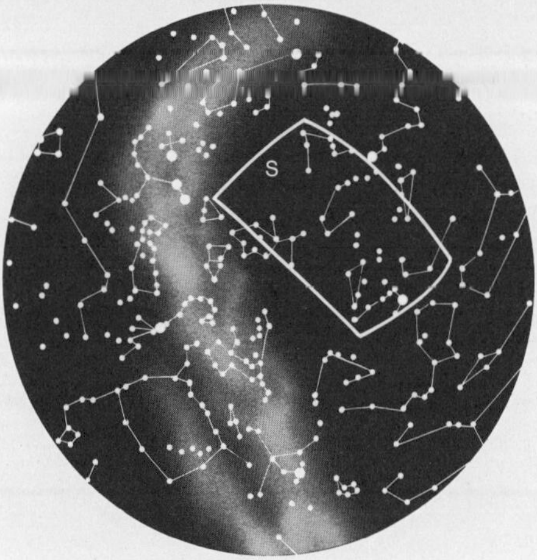

27 Inder – Kranich – Oktant – Tukan

Die hellen Sterne

α Gruis (Alnair); RA 22^h05^m1; Dekl. $-47°$ 12′; 2.2^m

β Gruis; RA 22^h39^m7; Dekl. $-47°$ 09′; 2.2^m

α Tucanae; RA 22^h15^m1; Dekl. $-60°$ 31′; 2.9^m

Sichtbarkeit Mitternachtssichtbarkeit über Nordhorizont (Mittlere Ortszeit): September. – Die Sterne im Kartenausschnitt gehen jeden Monat ungefähr 2 Stunden früher auf: Oktober 22^h, November 20^h.
Nördliche Erdhalbkugel: Deklination (–) des südlichsten noch sichtbaren Sterns am Beobachtungsort mit der nördlichen geographischen Breite $\varphi = 90° - \varphi°$ Nord. – Südliche Erdhalbkugel: Alle Sterne des Südhimmels sichtbar.

Inder (Indus) Ein schmales, gestrecktes Sternbild zwischen den Sternbildern Pfau (Pavo) und Tukan.
Kranich (Grus) Mit etwas Phantasie ist es möglich, in diesem Sternbild die Form eines fliegenden Kranichs zu erkennen. Das Sternbild mit den Hauptsternen 2. Größenklasse schließt unmittelbar an das Sternbild Südlicher Fisch nach Süden an. Stern β Gruis liegt auf der Linie zwischen den Sternen Fomalhaut (Südlicher Fisch) und α Tucanae.
Oktant (Octans) Das Sternbild des südlichen Himmelspols. Im Gegensatz zum Nordpol kennzeichnet kein hellerer Stern den Südpol. Das die Polregion überdeckende Sternbild Oktant ist arm an helleren Sternen. Ein dem Sternbild Kleiner Bär vergleichbares Sternbild am südlichen Himmelspol fehlt. Das zu Orientierungszwecken benützte Sternbild Kreuz des Südens (s. S. 124) hat einen Polabstand, der dem des Großen Wagens (Großer Bär) am Nordhimmel gleichkommt.
Tukan (Tucana) Das Sternbild mit der Kleinen Magellanschen Wolke (s. weiter auf S. 108).

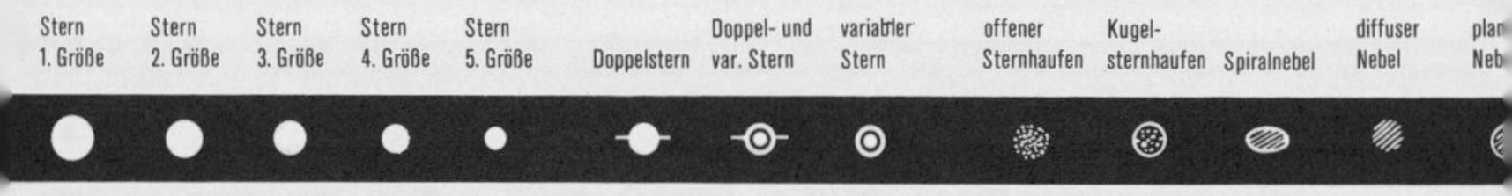

Hydrus
Oktans
SMC
Small Magellanic Cloud
104
362
Pavo
Tucana
Indus
Phoenix
Grus
IC 5148-50
Sculptor
7793
Piscis austrinus
Fomalhaut

Der Ausschnitt im Fernrohr

Beschreibung σ Gruis, optischer Doppelstern; RA 22^h34^m1; Dekl. $-40° 51'$.
In der Bildmitte des Ausschnitts stehen zwei ungefähr gleichhelle Sterne, σ^1 Gruis und σ^2 Gruis. Sie bilden einen sog. optischen Doppelstern, wie übrigens δ Gruis auch. Wie der Ausdruck optischer Doppelstern schon ahnen läßt, handelt es sich hierbei um Sternpaare, deren Nähe am Himmel nur eine perspektivische Täuschung von unserem Standort Erde aus ist. In Wirklichkeit handelt es sich um zwei Sterne, die im Weltraum nichts miteinander zu tun haben, ganz im Gegensatz zu den echten, physischen Doppelsternen, die nach den Newtonschen Gravitationsgesetzen (s. S. 185) ihre Bahn umeinander beschreiben.
σ Gruis bildet mit den hellen Sternen α und β Gruis ein rechtwinkeliges Dreieck (rechter Winkel bei β Gruis!).
Der rechte Stern unseres optischen Doppelsterns – er führt die Bezeichnung σ^2 Gruis – ist nun ein echter Doppelstern mit einem Begleiter, der nur 10.4^m hell ist (Hauptstern 5.8^m). Dieser Helligkeitsunterschied und die Distanz von 2,6 Bogensekunden machen das Objekt für kleine Fernrohre schwierig. Zur Auflösung muß man schon ein 6zölliges Fernrohr zur Verfügung haben.

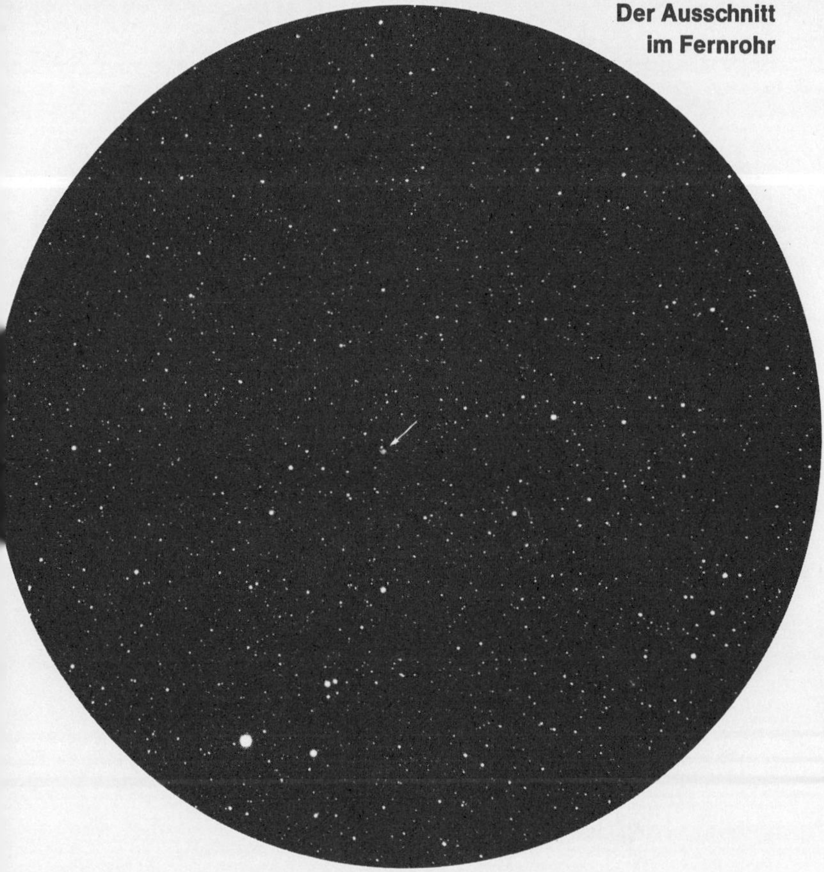

Beschreibung IC 5148–50, planetarischer Nebel; RA 21^h56^m5; Dekl. –39° 37′. Das insgesamt objektarme Feld macht es gar nicht so einfach, geeignete Beobachtungsvorschläge zu machen. So geht es denn auch in diesem Ausschnitt um ein Objekt, das als schwierig bezeichnet werden muß. Der Beobachter braucht zur Auffindung nicht nur sehr gute Sichtbedingungen und eine lichtstarke Optik (Feldstecher 14 x 100 oder astronomisches Fernrohr mit 5 Zoll Öffnung), sondern auch genügend Ausdauer, um sich Stern für Stern an das Objekt heranzupirschen. IC 5148–50 hat die scheinbare Helligkeit 13.0^m und einen Durchmesser von 120 Bogensekunden.

Ausgangsstern für das Unternehmen ist γ Gruis, ein Stern mit 3^m; im Bildausschnitt ist es links unten am Rand der hellste Stern. Von dort führt der Weg zu λ Gruis, der hellste Stern rechts von der Bildmitte. Er ist nur ca. 2 Grad vom planetarischen Nebel entfernt, der nahe der Bildmitte markiert ist (Pfeil!). Keine Milchstraße und geringe Sterndichte in dieser Gegend sind kleine Erleichterungen. Der Erfolg, das Objekt zu sehen, hängt auch sehr davon ab, daß der Beobachter seine Augen völlig dunkelangepaßt hat. Dieser Zustand wird erst nach einer ¾ Stunde Aufenthalt in dunkler Nacht erreicht!

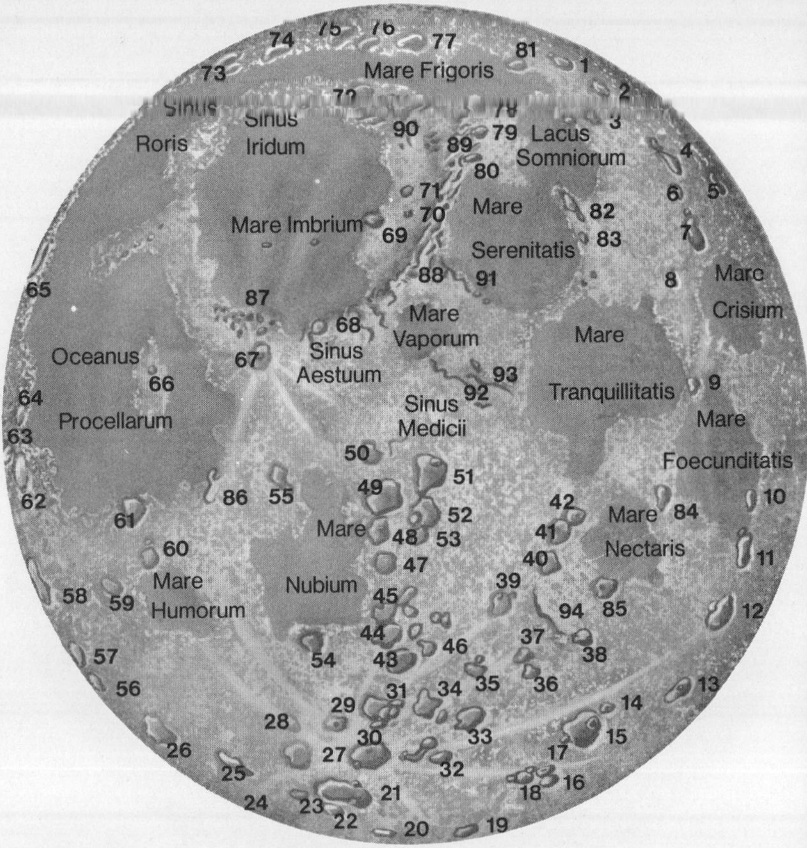

Namen von Gebilden der Mondoberfläche

1 de la Rue
2 Endymion
3 Atlas
4 Messala
5 Gauss
6 Geminus
7 Cleomedes
8 Proclus
9 Taruntius
10 Langrenus
11 Vendelinus
12 Petavius
13 Furnerius
14 Metius
15 Janssen
16 Rosenberg
17 Vlacq
18 Hommel
19 Manzinus
20 Moretus
21 Clavius
22 Blancanus
23 Scheiner
24 Bailly
25 Schiller
26 Schickard
27 Longomontanus
28 Wilhelm
29 Tycho
30 Maginus
31 Orontius
32 Cuvier
33 Maurolycus
34 Stöffler
35 Gemma Frisius
36 Rabbi Levi
37 Zagut
38 Piccolomini
39 Sacrobosco
40 Catharina
41 Cyrillus
42 Theophilus
43 Walter
44 Regiomontanus
45 Purbach
46 Aliacensis
47 Arzachel
48 Alphonsus
49 Ptolemäus
50 Mösting
51 Hipparchus
52 Albategnius
53 Parrot
54 Pitatus
55 Fra Mauro
56 Piazzi
57 Lagrange
58 Darwin
59 Mersenius
60 Gassendi
61 Letronne
62 Grimaldi
63 Riccioli
64 Hevelius
65 Otto Struve
66 Kepler
67 Copernicus
68 Erathostenes
69 Archimedes
70 Autolycus
71 Aristillus
72 Plato
73 Pythagoras
74 J. Herschel
75 Fontenelle
76 Epigenes
77 W. C. Bond
78 Aristoteles
79 Eudoxus
80 Callipus
81 Gärtner
82 Posidonius
83 Le Monnier
84 Fracastor
85 Pitatus
86 Riphäen
87 Karpathen
88 Apenninen
89 Kaukasus
90 Alpen
91 Haemusgebirge
92 Hyginusrille
93 Ariadaeusrille
94 Altaigebirge

Himmelskörper in Einzeldarstellungen

Unser Trabant: der Mond

Obwohl oder gerade erst recht weil der Mond bereits von bemannten Raumschiffen erreicht worden ist, bleibt der Erdtrabant ein beliebtes Beobachtungsobjekt. Wer zum ersten Mal durch ein Fernrohr den Mond sieht, wird gepackt von dem abwechslungsreichen Spiel von Licht und Schatten. Jeder kennt ja das ewige Zu- und Abnehmen des Mondes:

Neumond
Erstes Viertel
Vollmond
Letztes Viertel

Und dann eben wieder Neumond. Es ist das Licht der Sonne, das uns die Fülle von Einzelheiten auf dem Mond erst sichtbar macht. Ununterbrochen wandert das Sonnenlicht über den Mond, je nach Bahnlage eine schmale Sichel beleuchtend oder – bei Vollmond – die ganze der Erde zugewandte Oberfläche.
Am interessantesten ist die Zone zwischen der Tag- und der Nachtseite; der Fachmann bezeichnet sie als den »Terminator«. Dort vollzieht sich für den Beobachter jenes stets auf's neue faszinierende Naturphänomen: Sonnenaufgang über den Mondbergen, Sonnenuntergang hinter Mondgebirgen. Zunächst erstrahlen nur die allerhöchsten Spitzen im Sonnenlicht. Allmählich folgt der ganze Mondberg und wird in seiner Gestalt deutlich. In wenigen Stunden verändert sich die Lichtgrenze. Immer neue Krater strahlen im reflektierten Sonnenlicht auf oder sinken zurück in das Schwarz der Mondnacht. Der plastische Eindruck der Mondoberfläche ist nur am Terminator so überwältigend, schon im Feldstecher.
Zusammenfassend läßt sich sagen, daß wir auf der Mondoberfläche drei typische Gebilde sehen:

die Krater und Gebirgsketten,
die Mondmeere (Maria),
die hellen Strahlen.

Die großen dunklen Flächen, die als »Mondmeere« bezeichnet werden, haben weder mit Wasser noch mit Meeren das geringste zu tun – davon konnten sich ja inzwischen die Astronauten persönlich überzeugen. Aber vor Jahrhunderten glaubten die Astronomen an eine Ähnlichkeit mit irdischen Verhältnissen, und so entstand der irreführende Name. Der Vollmond macht die großräumigen Strukturen der Oberfläche besonders schön sichtbar. Da sind außer den genannten dunkel erscheinenden tiefliegenden Ebenen – den Marelandschaften – die hell erscheinenden hochliegenden Flächen – Gebirgslandschaften. Dann sind da die berühmten »hellen Strahlen«, die augenfällig von den Kratern Kopernikus, Tycho und Kepler (siehe Mondkarte) ihren Ausgang nehmen. Weiterhin sind zu nennen auffällige helle und dunkle Einzelobjekte, so der brillant-glänzende Krater Aristarchus – der hellste Punkt der sichtbaren Mondoberfläche überhaupt! Angesichts aller dieser Einzelheiten sollte sich der mit dem Feldstecher beobachtende Sternfreund ruhig einmal »in die Lage des Aerogeologen versetzen, der bemüht ist, vom Flugzeug aus einen ersten Überblick über die Geologie eines unerforschten Teiles der Erde zu gewinnen«. So Kurd von Bülow in seinem Buch »Die Mondlandschaften«.

Aber nicht nur die Oberfläche ist bei Vollmond bemerkenswert. Auf Grund der himmelsmechanisch ein wenig verschlungenen Mondbahn können wir von der Erde aus bis zu 60% der Mondoberfläche sehen, obwohl der Mond ja der Erde stets die gleiche Seite zukehrt. Es sind kleine Schwankungen – in der Fachsprache »Librationen« genannt –, die das Mehr an Sichtbarem möglich machen. Ein sorgfältiger Beobachter kann feststellen, daß die Objekte am Mondrand von Vollmond zu Vollmond nicht stets gleich sichtbar sind. Wer sich für das Problem näher interessiert, findet in unserem Literaturverzeichnis, z. B. im »Handbuch für Sternfreunde«, ins einzelne gehende Hinweise (Seite 228). Bei Feldstecherbeobachtungen kommt es darauf an, daß der Vollmond das Gesichtsfeld gut ausfüllt, ohne jedoch den gerade im binokularen Fernrohr so verblüffenden »Weltkugel-Effekt« zu nehmen. Da bewähren sich Spezialgläser, wie zum Beispiel der Wachter-Gigant 14 x 100 und das Zeiss-Glas 15 x 60 (siehe Seite 218) – natürlich stets unter Verwendung eines Stativs! Schwierigkeiten bereitet mitunter die Helligkeit des Vollmondes. Die Verwendung von grauen oder gelben Dämpfgläsern, die in Aufsteckfassung für Feldstecher handelsüblich sind, macht das Beobachten angenehmer.
Will man mehr von der zackigen Kraterwelt sehen, empfiehlt sich die Beobachtung mit einem kleinen astronomischen Fernrohr und Vergrößerungen zwischen 50 und 100fach. Höhen von 6000, 7000 und 8000 Meter sind für Mondberge keine Seltenheit. Das höchste Mondgebirge, das Leibnitz-Gebirge, ist rund 11 350 Meter hoch (häufig werden die Namen bekannter Wissenschaftler zur Benennung der Mondobjekte verwendet).
Ist die Mondsichel bei zu- oder abnehmendem Mond ganz schmal, entdeckt der aufmerksame Naturfreund ein zunächst sonderbares Phänomen: er sieht am Himmel nicht nur die leuchtende Sichel, sondern die ganze übrige Mondscheibe in einem sehr fahlen, aschgrauen Schimmer. Ganz besonders eindrucksvoll ist das im Feldstecher. Dieses »aschgraue Licht« – wie es in der Fachsprache heißt – hat folgende Ursache: Die schmale Sichel strahlt im Sonnenschein. Dort, wo das aschgraue Licht schimmert, ist auf dem Mond Nacht. Nun wird aber auch die Erde vom Sonnenlicht bestrahlt, und die Erde strahlt einen Teil dieses Lichtes wieder in den Weltraum hinaus, so auch auf den Mond, und dieser Rest Sonnenlicht genügt, um auf dem noch (oder wieder) unbeleuchteten Teil des Mondes einen matten, grauen Reflexschimmer zu erzeugen. Er ist so schwach, daß er bei größer werdender Mondphase unsichtbar wird.
Auf seiner Bahn um die Erde kommt der Mond dann und wann genau zwischen die Sonne und die Erde, so daß er für uns Erdenbewohner die Sonne ganz oder teilweise verdeckt. Das verursacht eine totale oder partielle Sonnenfinsternis. Es kann aber auch vorkommen, daß die Erde zwischen die Sonne und den Mond gerät: wir haben dann eine Mondfinsternis, weil der Mond kein Sonnenlicht mehr bekommt. Sonnenfinsternisse entstehen nur bei Neumond, Mondfinsternisse nur bei Vollmond. Es gibt astronomische Kalender, die genau angeben, wo in einem Jahr eine Finsternis zu beobachten ist. Wegen ihrer Neigung von 5 Grad gegen die Erdbahnebene wechselt die Mondbahn ständig zur Ekliptik. Das führt zu oft sonderbaren Stellungen der Mondphasen zum Horizont. Vier Beispiele für mittlere nördliche Breite geben die Zeichnungen auf Seite 148. Jedem Naturfreund ist im Frühjahr schon einmal die »Kahnlage« der zunehmenden Mondsichel über dem Horizont aufgefallen. In jeder Zeichnung auf Seite 148 erscheint der Mond zweimal, entsprechend den Möglichkeiten, die durch die Neigung der Mondbahn gegen die Erdbahnebene gegeben sind.

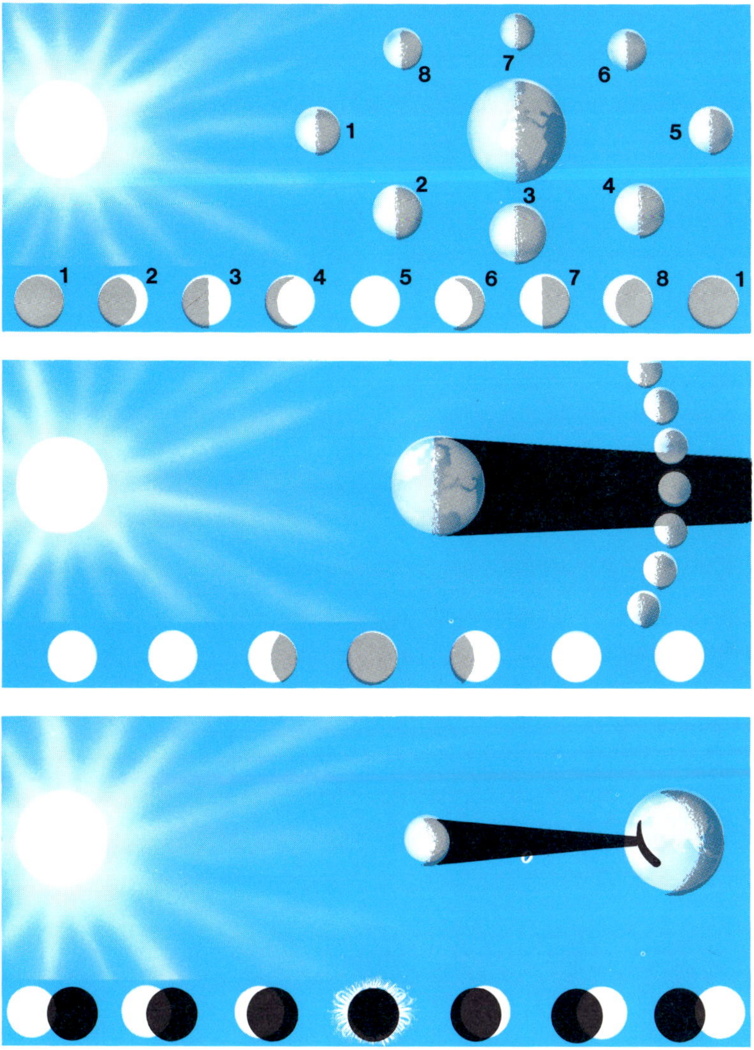

Oben: Entstehung der Mondphasen. 1 = Neumond, 2 = zunehmender Mond, 3 = zunehmender Mond 1. Viertel, 4 = zunehmender Mond, fast Vollmond, 5 = Vollmond, 6 = abnehmender Mond, noch fast Vollmond, 7 = abnehmender Mond letztes Viertel, 8 = abnehmender Mond, 1 = wieder Neumond.

Mitte: Mondfinsternis. Der Mond wandert durch den Schattenkegel der Erde, die dann genau zwischen der Sonne und dem Mond steht.

Unten: Sonnenfinsternis. Der Mond befindet sich zwischen Sonne und Erde und wirft seinen Schatten auf die Erde in Form einer Schattenlinie begrenzter Ausdehnung. Die Finsternis ist total, wenn der Mond die Sonne ganz verdeckt. Eine ringförmige Sonnenfinsternis entsteht, wenn der Mond auf Grund der Bahnlage die Sonne nicht voll abdecken kann.

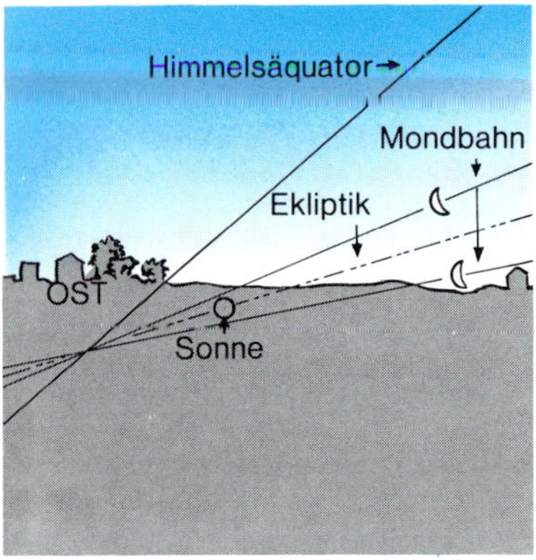

Abnehmender Mond am Morgenhimmel im Frühjahr

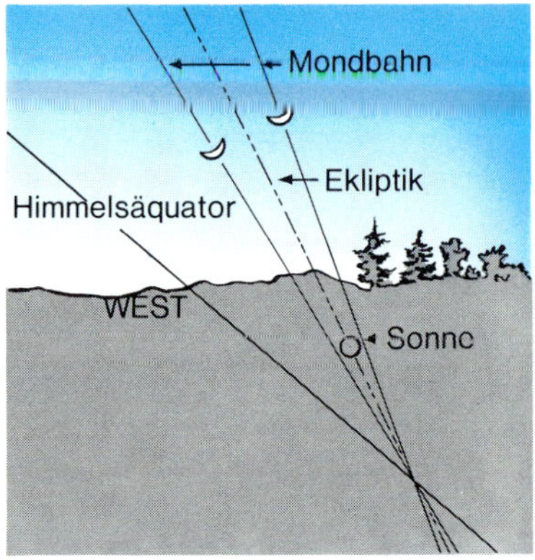

Zunehmender Mond am Abendhimmel im Frühjahr

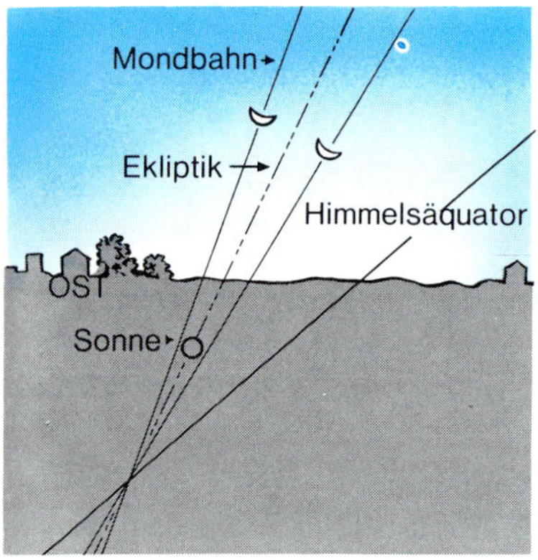

Abnehmender Mond am Morgenhimmel im Herbst

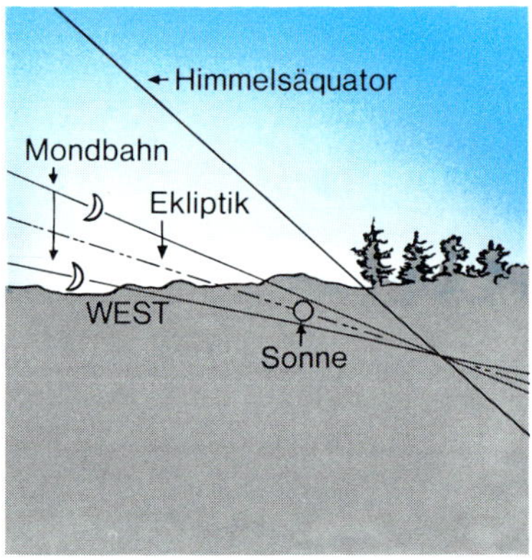

Zunehmender Mond am Abendhimmel im Herbst

Nachbarn im Weltraum: die Planeten

Wer zum ersten Mal in seinem Leben den Planeten Jupiter mit einem 3zölligen Fernrohr und 100facher Vergrößerung betrachtet, wird rasch herausbekommen, daß es nicht ganz einfach ist, Einzelheiten auf dem ach so winzigen Scheibchen zu erkennen. Dabei macht Jupiter es uns noch verhältnismäßig leicht. Der Anfänger tut gut daran, sich an Hand eines einfachen Vergleichs den Bedarf an Vergrößerung bei der Planetenbeobachtung klar zu machen. Dieser Vergleich sieht so aus: der Beobachter betrachtet ohne Fernrohr den Vollmond.

Er sieht dunkle und helle Stellen. Alles ist mehr oder minder grob umrissen, undeutlich. Genauere Einzelheiten bringt erst der Feldstecher. Trotzdem lohnt es, das mit bloßen Augen Gesehene zu skizzieren und mit der Übersichtskarte des Mondes auf Seite 144 zu vergleichen. Um nun im Fernrohr für die einzelnen Planeten wenigstens den gleichen scheinbaren Durchmesser zu bekommen, wie ihn der Vollmond für das freie Auge bietet, bedarf es folgender Vergrößerungen:

Merkur	280fach (6.5″)	Jupiter	40fach (48″)	Uranus	500fach (4″)
Venus	70fach (25″)	Saturn	100fach (21″)	Neptun	750fach (2.5″)
Mars	70fach (25″)				

Der in Klammern angegebene scheinbare Durchmesser der einzelnen Planeten ist nicht stets der gleiche. Er hängt ab von der Entfernung des Planeten von der Erde. Die angegebenen Werte sind für Merkur und Venus zur Zeit der größten Elongation (Winkel zwischen Sonne und Planet) gültig, für die übrigen Planeten zur Zeit der Opposition. Man sieht also: wenn Einzelheiten auf Planeten gesehen werden sollen, genügt der Felstecher allein nicht mehr – was aber nicht ausschließt, daß uns der Feldstecher doch ein wenig behilflich ist: die Phasen der Venus zeigt er uns und das faszinierende Bewegungsspiel der Jupitermonde.
Für die Planeten – und übrigens auch für die Mondbeobachtung – gelten folgende optimale Vergrößerungen:

Fernrohr zwischen 5 und 10 cm Öffnung
100- bis 150fach,
Fernrohr zwischen 10 und 15 cm Öffnung
150- bis 250fach,
Fernrohr zwischen 15- und 20 cm Öffnung
200- bis 300fach.

Bewußt muß sich der Naturfreund auch darüber sein, daß er die volle Sehleistung seiner Augen plus Fernrohrleistung nie sofort zur Verfügung hat. Es ist ähnlich wie mit einem fabrikneuen Auto: es will eingefahren sein. So muß auch der Neuling am Fernrohr seine Augen systematisch auf Sehen, auf teleskopisches Sehen trainieren. Die Übung am Vollmond mit bloßen Augen ist dazu übrigens ein guter Anfang! Erst viele Abende am Fernrohr bringen die notwendige Sehleistung. Und nur mit dieser Sehleistung macht die Beobachtung richtig Freude!

Merkur

Der sonnennahe Merkur ist ein schwieriges Objekt, und es gibt sicher viele Menschen, die ihn noch nie gesehen haben. Am Äquator steht er verhältnismäßig steil über dem Horizont. In mittleren Breiten dagegen macht die Horizontnähe mit meist reichlich Streulicht das Auffinden zu einem Geduldspiel. Praktisch können wir Merkur stets nur in der Dämmerung beobachten. Dabei erreicht der Planet zur Zeit seines größten Glanzes eine scheinbare Helligkeit von fast -2^m, ist also heller als der hellste aller Fixsterne: Sirius im Sternbild Großer Hund. Merkur bewegt sich innerhalb der Erdbahn und läßt Phasen erkennen wie Venus und Mond: »zunehmender Merkur« am Morgenhimmel (westliche Elongation) und »abnehmender Merkur« am Abendhimmel (östliche Elongation). Auf Grund der Lage der Ekliptik zum Horizont und unter Berücksichtigung der Neigung der Bahn des Merkur gegen die Ekliptik gibt es Zeiten günstigerer Sichtbarkeit:
Nordhalbkugel der Erde: im Frühjahr am Abend und im Herbst am Morgen;
Südhalbkugel der Erde: im Herbst am Abend und im Frühjahr am Morgen.

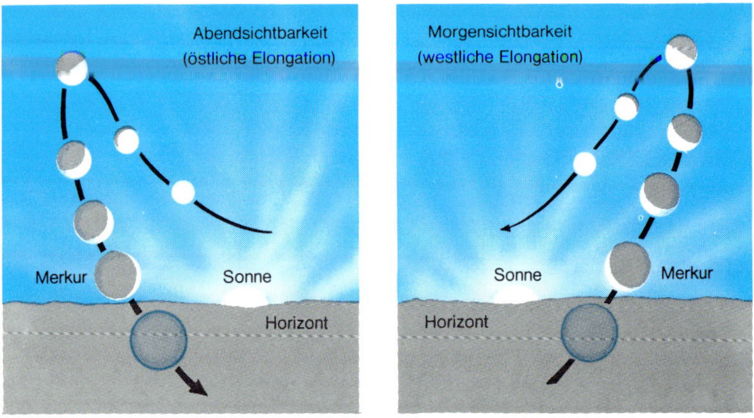

Morgen- und Abendsichtbarkeit des Planeten Merkur. Der Abstand von der Erde vergrößert sich mit zunehmender Phase und der scheinbare Durchmesser wird geringer. Elongation = Abstand des Planeten von der Sonne.

Seine größte Helligkeit erreicht der Planet zur Zeit der Oberen Konjunktion. Es ist durchaus möglich, Merkur bei nur geringem Winkelabstand von der Sonne aufzufinden. Dabei kann es dienlich sein, wenn die Sonne gerade von Wolken abgedeckt wird. Auch sind Beobachtungen bei vollem Tageslicht erfolgreich, wenn der Planet 5 oder 10 Grad Sonnenabstand hat. Wichtig: streulichtarme Sonnenumgebung und Vermeidung jeder direkten Beobachtung in das grelle Sonnenlicht! Deshalb: Versuch der Auffindung am Taghimmel im Schatten eines Hauses!
Zur Suche am Morgen- oder Abendhimmel benützt man am besten den Feldstecher. Für Tagbeobachtungen ist ein 2- bis 3zölliges Fernrohr mit 40facher Vergrößerung besser. Über den jeweiligen Stand des Planeten geben die astronomischen Jahrbücher Auskunft (siehe Seite 229). Ins einzelne gehende Beobachtungstips enthält das »Handbuch für Sternfreunde« und das »Taschenbuch für Planetenbeobachter« (siehe Literaturhinweise Seite 228).

Venus: der »Morgen- und Abendstern«

Ihn haben Sie, lieber Leser, sicher schon gesehen: den strahlend hellen »Abendstern« alias Planet Venus. Übrigens meinen viele Menschen, daß die Venus der Abendstern sei und zu anderen Zeiten nicht gesehen werden kann. Es gibt überraschte Gesichter bei der Feststellung, daß der Planet Venus sowohl heller Abend- als auch nicht minder heller Morgenstern sein kann und keinen Doppelgänger hat – sieht man einmal von Konstellationen ab, wo andere helle Planeten (Merkur, Mars und Jupiter) den Abend- oder Morgenhimmel beherrschen. Den größten Glanz von Venus (in üblichen Klassen der scheinbaren Helligkeitsskala ausgedrückt: -4.1^{m}!) erreichen sie indessen niemals.
Auch die Venus bewegt sich innerhalb der Erdbahn um die Sonne, ist also wie Merkur ein »innerer« Planet. Genauso wie Merkur gelangt sie auf ihrer Bahn zwischen Erde und Sonne und zeigt – schon im Feldstecher sicht-

bar – die zu- und abnehmenden Sichelgestalten, wie wir sie am Mond Monat für Monat mit bloßen Augen wahrnehmen. Die Abstände Erde-Venus während einer synodischen Umlaufszeit sind nicht konstant (unter synodischer Umlaufszeit versteht man den Zeitraum zwischen zwei oberen Konjunktionen mit der Sonne, von unserem Planeten, der Erde, aus gesehen: 583,92 Tage. Die siderische Umlaufszeit dagegen ist der Zeitraum eines ganzen Umlaufs des Planeten um die Sonne: 224,7 Tage). Der scheinbare Durchmesser des Planeten ist bei den einzelnen Phasen verschieden, am größten in den Wochen vor und nach der unteren Konjunktion, am kleinsten zur Zeit der oberen Konjunktion.
Zur Zeit der oberen Konjunktion befindet sich die Venus genau wie Merkur – in größter Erdferne; zur Zeit der unteren Konjunktion ist sie der Erde am nächsten (siehe Abb. S. 154). Was ist eine Konjunktion? In der Astronomie bezeichnet man damit den Zustand, wenn sich zwei Gestirne, etwa Sonne und Venus, auf dem gleichen Längenkreis befinden. Eine andere wichtige Stellung (Aspekt) ist die Opposition oder der Gegenschein: Zwei Gestirne stehen zueinander mit einem Längenunterschied von 180 Grad. Weder Merkur noch Venus können jemals in Opposition stehen. Das können nur die äußeren Planeten: Mars, Jupiter usw. Wir beobachten Merkur und Venus niemals in einem sehr großen Winkelabstand von der Sonne (Elongation). Der größte Winkelabstand beträgt bei Venus 48 Grad, bei Merkur nur etwa 28 Grad. Also ist die Sichtbarkeit stets entweder auf den Abend- oder den Morgenhimmel beschränkt. Der bei Venus doch wesentlich größere Winkelabstand macht es indessen möglich, den Planeten noch mehrere Stunden

Phasenbildung der inneren Planeten Merkur und Venus. Größter Sonnenabstand bei Merkur 27°, bei Venus 47°. Beste Beobachtungsmöglichkeit der beiden Planeten in der Zeit um die Elongationen.

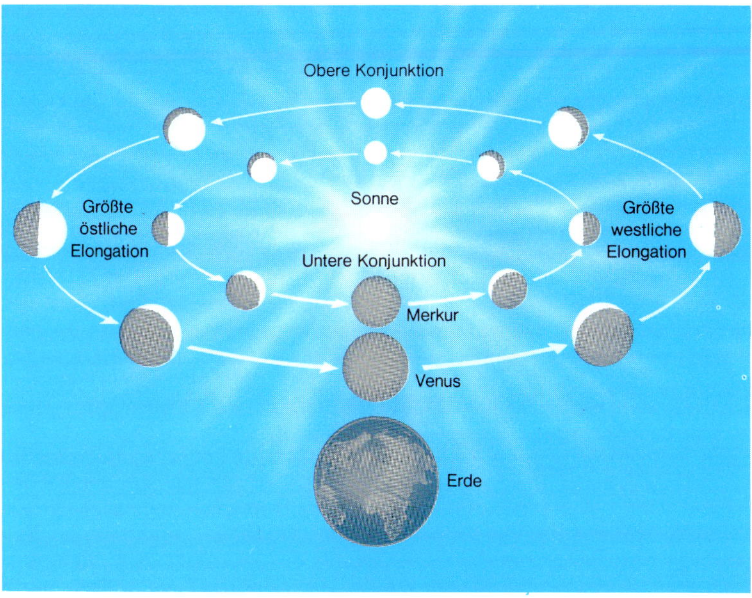

Planet Venus als Abendstern. Aufnahme: 5. Mai 1967, 21 h 30 WZ

nach Sonnenuntergang oder vor Sonnenaufgang zu sehen. Dazu kommt die enorme scheinbare Helligkeit. Der Planet Venus kann also schon zu einem beherrschenden und augenfälligen Himmelsobjekt werden.

Stets wichtig bei der Planetenbeobachtung ist es, die Bewegungsverhältnisse unter zwei verschiedenen Bedingungen zu erkennen:

1. die Bewegung des Planeten um die Sonne,
2. die Bewegung des Planeten in bezug auf die sich ja selbst um die Sonne bewegende Erde.

Daraus ergeben sich Aspekte und Phasen. Tabellarisch sieht das für die Venus so aus:

Aspekt	**Phase**
Untere Konjunktion	Neuvenus
Größte westliche Elongation (Morgenhimmel)	Erstes Viertel (zunehmende Phase)
Obere Konjunktion	Vollvenus
Größte östliche Elongation (Abendhimmel)	Letztes Viertel (abnehmende Phase)
Untere Konjunktion	Neuvenus

Das Spiel fängt wieder von vorne an. Um das zu beobachten, genügt bereits der Feldstecher oder ein kleines Fernrohr. Über den jeweiligen Stand am Himmel geben die schon mehrfach zitierten astronomischen Jahrbücher Auskunft (siehe Seite 229). Es ist möglich, daß Venus in unterer Konjunktion etliche Grade nördlich oder südlich der Sonne vorbeizieht. Dann lohnt es sich zu versuchen, ob man die ganz schmale Sichel über die Konjunktion hinweg mit dem Fernrohr erkennen kann. Daß es geht, haben zahlreiche Beobachter bereits bewiesen.

Wegen der großen scheinbaren Helligkeit des Planeten bietet sich die Beobachtung am Tag an. Das ist bereits mit bloßen Augen möglich. Man muß nur wissen, wo etwa der Planet am Himmel steht: auf dem Tierkreisbogen vor oder nach der Sonne (Winkelabstand siehe Jahrbuch!) Und dann empfiehlt es sich, aus dem Schatten eines Gebäudes heraus den Himmel abzusuchen. Werner Sandner schreibt in seinem an Erlebnisberichten reichen Buch »Planeten – Geschwister der Erde« dazu: »Schon oftmals hat es, wenn Venus zufällig von Personen, die nicht wußten, um was es sich handelt, am Himmel erkannt wurde, Aufsehen erregt und zu abergläubischen Vorstellungen geführt. So wurde im Mai des Jahres 1609 Venus an vielen Orten in Frankreich bei Tage gesehen und dies nachträglich als ein Vorzeichen auf die Ermordung König Heinrichs IV. gedeutet. Auch 1798 erregte Venus in Paris durch

ihre Sichtbarkeit am Tage die Aufmerksamkeit des Volkes, und kein geringerer als Kaiser Napoleon I. erklärte sie für seinen Schicksalsstern ...«
Einzelheiten auf der Oberfläche des Planeten Venus im Fernrohr zu erkennen, ist nicht möglich. Inzwischen haben es ja die zur Venus geschickten Raumsonden bestätigt, daß der Planet von einer dichten, undurchsichtigen Atmosphäre eingehüllt ist, die alles andere ist als beobachtungsfreundlich. Die Messungen der »Venera«-Sonden deuten auf einen hohen Gehalt an Kohlendioxid, einen hohen Luftdruck auf der Oberfläche und Bodentemperaturen zwischen 300 und 500 Grad! Sieht der Beobachter in einem 4zölligen Fernrohr bei 100- und 150facher Vergrößerung tatsächlich helle und dunkle Schattierungen, hat er es mit den höchsten Wolkenschichten der Venusatmosphäre und auf keinen Fall mit festen Einzelheiten der Oberfläche zu tun.
Der Planet Venus gehört zu den meistbeobachteten Himmelsobjekten – längst vor der Erfindung des Fernrohrs. Die Planetenbewegungen haben die alten Völker aus sehr naheliegenden Gründen interessiert – dienten sie doch als Basis für die Zeitrechnung, für den Terminkalender festlicher Veranstaltungen und auch für Saat und Ernte. Bei den Maya in Südamerika gab es sogar einen regelrechten Venus-Kalender und das Venusjahr zu 584 Tagen. Diese astronomische Tradition führt immerhin in eine Epoche zurück, die noch etliche Jahrtausende vor unserer Zeitrechnung ihren Anfang genommen hat. Nicht umsonst wird Astronomie als die älteste unter allen Wissenschaften bezeichnet.
Sicher sehr frühzeitig ist den Menschen aufgefallen, daß die Planeten zwar generell an der täglichen Umdrehung der Himmelskugel von Osten nach Westen teilnehmen, daß sie daneben aber auch noch höchst eigenwillige und ungleichförmige Bewegungen am Himmel ausführen. Alle möglichen Theorien sind entwickelt worden, um das zu deuten. Wie die Bewegungen tatsächlich zustande kommen, illustrieren die Abbildungen auf Seite 157.

Mars: der rote Planet

Vielleicht die bislang verblüffendsten Ergebnisse der Raumfahrt zu unseren kosmischen Nachbarn lieferten die Mariner-Sonden vom Planeten Mars. Das war doch eine echte Sensation: Fast ein ganzes Jahrhundert lang beschäftigten sich Generationen von Planetenbeobachtern mit den Mars-Kanälen, die ihnen der Italiener Schiaparelli 1877 als sozusagen »letzten Schrei« der Wissenschaft präsentierte – ja, und dann kommen plötzlich die Mariner-Photos mit den Mars-Kratern. Wie schön hat sich doch mit den Kanälen spekulieren lassen, wiewohl die Wissenschaft noch zu Schiaparellis Lebzeiten viel Skepsis zeigte und die Marsmenschen den Schlagzeilen der Zeitungen überließ. Doch daß es Krater dort oben gibt, erstaunlich ähnlich denjenigen auf dem Mond, hat manches Modell von einem Tag auf den anderen über den Haufen geworfen. Das war 1965. Und die Mariners fliegen weiter. 1971 bringen sie Kunde von den beiden Monden des Mars: die Photos mit den kartoffelförmigen Trabanten sind überraschend.
Die »canali« von Schiaparelli spornten nicht nur die Beobachter an, sondern auch die Phantasie vieler Menschen. Es sei hier nur an den 1897 erschienenen Roman »Auf zwei Planeten« von Kurd Lasswitz erinnert, den Ahnen der Science fictions. Mars ist seither der meist beobachtete und beachtete Planet, wobei nicht unerwähnt bleiben soll, daß er bereits im Altertum wegen

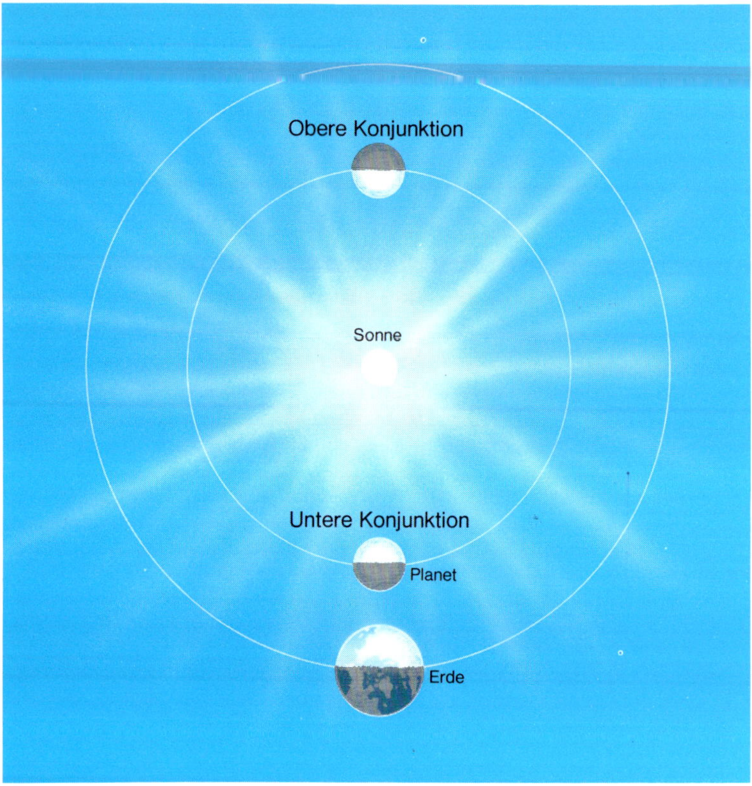

Die beiden Planeten Merkur und Venus kreisen innerhalb der Erdbahn um die Sonne. Befinden sie sich auf ihrer Bahn zwischen Erde und Sonne, spricht man von unterer Konjunktion; befinden sie sich hinter der Sonne – also zwischen Planet und Erde steht dann die Sonne – ist der Zustand der oberen Konjunktion erreicht.

seiner auffälligen rötlichen Farbe eine Rolle gespielt hat. Man deutete ihn als den »Feuerstern« und bezeichnete ihn als den Gott des Feuers und schließlich des Krieges.

Mars ist der der Erde zweitnächste Planet. Seine Bahnlage führt dazu, daß die Schwankungen des Abstandes Mars – Erde und die damit verknüpften Änderungen des scheinbaren Scheibendurchmessers größer sind als beim Planeten Venus. Bemerkt muß dazu werden: der innere Planet Venus kann die Winkelausdehnung nicht voll in Helligkeit umsetzen. Venus zeigt uns, wenn sie der Erde am nächsten steht, zum größeren Teil ihre unbeleuchtete Seite. Beim Planeten Mars liegen die Verhältnisse völlig anders. Er gelangt ja in Oppositionsstellung (siehe Seite 155), steht der Sonne gegenüber und gleichzeitig in Erdnähe. Von der Erde aus schauen wir dem Planeten geradewegs ins Gesicht, auf die voll erleuchtete Scheibe. Mars hat aus diesem Grund unter allen Planeten die stärksten Helligkeitsschwankungen. Die

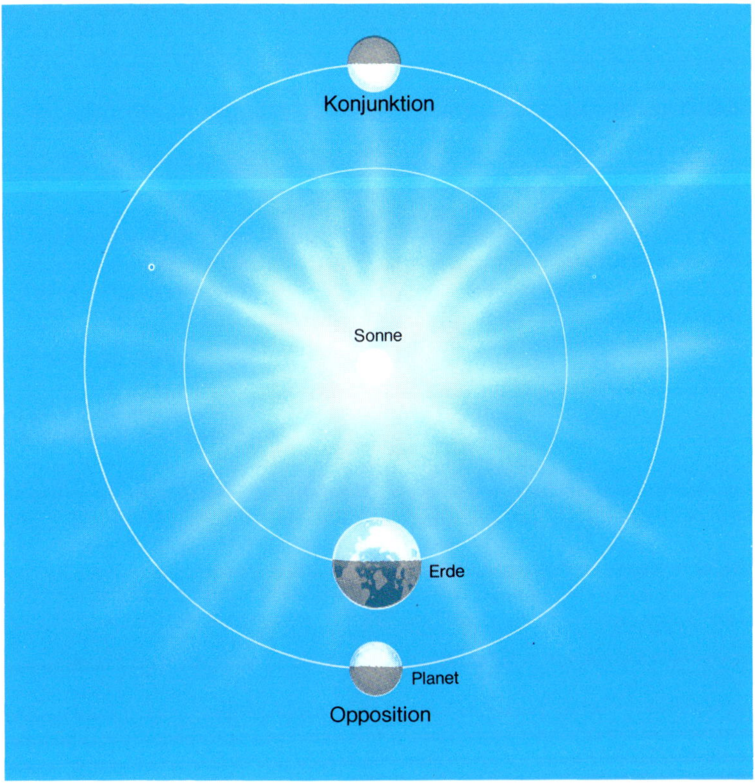

Mars, Jupiter, Saturn, Uranus, Neptun und Pluto umkreisen die Sonne auf Bahnen, die außerhalb der Erdbahn liegen. Befindet sich die Erde zwischen Planet und Sonne, steht der Planet in Opposition und ist gut die Nacht über zu sehen. Steht zwischen Erde und Planet die Sonne, ist der Planet in Konjunktion und unsichtbar.

scheinbare Helligkeit bewegt sich zwischen -2.7^m und $+2.0^m$. Der Planet Mars kann damit heller werden als der hellste Fixstern, Sirius im Sternbild Großer Hund.
Mars ist ein äußerer Planet, seine Bahn führt ihn außerhalb der Erdbahn um die Sonne. Zur Zeit der Opposition steht er der Erde nicht nur am nächsten, er ist dann auch die ganze Nacht zu beobachten. Das sind also wesentlich günstigere Bedingungen als bei den beiden inneren Planeten Merkur und Venus. Die Marsbahn ist von einer verhältnismäßig großen Exzentrizität (= Abweichung vom Kreis und Annäherung an die Ellipse) gekennzeichnet. Was bedeutet das praktisch? Die Entfernung Mars-Sonne nimmt Werte an zwischen 207 Millionen km (sonnennächster Punkt der Bahn, auch Perihel genannt) und 249 Millionen km (sonnenfernster Punkt der Bahn, auch Aphel genannt). Folglich ist auch der Abstand Mars-Erde nicht zu jeder Opposition der gleiche. Hier gibt es Schwankungen zwischen 56 Millionen km und 101

Millionen km. Nächste Folge: der scheinbare Durchmesser der Marsscheibe kann von 14 Bogensekunden (Durchmesser in den beobachtungsungünstigen Apheloppositionen) auf 25.5 Bogensekunden (Durchmesser in den Perihel-oppositionen) anwachsen. Periheloppositionen sind besonders gut auf der Südhalbkugel der Erde zu beobachten, sehr zum Leidwesen der Astronomen auf den Sternwarten in nördlichen Breiten. Der Planet befindet sich dann nämlich in den Sternbildern Steinbock oder Wassermann und erreicht nur eine geringe Höhe über dem Horizont. Bekanntlich sind die Sichtbedingungen in Horizontnähe viel schlechter – zur Luftunruhe kommen der lange Weg des Lichtes durch die Atmosphäre und die dort besonders spürbare Luftverschmutzung.

Die Bahn des Planeten weist auf noch eine Besonderheit hin, die zu eigenartigen Naturschauspielen führt. Grundsätzlich gilt, daß die Erde zur Zeit der Opposition einen äußeren Planeten überholt. Dadurch entsteht am Himmel der Eindruck, als ob der Planet seine übliche west-östliche Bewegungsrichtung ändert. Der Fachmann sagt: »Der Planet wird rückläufig«. Diese Erscheinung ist bei Mars am auffälligsten, bedingt durch die geringe Entfernung zur Erde. Also ist das rückläufig am Himmel zurückgelegte Bahnstück verhältnismäßig lang. Hinzu kommen schließlich Bewegungen senkrecht zur Ekliptik. Ergebnis: der staunende Beobachter stellt Bahnschleifen beachtlichen Ausmaßes fest, die um so eindrucksvoller sind, je mehr helle Sterne sich gerade in der Nähe befinden. So kann man die Veränderung von Woche zu Woche im Vergleich zu der fixen Position der Sterne gut wahrnehmen.

Diese Schleifen am Himmel, die die äußeren Planeten – und bei Mars so stark ausgeprägt – ziehen, sind schon den Astronomen der hellenistischen Welt aufgefallen. Sie haben sich den Kopf darüber zerbrochen, wie man so ungereimte Bewegungen mit der ersehnten Harmonie der Natur in Einklang bringen kann. Sie gingen ja von der Vorstellung aus, daß die Gestirne Götter seien, denen nur die vollkommenste Art der Bewegung eigen ist: die gleichförmige Bewegung in Kreisen. So kam es zu künstlichen und komplizierten Planetentheorien, deren bekannteste diejenige des ägyptischen Astronomen, Geographen und Mathematikers Claudius Ptolemäus (85 bis 160 n. Chr.) ist. Sie behielt eineinhalbtausend Jahre amtliche Gültigkeit, bis Kopernikus vom geozentrischen auf das heliozentrische Weltbild, also vom Mittelpunkt Erde auf den Mittelpunkt Sonne umschaltete. Kepler kam der Ursache der Planetenschleifen auf die Spur, indem er den Kreis durch die Ellipse ablöste. Gerade Marsbeobachtungen haben ihm dabei geholfen. Seinem Kaiser, Rudolf II., berichtete Kepler: »Auf Geheiß Ew. Majestät führe ich endlich einmal den hochedlen Gefangenen zur öffentlichen Schaustellung vor, dessen ich mich vor einiger Zeit in einem beschwerlichen und mühevollen Krieg bemächtigt habe. Durch die Mutter Natur übermittelte er mir das Eingeständnis meines Sieges. Nachdem er sich Freiheit innerhalb der freiwilligen Fesseln ausbedungen hatte, ging er alsbald, begleitet von Arithmetik und Geometrie, munter und aufgeräumt in mein Lager über.« Soweit Kepler. Die Bewegungen des Planeten Mars, des »hochedlen Gefangenen«, erklären die Keplerschen Gesetze:

1. Gesetz: Die Planeten bewegen sich in Ellipsen, in deren einem Brennpunkt die Sonne steht.

2. Gesetz: Der Leitstrahl oder Radiusvektor, das heißt die Verbindungslinie Sonne-Planet, überstreicht in gleichen Zeiten gleiche Flächen.

3. Gesetz: Die Quadrate der Umlaufszeiten der Planeten verhalten sich wie die Kuben ihrer mittleren Entfernung von der Sonne.

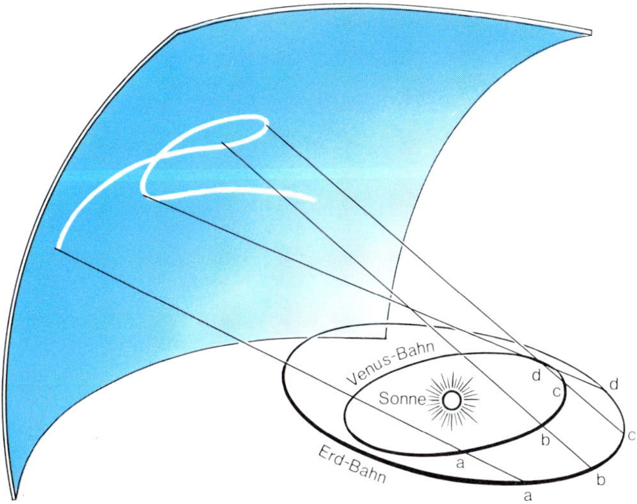

Verfolgt man die Bewegung von Merkur und Venus am Himmel, so stellt man sonderbare scheinbare Bewegungen fest. Sie ergeben sich, weil sowohl der Planet wie auch die Erde in Bewegung sind und sich der innere Planet immer in Sonnennähe (von der Erde aus gesehen) bewegt.

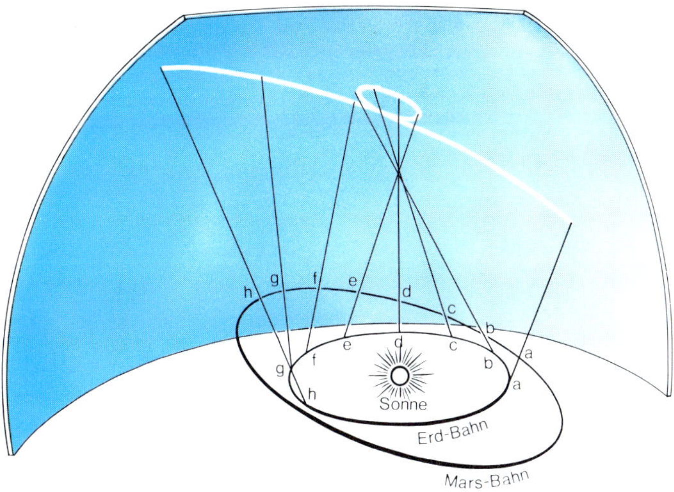

Auch die äußeren Planeten machen am Himmel scheinbar schleifenartige Bewegungen, wenn man sich die Mühe macht, einen von ihnen über ein paar Wochen oder Monate hinweg zu beobachten. Am auffälligsten ist das bei Mars. Neben der gewohnten Rechtläufigkeit kommt es scheinbar plötzlich zum Stillstand und dann gar zur rückläufigen Bewegung. Alles erklärt sich aus der einfachen Tatsache, daß sich Planet und Erde in Bewegung befinden und die Erde sich rascher um die Sonne bewegt als die äußeren Planeten.

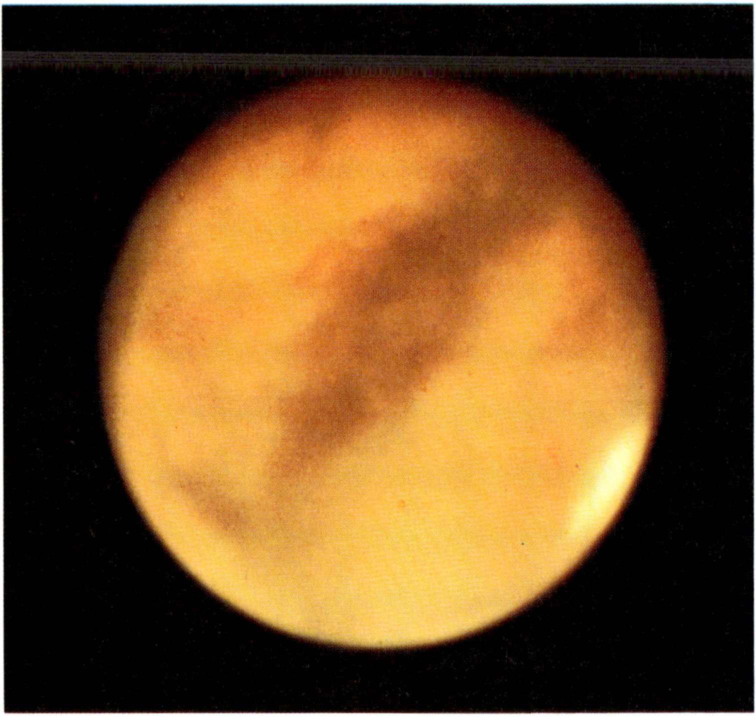

Das Farbphoto macht sofort augenfällig, warum man auch vom »Roten Planeten« spricht. Die gelblich-rote Färbung des Planeten fällt schon dem Beobachter ohne Fernrohr auf. Die Photos lassen auf der Oberfläche helle und dunkle Einzelheiten erkennen, die zum Teil wieder typische Färbungen haben. Im Vergleich zu dem mit einem großen Teleskop aufgenommenen Farbphoto bringen die beiden Schwarzweißphotos erstaunlich viele Details. Dabei muß man in Betracht ziehen, daß diese Photos mit einem kleinen Fernrohr (20 cm Öffnung) gemacht worden sind und von einem Amateur stammen!

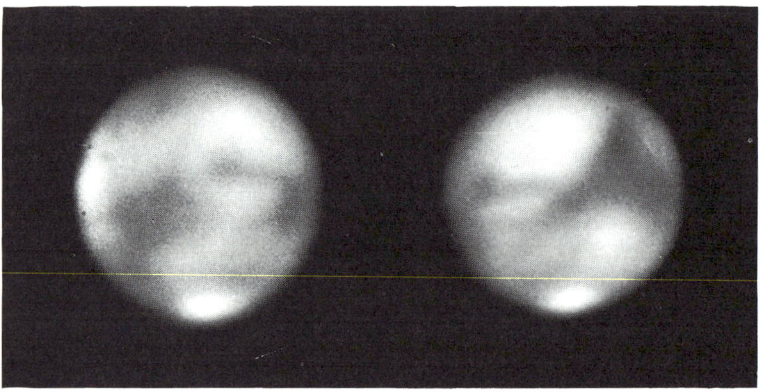

Selbstverständlich, sagen wir heute. Aber es war nicht immer so. Bei der Beobachtung des Planeten Mars – und der anderen Planeten natürlich auch – hat jeder Gelegenheit, sich auf Keplers Spuren zu bewegen!
Was sieht der Sternfreund in seinem Fernrohr, wenn er den Mars beobachtet? Der Planet bietet den unbestreitbaren Vorzug, daß man auf ihm auch schon im kleinen Fernrohr (2–3 Zoll) Einzelheiten erkennen kann, die zur festen Oberfläche gehören – also anders als bei Venus, anders als bei Jupiter und Saturn, wie an anderer Stelle in diesem Himmelsführer erklärt wird (siehe Seite 153 und Seite 163). Die Scheibe zeigt die typische gelbrote Färbung. Auffällig auf ihr sind neben den sogenannten Dunkelgebieten ein paar helle, fleckenartige Gebilde und dann natürlich die Polkappen mit ihren jahreszeitlichen Veränderungen: im Mars-Herbst und -Winter nehmen sie an Größe zu und können bis zu 10% der Oberfläche bedecken; im Mars-Frühling und -Sommer werden sie wieder kleiner. Das hat viel Nahrung für Spekulationen gegeben. Man dachte sofort an Schnee und Eis und entsprechende Schmelzvorgänge, wenn es auf dem Planeten jahreszeitlich bedingt wieder wärmer wird. Inzwischen wissen wir mehr über die Marsatmosphäre. Sie ist wasserarm, so daß sich eher eine Art feinkörniger Rauhreif bildet, der im Frühling nicht schmilzt, sondern in Dampf übergeht. Dafür spricht auch die beobachtete hohe Abschmelzgeschwindigkeit von bis zu 100 km pro Tag.

Vulkanismus und tiefgreifende Erosionsprozesse scheinen die Mars-Oberfläche noch immer zu verändern. Das zeigen MARINER-9-Fotos, die seit Abflauen der Staubstürme zur Erde gesendet werden. Wie ein riesiger Kandelaber erscheint dieses Netzwerk aus Schluchten, Bergen und Hochebenen unmittelbar unter dem Mars-Äquator in der Region Noctis Lacus. Das Bild erfaßt ein 542 mal 400 km großes Gebiet; es wurde am 10. Januar 1972 beim 115. Umlauf aufgenommen.

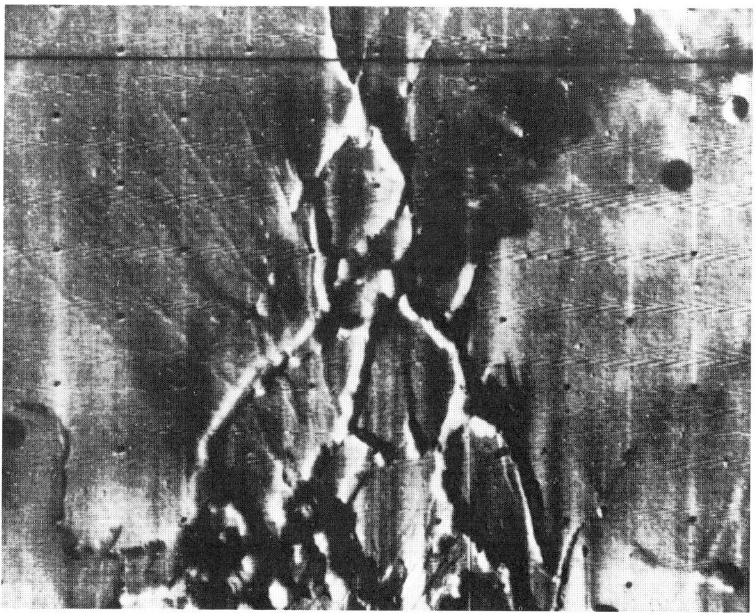

Da die feste Oberfläche beobachtbar ist, wurden schon frühzeitig Karten der Marsoberfläche angefertigt. Im großen und ganzen erweisen sich die Gebilde ja recht konstant. Werden sie in einer Opposition weniger gut sichtbar und zum Teil unsichtbar, so sind in der Regel Vorgänge in der Marsatmosphäre – Trübungen, Staubstürme – daran schuld. Solche Erscheinungen lassen sich bereits mit einem 4- bis 5zölligen Amateurfernrohr nachweisen. Ja, auf dem Mars gibt es Wetter. Vorsicht jedoch mit dem Vergleich zur Erde! Es fehlen zum Beispiel die mächtigen Ozeane und großen Landmassen, die auf der Erde das Wettergeschehen maßgeblich beeinflussen. Die Marsatmosphäre ist ausgesprochen trocken. Mariner-Messungen weisen auf viel Kohlendioxid, ein wenig Wasserdampf und dazu Kohlenmonoxid und etwas atomaren Sauerstoff hin. Vergessen wir endlich nicht, daß Mars von der Sonne ein gutes Stück weiter weg ist als die Erde. Zahlenmäßig drückt sich das in der gemessenen mittleren Temperatur von $-40°$ C aus, wobei es Spitzenwerte zwischen $+30°$ C und $-100°$ C gibt.
Alles in allem: die Wissenschaft ist heute in Bezug auf den Mars nüchtern und sachlich geworden im Vergleich zu früheren Spekulationen. Die Ergebnisse der Mariner- und Viking-Sonden machen das notwendig. Dabei scheint es nicht ausgeschlossen zu sein, daß es auf dem Mars Leben gibt. Auch auf der Erde behaupten sich in Gebieten mit außergewöhnlichen Temperaturunterschieden und großer Wasserarmut Lebewesen, z. B. Insekten. Vom menschlichen Standpunkt gesehen, ist Mars ein unwirtlicher Nachbar im Kosmos, was aber eben nicht heißt, daß er absolut lebensfeindlich ist.

Die kleinen Planeten oder Planetoiden

Zwischen den Planeten Mars und Jupiter bewegen sich höchst seltsame Himmelskörper, seltsam sowohl nach ihrer Größe als auch nach ihren Bewegungsverhältnissen im Sonnensystem. Wegen ihrer Kleinheit sind sie verhältnismäßig spät entdeckt worden, doch ist es Astronomen längst vor der Entdeckung des ersten dieser sogenannten kleinen Planeten (Asteroiden, Planetoiden) mit Namen Ceres im Jahr 1801 aufgefallen, daß rein rechnerisch zwischen Mars und Jupiter eine Lücke klafft. Untersucht man eine mögliche Gesetzmäßigkeit im Verhältnis der Planetenabstände von der Sonne, stößt man sofort auf diese Lücke. Im 17. und 18. Jahrhundert wurde viel über einen möglichen noch unentdeckten Planeten zwischen Mars und Jupiter diskutiert, und das belebte die Beobachtung. Die Entdeckung des wesentlich weiter entfernten Planeten Uranus 1781 ist mittelbar ein Ergebnis dieser Diskussion. Zu Beginn des 19. Jahrhunderts wurde dann Ceres entdeckt, und dieser erste der Planetoiden paßte bereits tadellos in die störende Lücke. Doch blieb es nicht bei diesem einen kleinen Planeten. Rasch mehrten sich die Entdeckungen, so daß wir heute rund 2000 Planetoiden kennen, deren Bahnen gesichert sind. Der weitaus größte Teil wurde photographisch entdeckt, was nicht verwunderlich ist: nur 73 Planetoiden erreichen oder überschreiten bei einer Perihelopposition die scheinbare Helligkeit 9.5^m. Die größte scheinbare Helligkeit erreicht der kleine Planet Vesta mit 6.0^m.
Bei Ceres haben wir es noch mit einem Himmelskörper von knapp 800 km Durchmesser zu tun; bei den anderen nimmt die Größe rasch ab. Die Planetoiden sind eher Planetensplitter als Planeten. Das mit den Splittern ist gar nicht so abwegig. Eine ernstzunehmende Theorie führt die Entstehung des Planetoidenschwarms auf die Explosion eines größeren Planeten bzw. auf die Entwicklung aus Protoplaneten im Frühstadium des Planetensystems zurück.

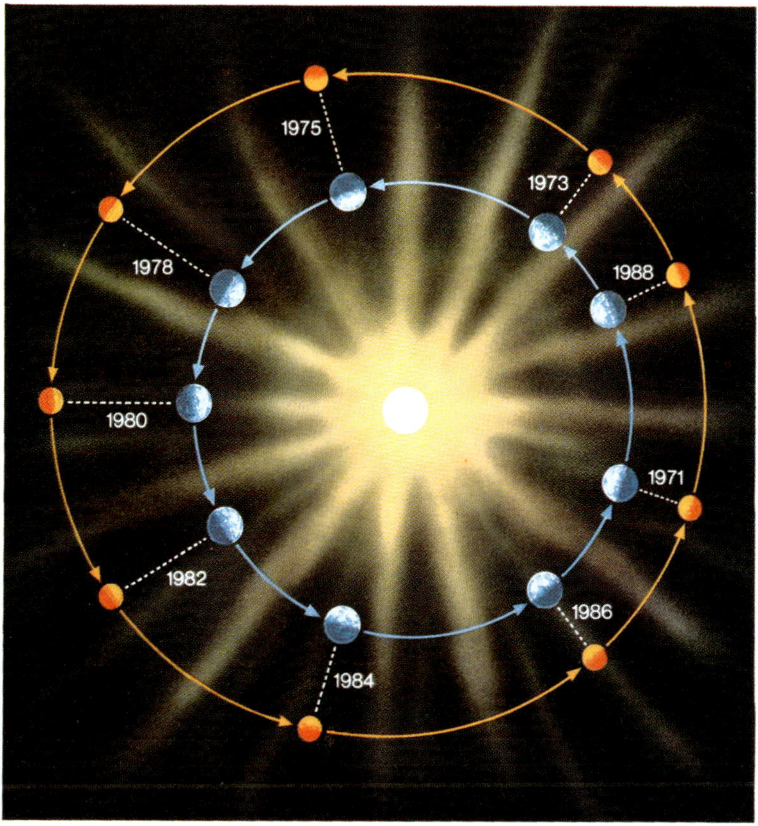

Bahnen des Planeten Mars (rot) und der Erde (blau). Der unterschiedliche Abstand des Planeten zur Erde während der Oppositionen wird deutlich, desgleichen auch der wechselnde Abstand von der Sonne. Es gibt sonnenfernere Oppositionen (Apheloppositionen) und sonnennähere Oppositionen (Periheloppositionen).

Alle Planetoiden wandern, wie die großen Planeten, rechtläufig um die Sonne. Auch zeichnet sich der Hauptteil aller Planetoiden durch sehr kreisnahe Ellipsen in Bezug auf die Bahn um die Sonne aus. Aber es gibt etliche kleine Planeten mit geradezu extremen Abweichungen von der Norm. Da sind Planetoiden mit höchst exzentrischen Bahnen, was dazu führt, daß diese kleinen Planeten ihre Abstände zur Sonne, zur Erde und zu anderen großen Planeten merklich ändern können. Die Bahnen der kleinen Planeten Eros und Icarus greifen beispielsweise über die Marsbahn hinaus. Eros nähert sich zur Zeit seiner Opposition relativ dicht der Erde; Icarus schneidet in Perihelnähe die Merkurbahn! Ein extremes Gegenstück ist der Planetoid Hidalgo, den seine stark exzentrische Bahn jenseits die Jupiterbahn in die nächste Nähe der Saturnbahn bringt.
Dann gibt es eine Reihe von Planetoiden, deren Abstand von der Sonne gleich ist mit dem Abstand des Planeten Jupiter. Es besteht der begründete

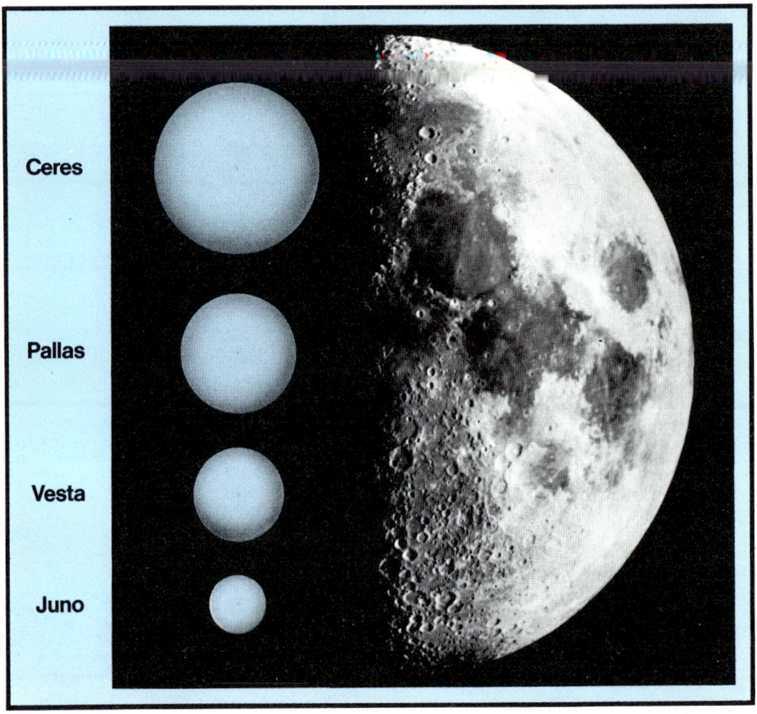

Größenbeispiele kleiner Planeten im Verhältnis zum Mond. Die links abgebildeten Planetoiden entsprechen den vier größten; von oben nach unten: Ceres (Durchmesser 740 km), Pallas (Durchmesser 480 km), Vesta (Durchmesser 380 km) und Juno (Durchmesser 200 km).

Verdacht, daß der Sonderfall der »Trojaner« – so nennt man diese Gruppe – durch Bahnstörungen bedingt ist, die von Jupiter ausgehen und Planetoiden in den Bereich der Jupiterbahn einfangen. Zusätzlich kann Bremsmaterie in Form meteorischer Partikel zwischen den Planeten wirken, die die Ablenkung der Bahnen massearmer Planetoiden in das Einzugsgebiet des so viel massemächtigeren Planetenriesen Jupiter begünstigt. Es ist also etwas los im Weltraum – auch dort, wo man alles in Ordnung wähnt. Die Planetoiden zählt die Wissenschaft zur interplanetaren Materie, zu der auch bestimmte Meteorströme, Kometengruppen und das Zodiakallicht gehören. Sehr aufschlußreich sind Beziehungen, die zwischen Meteoriten und kleinen Planeten aufgedeckt worden sind. Die Analyse von Meteoriten, die auf die Erde gestürzt sind, legt den Schluß nahe, daß es Bruchstücke eines Planeten sein können.
Für die visuelle Beobachtung der helleren unter den kleinen Planeten genügt bereits der Feldstecher oder ein 2- und 3zölliges Astro-Fernrohr. Auch photographische Experimente sind dem Sternfreund möglich. Neben Helligkeitsschätzungen sind es Positionsbestimmungen, die der geduldige Beobachter ausführen kann. Ratschläge dazu geben sowohl das »Handbuch für Sternfreunde« wie das »Taschenbuch für Planetenbeobachter«.

Jupiter: der Gigant unter den Planeten

Jupiter ist der größte unter den neun großen Planeten. Er ist ein äußerer Planet wie Mars; er gelangt also in Opposition zur Sonne und ist dann die ganze Nacht über zu sehen. Im Gegensatz zu Mars, der nur alle zwei Jahre für ein paar Monate sichtbar ist, kann Jupiter jedes Jahr mehrere Monate hindurch beobachtet werden. Trotz seiner im Vergleich zu Mars viel größeren Entfernung von der Erde wächst der scheinbare Durchmesser des Planetenscheibchens zur Zeit der Opposition auf über 40 Bogensekunden an – also auch unter diesem Gesichtspunkt bestehen günstige Voraussetzungen für die Beobachtung (vergl. Tab. S. 149). Jupiter bringt tatsächlich mit der geringsten Vergrößerung den Anblick, den der Vollmond dem freien Auge bietet.
Deutlich als Scheibe präsentiert sich Jupiter dem Feldstecher-Beobachter. Dieser hat dann noch die Freude, das ständig wechselnde Bewegungsspiel der vier großen Jupitermonde verfolgen zu können: Einmal stehen alle vier auf einer Seite vom Planeten, bald stehen zwei rechts und zwei links. Hier kann man sich selbst überzeugen: alles im Kosmos ist in Bewegung. Die Zebrastreifung der Jupiterscheibe selbst verlangt dagegen wenigstens einen 2-Zöller. Fast parallel wechseln helle und dunkle Streifen ab. Das schaut schon ganz anders aus als etwa auf dem Mars.
Nun, mit Jupiter begegnet uns offensichtlich ein neuer Typ von Planet. Ein Gigant mit dem respektablen Äquatordurchmesser von 142 800 km – das ist mehr als das Zwanzigfache von Mars und mehr als das Zehnfache von Erde und Venus. Die Masse ist gar 318 mal größer als diejenige der Erde. Merkur, Venus, Erde und Mars sind nach Größe, Gestalt, Masse und Dichte durchaus ähnlich. Für sie gibt es deshalb die Bezeichnung »terrestrische Planeten« (terra, lat. = Erde).
Die völlig andere kosmische Landschaft gegenüber den terrestrischen Planeten machten die Nahaufnahmen von Jupiter und einigen seiner Monde durch die amerikanischen Voyager-Raumsonden 1979 deutlich. Die Photos zeigen eine an Strömungen und Turbulenzen reiche Atmosphäre. Strömungsgeschwindigkeiten von maximal fast 500 km/sek. sind nachweisbar. Dazu kommen die mächtige Masse und der damit verbundene größere Energievorrat. Die Astronomen sprechen von den »jupiterähnlichen Planeten«, weil Saturn und die noch weiter von der Sonne entfernten Planeten Uranus und Neptun ähnliche Merkmale haben.
Da ist also die zebraartige Streifung der Jupiterscheibe, von der sich jeder im kleinen Fernrohr ab 40facher Vergrößerung selbst überzeugen kann. Was ist das? Es handelt sich ausschließlich um Wolkengebilde der dichten Planetenatmosphäre. Hat man ein etwas größeres Fernrohr zur Hand mit Vergrößerungen zwischen 100- und 200fach und dazu gute Sichtbedingungen, so lassen sich innerhalb der Streifen allerlei helle und dunkle Flecken, runde, ovale und längliche, erkennen – wiederum alles Wolken. Der geübte Beobachter sieht, besonders im Spiegelfernrohr, verschiedene Farbtönungen: orange, braun, gelb, creme, hellblau und rötlich. Ein ganz besonders bekanntes, ja berühmtes wolkiges und farbiges Objekt ist der sogenannte »Große Rote Fleck« (abgekürzt GRF) auf der südlichen Hemisphäre des Planeten, etwa in –25° Breite. Für ein Wolkengebilde ist er erstaunlich langlebig: seit 1831 wird er regelmäßig von den Planetenbeobachtern festgestellt, gezeichnet und – seit das möglich ist – photographiert. Die anderen Wolkengebilde sind wesentlich kurzlebiger; doch lassen sich auch hier einzelne Objekte über Monate, sogar Jahre hinweg verfolgen.

Die gewaltige Dynamik der Jupiteratmosphäre mit ihren vielen Wolken und Strömungen zeigt diese Aufnahme von Voyager 1 im Februar 1979 aus 9,8 Mill. km Entfernung. Es können noch Wolkenformationen von einigen 100 km Durchmesser erkannt werden. Ganz groß im Bild der berühmte »Große Rote Fleck« (GRF).

Bei der systematischen Beobachtung eines hellen oder dunklen Flecks fällt dem Beobachter schon nach einigen Stunden etwas auf: der Fleck ändert deutlich seine Position, er bewegt sich also; im umkehrenden astronomischen Fernrohr wandert er in der Breite von rechts nach links und mit ihm andere etwa in der Nähe befindliche Objekte – Anzeichen für eine Rotation des Planeten, und zwar eine überraschend schnelle. Ja, der Planetengigant dreht sich in etwas weniger als 10 Stunden einmal um seine Achse! Ein Punkt am Äquator des Jupiter legt dabei in der Sekunde 12,5 km zurück (zum Vergleich der Wert auf der Erde: 0,46 km). Diese große Drehgeschwindigkeit des Planeten mit 142 800 km Durchmesser ist auch die Ursache, daß kaum Wolkenbewegungen vom Äquator nach den Polen hin zu beobachten sind. Die hellen und dunklen Wolkenstreifen umschließen fast immer den ganzen Parallelkreis, unterbrochen nur von mannigfaltigen Strömungen und Störungen, die dem Beobachter das abwechslungsreiche Bild bringen und auf die Turbulenz in der mächtigen Atmosphäre schließen lassen.
Immer wieder muß auf den enormen Unterschied zwischen Jupiter und Erde hingewiesen werden. Der chemische Haushalt des Planetenriesen wird von einem Überangebot an Wasserstoff bestimmt. Rund 80% der Masse sind Wasserstoff, der Rest ist weitgehend Helium. An schweren Elementen ist

kaum mehr als 1% vorhanden. Wahrscheinlich gibt es keine feste Oberfläche; zum größten Teil ist der Planet noch in einem feuerflüssigen Stadium. Der amerikanische Planetenforscher G. P. Kuiper hat ein Modell entwickelt, das den Zustand des GRF erläutert und gleichzeitig einen Einblick gestattet in die Vorgänge, die sich innerhalb der Jupiteratmosphäre abspielen.
So wird die Annahme wohl richtig sein, daß es sich beim GRF mit um die höchste Wolkensäule der Atmosphäre überhaupt handelt. Zwischen 1831 und 1970 hat der GRF in unregelmäßiger Geschwindigkeit dreimal den Planeten umrundet. Die Energie, die notwendig ist, dem Gebilde diese Stabilität zu verleihen, wird geliefert durch die ständige Bereitschaft in der Atmosphäre zu Gewittern ungeahnten Ausmaßes. Ein Vergleich zu den Verhältnissen auf der Erde beiderseits des Äquators ist dabei durchaus am Platz, nur daß die Gewitterwolken auf der Erde viel weniger beständig sind. Die Gewitterwolken verlieren das Wasser, das sie kondensiert haben, schnell wieder an den

So sehen Jupiter und seine vier größten und hellsten Monde im kleinen Fernrohr aus. Eigentlich müßte man diese vier Monde schon mit bloßen Augen sehen, aber die Überstrahlung des hellen Planeten verhindert das. Im Feldstecher lassen sich die Bewegungen der Monde und ihre verschiedenen Stellungen zueinander und zum Planeten schön beobachten.

Ozean. Die berühmt-berüchtigten Tropengewitter und -stürme werden nur mit Hilfe einer langsamen Verdunstung oder des Transportes feuchter Luft in Aktion gehalten. Anders auf Jupiter: das Kondensat fällt in die tiefere heiße Atmosphäre und verdampft sofort. Das ist der Ansatz für einen wiederkehrenden Kreislauf und für die Annahme Kuipers: der GRF ist ein riesiges

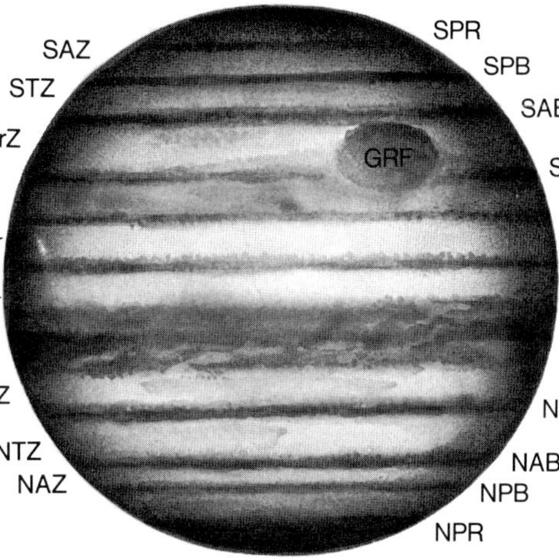

Die hellen Zonen und dunklen Bänder fallen bei der Beobachtung des Planeten Jupiter schnell auf. Unser Bild zeigt den Anblick im umkehrenden astronomischen Fernrohr, dabei ist Süden oben und Norden unten im Bild. Die Bezeichnung der Zonen und Bänder ist englisch. Die Abkürzungen bedeuten folgendes: SAZ = South Arctic Zone (südliche arktische Zone), STZ = South Temporate Zone (südliche gemäßigte Zone), STrZ = South Tropical Zone (südliche tropische Zone), EZ = Equatorial Zone (Äquatorzone), SPR = South Polar Region (südliche Polarregion), SPB = South Polar Belt (südliches Polarband), SAB = South Arctic Belt (südliches arktisches Band), STB = South Temporate Belt (südliches gemäßigtes Band), SEB = South Equatorial Belt (südliches Apuatorialband), EB = Equatorial Belt (Äquatorband).
Analog ist die Zuordnung auf der Nordhemisphäre des Planeten, wo die entsprechenden Zonen und Bänder mit N . . = North . . . . (nördliches . . . . .) gekennzeichnet werden. Mit GRF ist der Große Rote Fleck markiert, der zu einem der interessantesten Objekte auf einem Planeten unseres Sonnensystems überhaupt gehört.

Dauergewitter. Hinzu kommt, daß auf Jupiter in der Atmosphäre weiter unten ein veränderlicher Wärmevorrat zwischen Tag und Nacht fehlt. Die Säule des GRF reicht in einen gasförmigen, heißen Untergrund, nicht in einen Ozean, wie das auf der Erde etwa bei einem Zyklon oder Hurrikan der Fall ist. Diese Wechselwirkung auf Jupiter als Dauerzustand beschränkt auch die Bewegung des GRF, ausgenommen eben jene langsame Bewegung in der Länge.

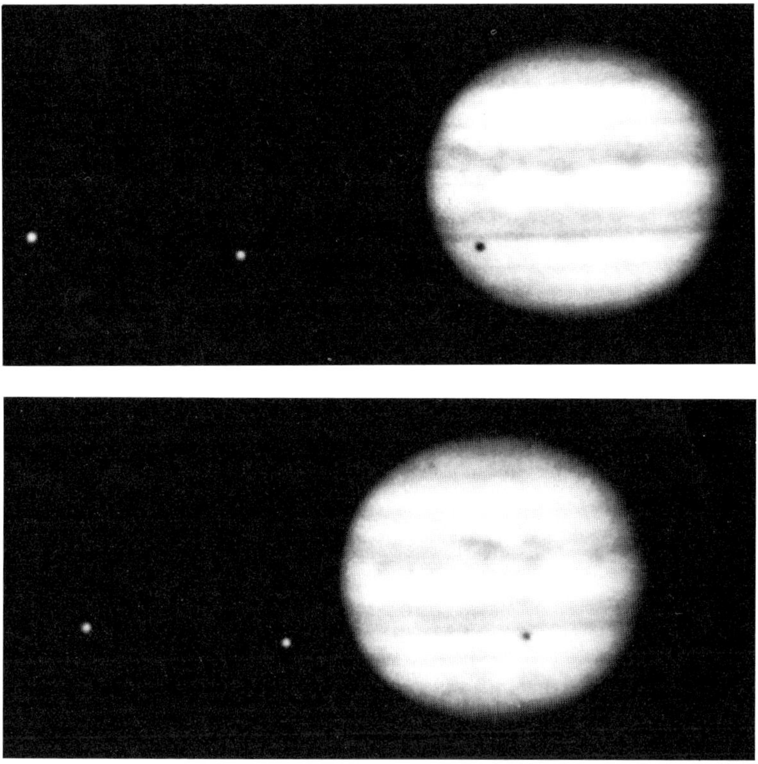

Planet Jupiter mit den beiden Monden I und II. Der Mond II wirft seinen Schatten auf die Oberfläche des Planeten. Aufnahmen: 26. Oktober 1965, oben 0 h 35 WZ, unten: 1 h 45 WZ.

Die gegenüber dem Planeten Mars wieder größere Entfernung von der Sonne bringt es mit sich, daß die zugestrahlte Energie nicht ausreichen würde zu solchen atmosphärischen Vorgängen. So liegen denn auch die Temperaturen an den äußersten Atmosphärenschichten noch bei −130 bis −140 Grad Celsius. Aber die erforderliche Energie kommt aus dem Planeten selbst, wenn er sich noch in einem feuerflüssigen Zustand befindet.
Auch für die zum Teil prächtige Färbung der Wolken gibt es Erklärungen. Wir sehen in diesen Farben das Spiel chemischer Prozesse. Sie werden beherrscht vom Wasserstoff. Bei genauen Untersuchungen stößt man immer wieder auf Wasserstoffverbindungen in der Atmosphäre: Methan, Ammoniak, auch H_2O und Schwefelwasserstoff. Unter dem Einfluß der Ultraviolett-Strahlung der Sonne treten chemische Umwandlungen ein. Ammoniak und Schwefelwasserstoff zum Beispiel verbinden sich und polymerisieren zu Ammoniumpolysulfiden, die gelb und auch orange gefärbt sein können. Sinkt die Temperatur, kommt es zu weißen Verfärbungen. Ist die Polysulfidreihe genügend lang, besteht Neigung zu einer ausgesprochen rötlichen Farbe. Kuiper nimmt unter anderem an, daß die längere Einwirkung der Ultraviolett-Strah-

lung auf die Ammoniumpolysulfide zur Entstehung elementarer Schwefelstrukturen und damit zu gelben Farbtönungen führt.
Diese Überlegungen mögen hier genügen. Man sieht, wie anregend die Planetenbeobachtung nicht nur für den Beobachter am Fernrohr sein kann. Die Entwicklung von Modellvorstellungen unter Beachtung der physikalischen und chemischen Gegebenheiten bietet den Forschern ständig neuen Anreiz.
Jupiter ist – neben Mars – sicher ein ebenfalls sehr häufig beobachteter Planet. Vor allem haben ihn die Amateurbeobachter über viele Jahrzehnte hinweg überwacht und der Wissenschaft dabei wertvolles Datenmaterial zur Verfügung gestellt. Neben die Zeichnung tritt immer häufiger die Photographie. Daß Amateure auf diesem Gebiet gleichfalls etwas zu leisten vermögen, beweisen die Aufnahmen von G. Nemec auf Seite 167. Sieht man einmal von systematischen Positionsbestimmungen – dem Hauptaufgabengebiet des Sternfreundes – ab, so ist es für jeden Naturfreund ein fesselndes Erlebnis, während der Zeit der Opposition – der Planet steht dann die ganze Nacht am Himmel – eine ganze Umdrehung zu verfolgen. Das dauert nicht länger als von abends bis morgens, weil ja der Planet in 9 h 55 m rotiert. An den hellen und dunklen Flecken kann man verhältnismäßig einfach feststellen, wie weit sich der Gigant unter den Planeten von einer Stunde auf die andere gedreht hat. In einer solchen »Astronomen-Nacht« gibt es zusätzlich am Sternhimmel manches Interessante zu sehen. Das ist übrigens eine Gelegenheit, um die scheinbare Drehung der Himmelssphäre, die von der Rotation der Erde verursacht wird, mitzuerleben.
Von den vier großen Jupitermonden war bereits kurz die Rede. Der Planet hat insgesamt 14 Monde. Es ist durchaus möglich, daß einige von ihnen eingefangene Planetoiden (siehe Seite 162) sind. Nur die vier hellen Monde sind mit den teleskopischen Hilfsmitteln des Amateurs zu sehen. Die Entdeckung dieser vier Monde ist ein Gesellenstück des eben erfundenen Fernrohrs gewesen. Das war im Jahr 1610, und die Entdecker waren Galilei in Italien und Marius in Deutschland. Die ersten »Fernröhren« waren zwar ziemlich ausladende Konstruktionen, in ihrer optischen Kraft jedoch einem Feldstecher von heute kaum überlegen. In ihren Dimensionen sind die vier hellen Jupitermonde, die die Namen Io, Europa, Ganymed und Kallisto tragen, recht ausgewachsene Exemplare ihrer Art: sie haben Durchmesser zwischen 4000 und etwas über 5000 km (zum Vergleich der Erdmond: 3480 km). In allen im Literaturverzeichnis auf Seite 229 angeführten astronomischen Jahrbüchern findet der Leser Angaben über die Sichtbarkeit dieser Jupitermonde.
Die übrigen zehn Monde sind sehr viel kleiner: Mond V und Mond VI bringen es noch auf 160 km Durchmesser; die Maße aller anderen Monde liegen zwischen 30 und 60 km. Die Annahme ist berechtigt, daß diese Monde erheblich von der Kugelgestalt abweichen: es sind große Felsbrocken, so wie das auch bei den Marsmonden Phobos und Deimos (aus dem Griechischen: »Frucht« und »Schrecken« – die richtige Begleitung für den Kriegsgott) der Fall zu sein scheint. Die Verwandtschaft zu den kleinen Planeten läßt sich fast nicht verleugnen. Photometrische Studien von Helligkeitsveränderungen kleiner Planeten weisen gleichfalls auf unregelmäßige Formen hin.
An dieser Stelle eine kurze Übersicht: 6 große Planeten haben zusammen 40 Monde (Merkur, Venus und Pluto haben keinen Mond). Von diesen 33 Trabanten sind zehn größer als 1000 km Durchmesser. Die kleinsten Abmessungen haben nachgewiesenermaßen die Monde des Mars mit 8 und 16 km Durchmesser!

Saturn: der Planet mit dem Ring

Wieder ein Stück weiter von der Sonne entfernt zieht Saturn seine Bahn um das Zentralgestirn. Er ist der fernste mit freiem Auge bequem sichtbare Planet. Er vervollständigt die Zahl der seit alten Zeiten den Menschen aller Kulturkreise bekannten Planeten: Merkur, Venus, Mars, Jupiter und Saturn. Je nach der Ringöffnung erreicht er eine Oppositionshelligkeit zwischen -0.3^m und $+0.9^m$, auf jeden Fall eine scheinbare Helligkeit, die den Planeten zu einem auffälligen Objekt am Himmel macht.

Mit bloßen Augen und im Feldstecher fällt am Saturn noch nichts Ungewöhnliches auf. Höchstens ärgert sich der unerfahrene Beobachter bei Benutzung eines Glases, das 15–20fach vergrößert, daß eine Scharfeinstellung offenbar nicht gelingen will: der Planet sieht immer ein wenig länglich aus. Das aber ist schon die Andeutung jenes einzigartigen Phänomens, das nur den Saturn im Sonnensystem auszeichnet: der Ring. Deutlich wird dieser Ring im kleinen Astro-Fernrohr bei Vergrößerungen ab 50fach. Um Enttäuschungen gleich vorzubeugen: der Anblick des Saturn-Ringes wechselt. Leicht ist die Beobachtung, wenn wir von »unten« oder von »oben« auf den Ring schauen, den wir dann in seiner ganzen Größe sehen. Schwierig wird die Sache beim Blick auf die Kante: da sieht man allenfalls eine dünne helle Linie. Der Wechsel hat seine Ursache darin, daß die Ringebene genau in der Äquatorebene des Planeten liegt und wie diese rund 27 Grad gegen die Bahnebene des Saturn geneigt ist. Die nebenstehenden Zeichnungen machen die sich daraus ergebenden Veränderungen deutlich und zeigen alle möglichen Ringanblicke. Die astronomischen Jahrbücher enthalten Angaben zur jährlichen Sichtbarkeit des Saturnrings.

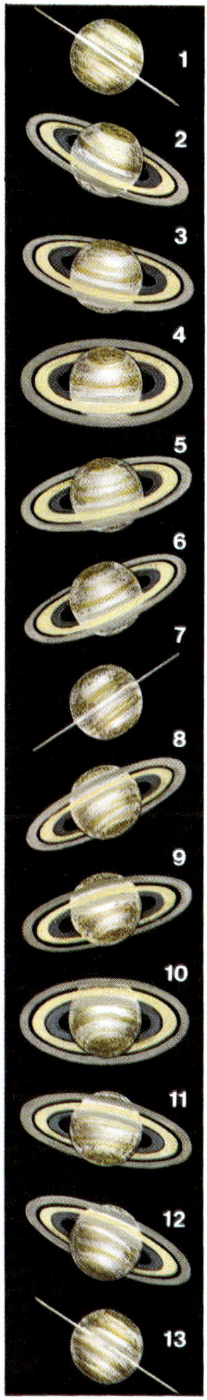

Wechselnder Anblick der Saturn-Ringe.
Von oben: 1 = Ringsystem von der Kante (Erde geht von Nord nach Süd durch die Bahnebene der Ringe); es folgen zwei Zwischenstellungen (2 und 3) mit Blick auf die Südseite; 4 = größte Ringöffnung Südseite; 5 und 6 = Zwischenstellungen Südseite; 7 = Ringsystem von der Kante (Erde geht von Süd nach Nord durch die Bahnebene der Ringe); 8 und 9 = Zwischenstellungen Nordseite; 10 = größte Ringöffnung Nordseite (Anblick 1988)!; 11 und 12 = Zwischenstellungen Nordseite; 13 = Ringsystem von der Kante (Erde geht von Nord nach Süd durch die Bahnebene der Ringe). Etwa je 15 Jahre dauert die nördliche bzw. südliche Sichtbarkeit der Ringe. Also treten in rund 30 Jahren alle möglichen Anblicke der Saturn-Ringe einmal auf, entsprechend der Umlaufzeit des Planeten um die Sonne (in 29 Jahren 167 Tagen).

Genaugenommen haben wir es nicht mit einem, sondern mit mehreren Ringen zu tun. Ist die Ringöffnung genügend groß, erlaubt ein 3zölliges Fernrohr bei 100facher Vergrößerung mühelos die Wahrnehmung einer dunklen Trennungslinie, die den Ring in einen äußeren und einen inneren Ring teilt. Diese dunkle Linie wurde u. a. schon von G. D. Cassini im 17. Jahrhundert erkannt und heißt nach ihm »Cassini-Trennung«. Seither ist dem Ringsystem viel Aufmerksamkeit gewidmet worden. Weitere, nicht so leicht sichtbare Trennungslinien wurden gefunden. Dazu stellte man unterschiedliche Helligkeiten der einzelnen Ringpartien oder Teilringe fest. Die große Sensation aber brachte der Vorbeiflug von Voyager 1 an Saturn im November 1980. Die Auswertung der Aufnahmen zeigt ein Ringsystem mit hunderten von Einzelringen. Horst W. Köhler schrieb dazu: »Der Vergleich des Saturn-Ringsystems mit einer ›kosmischen Schallplatte‹ ist durchaus zutreffend.« Auf den ersten Blick jedenfalls sehen die Ringe aus wie Rillen einer Schallplatte. Doch sind die Strukturen keineswegs gleichförmig. Materieanhäufungen bilden »Knoten« und andere Unregelmäßigkeiten. Frühere Untersuchungen, nach denen die festen Teilchen der Ringe von Staubkorngröße bis zur Größe von Gesteinsbrocken reichen, scheinen sich zu bestätigen. Die Dicke der Ringe wird derzeit mit max. 20 km angegeben. Die Gesamtmasse der Ringe erreicht nur 1/25 000 der gesamten Masse des Saturn.

Im Sonnensystem ist der Ring um Saturn nicht mehr einmalig. Auch Jupiter und Uranus haben Ringsysteme. Es gibt vernünftige Gründe dafür, daß die Entstehung von Ringsystemen um Planeten auf die Zertrümmerung von Monden und Planetoiden zurückzuführen ist. Es gibt ein Gesetz über eine Gefahrenzone, innerhalb der ein größerer Körper nicht bestehen kann, weil er von den Gezeitenkräften zerrieben wird. Tatsächlich entspricht die Entfernung des Saturnringes vom Planeten der dem Gesetz zugrundeliegenden Entfernung. Werner Sandner macht in dem schon zitierten Buch »Planeten – Geschwister der Erde« auf die Untersuchung des Astronomieprofessors Bucerius von der Sternwarte München aufmerksam: »Bucerius hat diese Frage eingehend diskutiert und kommt zu dem Ergebnis, daß die Saturnringe ihre Entstehung der Gezeitenwirkung des Planeten auf einen vordem existierenden Urmond verdanken. Bei der niederen Temperatur, die mit –180° C angenommen wird, ist das Material brüchig, d. h. die molekulare Kohäsion ist so gering, daß dieser Urmond durch die Gezeitenkräfte, die von Saturn ausgehen, gegen seine Eigengravitation in einen Haufen unzusammenhängender Teilchen zerfallen muß.«

Doch jetzt zum Planeten Saturn selbst. In Zusammenhang mit der Darstellung des Planeten Jupiter ist auf die physikalisch-chemische Verwandtschaft der Planeten Jupiter, Saturn, Uranus und Neptun hingewiesen worden. Saturn steht Jupiter in der Größe nicht viel nach: sein Durchmesser beträgt am Äquator 120 800 km. Die Rotationszeit ist etwas länger: zwischen 10 und 11 Stunden. Die Atmosphäre ist dicht, und die Abplattung ist sogar noch größer. Mit $^1/_{10}$ ist es die stärkste Abplattung von allen Planeten überhaupt. Die Planetenscheibe erscheint im Fernrohr nicht kreisrund, sondern deutlich eliptisch – davon kann sich jeder im kleinen Fernrohr bei Saturn und Jupiter selbst überzeugen. Die Abplattung ist das Ergebnis der raschen Umdrehung beider Planeten.

Ähnlich wie auf Jupiter sind auf Saturn helle und dunkle Streifen zu beobachten. Nur ist das hier schwieriger, weil Saturn doch einen erheblich kleineren scheinbaren Durchmesser hat, maximal 21 Bogensekunden zur Zeit der Opposition. Um helle und dunkle Flecken innerhalb der Streifen feststellen zu können, braucht man mindestens mittlere Optik, 5- bis 10zöllige Fernrohre und Vergrößerungen zwischen 200- und 300fach.

Planet Saturn. Aufnahme eines Sternfreunds 29. 10. 1970.

Diese Fernrohrgröße eignet sich zur Beobachtung der helleren Saturnmonde. Es sind 5 von insgesamt 16 derzeit bekannten Monden: Titan, Rhea, Japetus, Thetis und Dione. Mond Titan hat mit einem Durchmesser von fast 5000 km die Größenordnung der hellen Jupitermonde. Nur bringt es die größere Entfernung mit sich, daß sogar dieser mächtigste der Saturnmonde nur die scheinbare Helligkeit von 8.3^m erreicht. Immerhin kann man nach ihm bereits mit einem 2- bis 3zölligen Fernrohr Ausschau halten. Wegen der genauen Daten zur Sichtbarkeit wird wieder auf die astronomischen Jahrbücher verwiesen.

Uranus, Neptun, Pluto: Planeten am Rand des Sonnensystems

Saturn ist der fernste und noch mühelos mit bloßen Augen zu sehende große Planet. Die Vermutung eines Planeten auf einer Bahn zwischen Mars und Jupiter hat die Planetenbeobachter im 18. Jahrhundert angeregt, nach noch unentdeckten Planeten Ausschau zu halten. Es wurde zwar nicht der gesuchte Planet zwischen Mars und Jupiter gefunden, jedoch ein neuer Planet jenseits der Bahn des Saturn: Am 13. März 1781 entdeckte W. Herschel den Planeten Uranus, den er zunächst für einen neuen Kometen hielt. Eigentlich ist es verwunderlich, daß es nicht schon früher zu dieser Entdeckung gekommen ist. Uranus erreicht in der Opposition eine scheinbare Helligkeit von etwa 5.5^m und ist demzufolge gerade noch mit freiem Auge erkennbar. Interessanterweise ist Uranus im 17. und frühen 18. Jahrhundert schon ein paarmal beobachtet, aber fälschlicherweise für einen Fixstern gehalten worden.
Uranus ist mit 47 600 km Durchmesser kein kleiner Himmelskörper, aber die Entfernung macht die Beobachtung schwierig: der scheinbare Durchmesser der Planetenscheibe erreicht bestenfalls knapp 4 Bogensekunden. In Bezug auf Abplattung, Dichte und rasche Umdrehung weist er bereits von Jupiter und Saturn her bekannte Merkmale auf. Ganz wesentlich unterscheidet er sich aber von diesen beiden und allen anderen Planeten durch die Tatsache, daß seine Rotationsachse nahezu genau in seiner Bahnebene liegt. Da die Bahnneigung des Uranus gegen die Ekliptik unbedeutend ist, steht der Äquator des Planeten fast senkrecht auf der Ekliptik. Ein Sonderfall unter den Planeten: Uranus wälzt sich auf seiner Bahn!

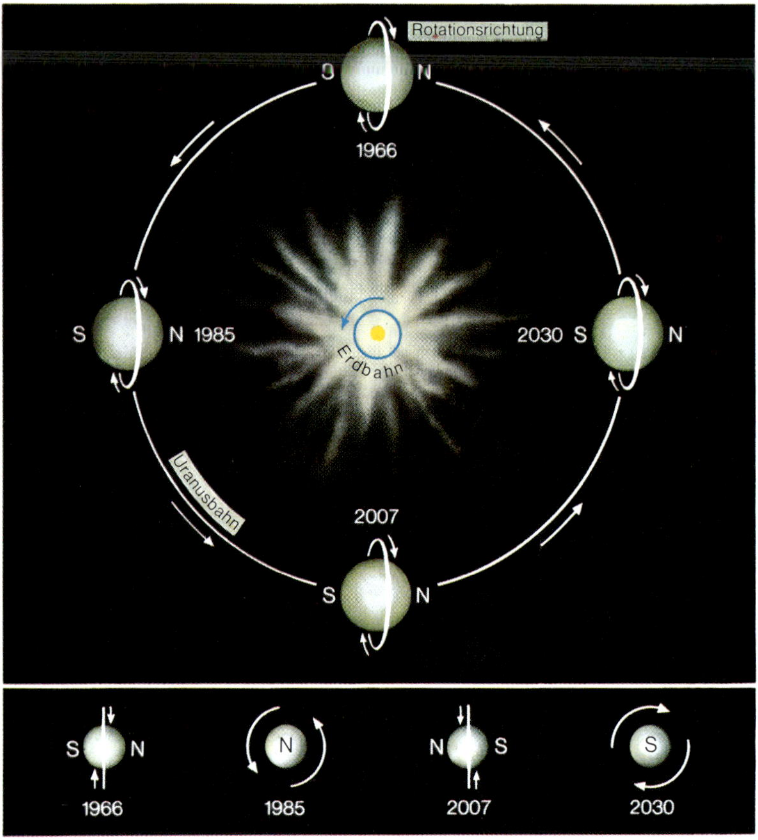

Sehr sonderbar ist die Stellung der Rotationsachse des Planeten Uranus: sein Äquator steht fast senkrecht auf der Bahnebene. Die Rotationsachse liegt also beinahe in der Bahnebene.

Die scheinbare Helligkeit von Uranus ist nicht konstant. Das ist sie zwar auch bei den anderen Planeten nicht, da der wechselnde Abstand Sonne – Planet und Erde – Planet Veränderungen verursacht. Bei Uranus kommen aber noch andere Umstände hinzu: Da ist einmal die wechselnde Stellung der Rotationsachse und dann offensichtliche periodische Veränderungen des Reflexionsvermögens der Atmosphäre (»Pulsationserscheinungen«). Weil sich die einzelnen Helligkeitsveränderungen gegenseitig überlagern, kann es insgesamt zu einem Lichtwechsel in der Größenordnung 1.3^m kommen!
Uranus wird nach den heutigen Erkenntnissen von fünf Monden begleitet, photographische Neuentdeckungen sind nicht ausgeschlossen. Die Oppositionshelligkeit der Monde liegt nicht über 14.0^m – keine Objekte mehr für den Sternfreund.
Schon Uranus verdankt seine Entdeckung vorangegangenen theoretischen Überlegungen, und so sind auch bei den Planeten Neptun und Pluto Mathe-

matiker Entdeckungshelfer gewesen. Die Planetenbahnen wurden im 19. Jahrhundert immer genauer durchgerechnet, zum Teil mit neuentwickelten Rechenverfahren. Da konnte es nicht lange verborgen bleiben, wenn es bei einer Bahn Unregelmäßigkeiten gab, sogenannte Störungen. Das war bei Uranus der Fall. Der Schluß lag nahe, daß der Störenfried ein jenseits der Uranusbahn befindlicher Planet sein müßte. Also machte man sich zunächst mit gespitzter Feder auf die Jagd. So wurden Positionen ermittelt und den am Fernrohr beobachtenden Astronomen mit der Bitte vorgelegt, an den bestimmten Stellen zu suchen. Am 23. September 1846 entdeckte auf diese Weise der Astronom Galle einen neuen Planeten, der den Namen Neptun erhielt. Dieser Planet kann zur Zeit der Opposition 7.7^m hell werden. Mit Hilfe des Feldstechers und des astronomischen Jahrbuches ist es für den Sternfreund kein Problem, Neptun aufzufinden. Er kann dann jedenfalls sagen: »Auch ich habe ihn gesehen!«
Das wird er nie bei Pluto sagen können, dem derzeit letzten bekannten Mitglied der Planetenfamilie. Die Entdeckung dieses Planeten geht ebenfalls auf Bahnstörungen zurück, die zur Ortsberechnung geführt haben, und zwar sellte der Amerikaner Lowell fest, daß auf die Uranusbahn noch ein anderer Planet als Neptun einwirken müsse. Die Astronomen waren hierbei vom Erfolg visueller Suchbeobachtungen nicht mehr überzeugt und setzten die nun zur Verfügung stehenden photographischen Mittel ein. Im Januar 1930 stellte Clyde Tombaugh den gesuchten Planeten auf zwei Photoplatten als Objekt mit der Helligkeit 15^m fest. Tatsächlich kann Pluto nie heller als 14.3^m werden, und der Sternfreund wird sich mit der Feststellung begnügen müssen, daß es diesen Planeten wirklich gibt.
Den Rechnern unter den Astronomen läßt die Sache keine Ruhe. Sie wollen die Planetenfamilie noch größer machen, und so liegen zahlreiche Berechnungen für einen »Transpluto« vor, auf dessen Entdeckung die astronomische Welt noch wartet.

Das Nord- oder Polarlicht

Um es gleich am Anfang richtigzustellen: es gibt natürlich auch Südlichter, wenn die Erscheinung, die nachfolgend näher beschrieben wird, auf der Südhalbkugel der Erde stattfindet. Für das Nord- bzw. Südlicht gibt es noch die lateinischen Bezeichnungen Aurora borealis (Nordlicht) und Aurora australis (Südlicht).
Wir haben es hier mit einer geophysikalischen Erscheinung zu tun, die eng mit der Sonnenstrahlung in Verbindung steht und die in der Regel in den arktischen bzw. antarktischen Regionen am häufigsten auftritt. Polarlichter beobachtet man in der Nähe des Erdäquators nie! Ausgelöst werden diese Lichter durch die solare Korpuskularstrahlung, die die Entfernung von der Sonne in etwa einem Tag mit einer Geschwindigkeit von 2000 Sekundenkilometern zurücklegt.
Diese gleiche Art von Sonnenstrahlung verursacht auch die sogenannten magnetischen Stürme. In hochgelegenen Teilen der Erdatmosphäre werden elektrische Ströme erzeugt, die in Wechselwirkung zum Magnetfeld der Erde treten. Dadurch entstehen in diesem Feld Störungen, die magnetischen Kraftlinien ändern sich und induzieren in Telefon- und Telegrafenleitungen elektrische Ströme, was zur Unterbrechung dieser Kommunikationsmittel führt.
Schon zu Ende des vorigen Jahrhunderts hat die Wissenschaft auf die Beziehungen zwischen dem Magnetfeld der Erde und den Polarlichtern hin-

gewiesen. Traditionelles Land der Polarlichtforschung ist Norwegen. Besonders im Mittelpunkt der Forschung standen die Polarlichter während des »Internationalen Geophysikalischen Jahres 1957–1958« und des »Jahres der Ruhigen Sonne 1964–1965«.
Das Polarlicht kann verschiedene Farben und Formen annehmen: grüngelbe, aber auch rötliche und silberne Strahlen und Streifen. In mittleren Breiten, wo die Häufigkeit der Sichtbarkeit bereits sehr gering ist, erscheint das Polarlicht als Ansammlung senkrechter Bänder über dem Nord- bzw. Südhorizont. Auch flammende Wellen in den verschiedenen möglichen Färbungen können sich bilden oder auch eine glänzende Polarlichtkorona mit Strahlen in alle Richtungen. Je näher der Beobachter dem nördlichen oder südlichen Polgebiet der Erde steht, um so deutlicher und formenreicher sieht er das Phänomen. Auch die Helligkeit kann sich beachtlich steigern. Es gibt Polarlichter, die sich in Horizontnähe kaum vom Himmel abheben. Andere Polarlichter erreichen die Helligkeit von hellen Milchstraßenpartien. Werner Sandner macht im »Handbuch für Sternfreunde« darauf aufmerksam: »Ja in hohen Breiten mitunter bis nahe zur Vollmondhelligkeit, so daß man große Druckschrift im Scheine des Nordlichtes zu lesen vermag.« Über die Häufigkeit urteilt der gleiche Autor, der auf diesem Gebiet selbst viel Erfahrung gesammelt hat: »Während man im langjährigen Durchschnitt in der Zone größter Nordlichthäufigkeit mit mehr als 100 Nordlicht-Nächten im Jahr rechnen kann, beträgt deren Zahl in Schottland immerhin noch rund 30, in Norddeutschland 3, in Süddeutschland 1 pro Jahr, aber bereits in Süditalien nur noch ein Nordlicht in 10 Jahren.«
Das Polarlicht ist bei entsprechender Ausprägung ein faszinierendes Schauspiel der Natur. Die auslösende Kraft geht von der Sonne aus. Wir haben es also mit einer solar-terrestrischen Beziehung zu tun, die sich auch im menschlichen Alltag bemerkbar machen kann (Störung des Rundfunkempfangs, Durchbrennen von Sicherungen, Unterbrechung der Nachrichtenübermittlung per Fernschreiber, Telefon und Telegraf).

Künstliche Satelliten

Im Raum um die Erde ist mehr Verkehr, als viele unter uns vermuten. Längst sind es ja nicht die spektakulären Ereignisse der Raumfahrt allein – Apollo-Raumschiff unterwegs zum Mond! –, die zur Diskussion stehen. Fast schon im Verborgenen, beinahe vergessen von Presse und sensationsgierigem Publikum, geht jene Weltraumfahrt und -forschung weiter, die vom Wettersatelliten bis zur Venussonde alle möglichen Geräteträger auf eine Bahn um die Erde oder hin zu einem benachbarten Himmelskörper schickt, um Informationen zu bekommen. Weitaus die größte Rolle spielen dabei die künstlichen Satelliten der Erde. Sie sind zu hunderten unterwegs, meist mit ganz besonderen Aufgaben. Da sind zum Beispiel die Nachrichtensatelliten, die es möglich machten, Fußballweltmeisterschaftsspiele aus Mexiko und Olympische Spiele aus Japan in Europa auf den Bildschirm zu bringen. Da

In der Bildmitte der Spiralnebel M 51. Unterhalb kreuzen sich die Leuchtspuren von zwei künstlichen Erdsatelliten. Solche Satellitenspuren findet man jetzt häufiger auf Himmelsaufnahmen – nicht immer zur Freude der Astronomen! Hier im Bild handelt es sich um zwei sowjetische Trägerraketen vom Typ Cosmos. Die unterbrochene Spur deutet auf einen Lichtwechsel infolge der Rotation. Links oben im Bild die zarte Leuchtspur eines Meteors. ▷

sind die Satelliten in »geheimer Kommandosache« mit strategischen Aufträgen – Weltraumspione! Dann Satelliten, die die Erde photographieren und vermessen, auf der Suche nach noch ungenutzten Wirtschaftsräumen.
Historisch ist der 4. Oktober 1957: der erste »Sputnik« startete zum Flug um die Erde. Mancher Leser wird sich vielleicht auch an »Echo 1« und »Echo 2« erinnern, die ja zum Teil ganz auffällige Objekte am Himmel waren, weil man sie mit bloßen Augen beobachten konnte. Das langsame Dahinziehen der Mini-Erdtrabanten unter den Sternen ist schon ein Erlebnis besonderer Art. Wer heute mit dem Feldstecher ein Himmelsareal durchmustert, stößt immer wieder unvermutet auf einen der inzwischen so zahlreich gewordenen künstlichen Satelliten. So recht bewußt des Raumverkehrs, der da rund um die Erde herrscht, wird sich jedoch nur der Himmelsphotograph, der immer häufiger auf seinen Filmen und Platten mehr oder weniger erfreut die hellen Strichspuren der künstlichen Satelliten registriert. Wie weit das schon geht, beweist das »Messier-Buch« von Hans Vehrenberg, eine photographische Darstellung und Beschreibung aller Messier-Objekte sowie weiterer 200 Himmelsobjekte, in der ein eigenes Kapitel Satellitenspuren auf Himmelsaufnahmen kommentiert: »Bei der Aufnahme von großflächigen Objekten (Nebel) kann es bei der gegenwärtigen sphärischen Dichte der helleren Satelliten vorkommen, daß die Spur das Objekt schneidet und damit eine photometrische Auswertung der Aufnahme vereitelt. Auch wer es heute unternehmen möchte, einen photographischen Sternatlas aus neueren Aufnahmen zusammenzustellen, dürfte mit erheblichen Schwierigkeiten rechnen müssen. Eine spurenfreie Herstellung des Mount Palomar Sky Atlas etwa erschiene mir heute fast unmöglich, es sei denn, man würde die Belichtung nach einem »Satellitenfahrplan« immer dann unterbrechen, wenn ein Satellit größerer Helligkeit in gefährliche Nähe des jeweils eingestellten Aufnahmefeldes käme. Zum Glück bilden sich alle Satelliten, auch die hochfliegenden stationären Nachrichtenrelais, als Spuren ab und sind als solche sofort zu erkennen.«
Hier spricht wachsende Sorge um einen sauberen Himmel. Sie ist insofern nicht ganz unberechtigt, als verschiedene Pläne bekannt sind, die Verkehrsfrequenz in der unmittelbaren kosmischen Umwelt der Erde noch zu erhöhen. Rechnet man dann noch die Störfaktoren innerhalb der Erdatmosphäre dazu – Dunstglocken über den Städten, Bewölkungszunahme als Folge des Treibstoffverbrauchs der Jets –, »bleibt angesichts dieser wenig ermutigenden Entwicklung die Frage offen, wie lange es auf unserem Planeten überhaupt noch Plätze geben wird, die von Verschmutzung durch die Zivilisation unberührt bleiben und an denen ideale astronomische Bedingungen anzutreffen sind« (G. Klare in der Monatsschrift »Sterne und Weltraum«).
Der Feldstecher ist das ideale Beobachtungsgerät für künstliche Satelliten. Zwei Vorgänge sind für den Beobachter besonders interessant: als erster das allmähliche Abnehmen der Helligkeit des Satelliten beim Eintritt in den Erdschatten (Abendbeobachtungen) bzw. das allmähliche Zunehmen der Helligkeit beim Austritt aus dem Erdschatten (Morgenbeobachtung); zweitens kurzfristige Helligkeitsänderungen, verursacht durch die Umdrehung der häufig von der Kugelgestalt abweichenden Satelliten: Zylinder, Ellipsoid, windmühlenförmig-komplizierte Gestalt – Bezeichnungen, wie sie in den regelmäßig veröffentlichten Übersichten, so z. B. in der Zeitschrift »Sterne und Weltraum«, zu finden sind.

◁ Das Photo (im Breitformat betrachten!) zeigt links das typische Erscheinungsbild des Nordlichts. Rechts im Bild sogenannte »Leuchtende Nachtwolken« (sehr hohe Wolken, die noch nach Sonnenuntergang von der Sonne beschienen werden).

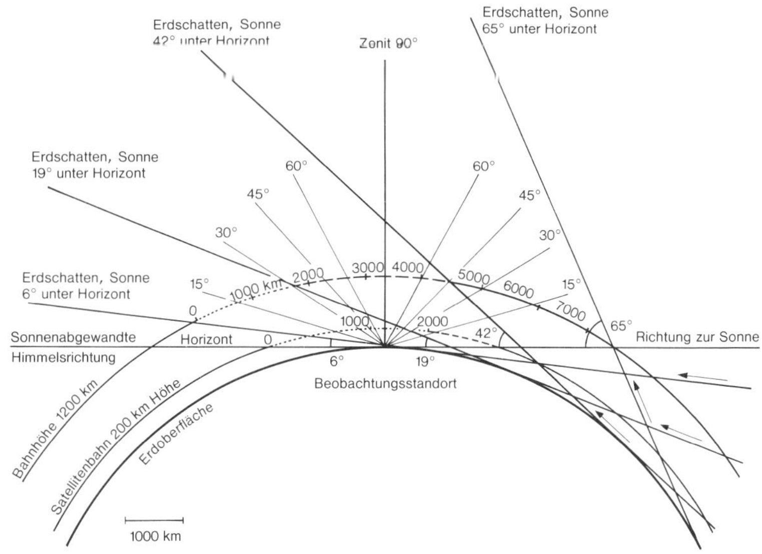

Sonnenposition unter dem Horizont und Erdschattengrenze: ——— sichtbarer Bahnteil, wenn die Sonne 42° unter dem Horizont, - - - - - zusätzlich sichtbarer Bahnteil, wenn die Sonne 19° unter dem Horizont, ... weiter sichtbare Bahnteile, wenn die Sonne nur 6° unter dem Horizont steht. Wenn die Sonne 65° tief steht, sind Satelliten, die sich in einer Höhe unter 1250 km bewegen, in keinem Bahnteil sichtbar (aus: Roland Primas, Satellitenbeobachtung, in: Sterne und Weltraum 5, 1966, S. 142).

Die Satelliten kreisen auf höchst unterschiedlichen Bahnen. Diese verlaufen stets über einen Großkreis und sind stärker oder schwächer ausgeprägte Ellipsen, bei denen ein Brennpunkt mit dem Erdmittelpunkt zusammenfällt. Die Bahnen können sowohl über den Äquator wie über die Erdpole verlaufen. In aller Regel sind Satelliten nur dadurch sichtbar, daß sie von der Sonne angestrahlt werden und deren Licht reflektieren – genau wie die Planeten und deren Monde. Somit ist der Verlauf der Grenze des Erdschattens sehr maßgeblich für die Sichtbarkeit; die Abbildung auf dieser Seite macht das wohl klar.

Es gibt ausführliche Anleitungen für die Beobachtung künstlicher Satelliten, so zum Beispiel in dem mehrfach zitierten »Handbuch für Sternfreunde« – darauf muß an dieser Stelle verwiesen werden. Es gibt auch Volkssternwarten, die sich diesem Gebiet besonders widmen. Bekannt geworden ist so die Volkssternwarte Bochum, 463 Bochum-Sundern, Blankensteiner Straße 200, unter Leitung ihres Direktors Prof. Kaminski. Aktuelle Informationen werden seit Jahren regelmäßig über die Tageszeitungen der Öffentlichkeit mitgeteilt.

Das Zodiakallicht

Oder: Staub im Sonnensystem – auch diese Überschrift hätte man für dieses Kapitel wählen können. Von kleinen und kleinsten Materieteilen im Sonnensystem ist schon in anderem Zusammenhang berichtet worden (siehe dazu

die Seiten 160 und 168). Der Weltraum ist zwischen den großen Himmelskörpern keineswegs so »leer«, wie man sich das bisweilen vorgestellt hat. Die Astronomen sprechen heute von interstellarer und interplanetarer Materie. Zu letzterer zählt das Zodiakallicht (Tierkreislicht).
Es handelt sich dabei ganz offensichtlich um eine Wolke von Staubteilchen, die die Sonne umkreist, das Sonnenlicht streut und auf diese Weise als Lichtkegel am Abend- oder Morgenhimmel sichtbar wird. Weil sich diese Staubwolke ziemlich nahe an der Ekliptikebene befindet, erscheint das Zodiakallicht als Band längs der Ekliptik. Dadurch ergeben sich auch mit den Jahreszeiten wechselnde Sichtbarkeiten. Im »Handbuch für Sternfreunde« beschreibt das Werner Sandner wie folgt: »Wie sich mit Hilfe eines Himmelsglobus oder einer drehbaren Sternkarte leicht zeigen läßt, steigt für mittlere Nordbreiten die Ekliptik im Frühjahr nach Sonnenuntergang am West-Himmel steil über den Horizont empor und ebenso im Herbst vor Sonnenaufgang. Daher ist die Erscheinung am herbstlichen Morgenhimmel analog der abendlichen im Frühjahr, nur spielen sich die Phasen in umgekehrter Reihenfolge ab. In den übrigen Jahreszeiten verläuft die Ekliptik mehr oder weniger flach zum Horizont, und der zarte Schimmer des Zodiakalichtes verschwindet im Dunst. In mittleren Süd-Breiten sind die Beobachtungsbedingungen naturgemäß grundsätzlich die gleichen, nur ist dann die beste Sichtbarkeit im Februar/März am Morgenhimmel im Osten und im Oktober am Abendhimmel im Westen.«
Lange Zeit hat es heftig Streit gegeben zwischen den Vertretern einer Theorie, die das Tierkreislicht auf einen Partikelgürtel um die Erde zurückführt, und den Anhängern der interplanetaren Materie. Die Fronten haben sich mittlerweile geklärt. In neuester Zeit weisen wissenschaftliche Untersuchungen auf einen Übergang von der Sonnenkorona zum Zodiakallicht. Bei totalen Sonnenfinsternissen wurden Beobachtungen gemacht, die das Zodiakallicht als einen äußeren Teil der Sonnenkorona erkennen lassen.
Staub im Sonnensystem – Gas im Sonnensystem. Ein amerikanischer Physiker hat herausgefunden, daß in über 100 km Höhe, wo die Atmosphäre der Erde durchsichtig ist, ein schwaches ultraviolettes Leuchten im Gegenpunkt der Sonne am Nachthimmel nachweisbar ist. Es handelt sich um sogenanntes Wasserstoffleuchten, ausgelöst von Wasserstoffatomen, die zum Sonnensystem gehören. Sie werden durch eine Art Fluoreszenz zum Leuchten angeregt. Der Strahlungsdruck schiebt diese Wasserstoffatome aus dem Sonnensystem hinaus. Für einen ständigen Nachschub sorgt die Sonne.
Noch einmal: der Weltraum ist nicht leer. Zwischen den Planeten, um die Sonne und zwischen den Fixsternen befindet sich staub- und gasförmige Materie, die sich auf mancherlei Art und Weise dem forschenden Menschen darstellt. Das Phänomen des Zodiakallichts ist dafür nur ein Beispiel. Von ihm kann sich jeder ohne großen instrumentellen Aufwand selbst überzeugen, wobei die angegebenen Sichtbarkeitsbedingungen beachtet werden müssen, um Enttäuschungen zu vermeiden. Während das Zodiakallicht in den Tropen hell wie eine Milchstraßenwolke leuchtet, ist die Beobachtung in mittleren Breiten und vor allem in Großstadtnähe schwierig. Nicht nur der Schein des Vollmondes stört die Beobachtung – schon ein heller Planet oder eine Sterngruppierung können den Betrachter irritieren. Also: ein Spezialtip für alle Naturfreunde, die eine äquatornahe Urlaubsreise planen!
Übrigens helfen auch bei der Erforschung des Zodiakallichts die Raumsonden. Mit ihrer Hilfe sind bereits Teilchen mit dem phantastischen Durchmesser von 0.001 bis 0.1 mm und eigenwilligen Formen zur Erde gebracht worden.

Sternschnuppen: Materie aus dem Weltraum

Am 13. November der Jahres 1833 bricht ein himmlisches Feuerwerk aus! In überraschender Häufigkeit blitzen die Sternschnuppen aus dem Sternbild des Löwen – bis zu 20 in der Sekunde! Die Bevölkerung ist verblüfft, betroffen! In einer Reihe von Zeichnungen und Bildern wird das Naturereignis der Nachwelt überliefert.

Nicht immer fallen Sternschnuppen so zahlreich, aber es scheint bestimmte Jahreszeiten zu geben, in denen mit einer größeren Häufigkeit zu rechnen ist. Warme Sommernächte verlocken zum Aufbleiben und auch zu einem Blick an den Sternhimmel. Sicher ist dabei dem einen oder anderen aufgefallen, daß besonders in der ersten Hälfte des August Sternschnuppen häufig zu sehen sind. Der Beobachter hat sich nicht getäuscht: die erste Augusthälfte ist die Zeit des Perseidenstroms, der – Ausnahmen bestätigen die Regel – ergiebige Sternschnuppenfälle bringt. Der Name kommt vom Sternbild Perseus: die aufblitzenden Sternschnuppen scheinen aus diesem Sternbild zu kommen. Natürlich haben die Sternschnuppen mit dem Sternbild selbst bzw. seinen Sternen überhaupt nichts zu tun. Aber der Punkt der Ausstrahlung läßt sich nun einmal am Himmel am bequemsten einordnen, wenn man ihn in Verbindung zu einem Sternbild bringt. In der Fachsprache wird dieser Punkt als Radiant bezeichnet.

Der andere Name für Sternschnuppen lautet Meteore, kleine Teilchen – meist nicht größer als ein Sand- oder Getreidekorn –, die infolge ihrer raschen Bewegung durch Reibung mit der Luft der Erdatmosphäre bis zur Weißglut erhitzt werden und dann für einen Augenblick aufleuchten. Die Masse der Sternschnuppen ist verglüht, bevor sie die Erdoberfläche erreicht. Freilich gibt es zuweilen mächtige Brocken, die unter oft eindrucksvollen Leuchterscheinungen und sogar donnerartigen Geräuschen auf der Erde einschlagen. Für diese Meteorite gibt es die Bezeichnung Feuerkugeln (Boliden). Die Überbleibsel sind begehrte Fundstücke für die Wissenschaft, denn bis zu den Mondgesteinsproben waren die Bruchstücke von Meteoriten die einzigen kosmischen Bausteine, die der Forscher im Laboratorium untersuchen konnte. In naturkundlichen Museen in aller Welt sind besonders schöne Meteorstücke ausgestellt, so im Hayden-Planetarium in New York, wo der größte bisher in den USA gefundene Meteorit zu sehen ist: er wiegt 14 000 Kilo!

Inzwischen hat man auch herausgefunden, daß Meteorite sowohl aus Metall (Nickel-Eisen) wie aus Stein bestehen können. Die Massen extrem großer Meteorite reichen aus, um sogar richtige Krater in der Erdoberfläche zu erzeugen. In der Nähe von Winslow, Arizona (USA), befindet sich der Barringer-Krater mit einem Durchmesser von 1200 Metern und einer Tiefe von 175 Metern. Freilich nicht alle Krater sind so auffällig wie dieser. Oft hat die Natur manches wieder zugedeckt und neu bewachsen lassen, und die Wissenschaftler können nur auf Grund einer eigentümlichen Landschaftsform die Ursache vermuten. Das gilt zum Beispiel für das Nördlinger Ries, ein flaches fruchtbares Becken zwischen Schwäbischer und Fränkischer Alb.

Sternschnuppen sind interplanetare Materie und haben eine enge Verbindung zu den Kometen. Entlang der Kometenbahn bildet sich Staub, sehr grob vergleichbar mit der Staubansammlung längs einer Autostraße. Durch

Eindringen eines Festkörpers aus dem Weltraum in die Erdatmosphäre – die Leuchtspur eines Meteors. Auf dem Bild sieht man auch den berühmten Krebs-Nebel (M 1) nahe dem hellen Stern (untere Bildmitte nach rechts).

diese losen Materieanhäufungen zieht die Erde nun wieder ihre Bahn um die Sonne, und so kommt es von Zeit zu Zeit zu einem »Zusammenstoß« mit dieser Materie, und wir erleben einen Sternschnuppenstrom, wie im August den der Perseiden. Das heißt nun aber nicht, daß jeder Sternschnuppenstrom und jede Sternschnuppe unbedingt in Beziehung zu einer Kometenbahn stehen muß. Sternschnuppen treten überall am Himmel in Erscheinung, gerade auch als Einzelgänger, eben weil im Sonnensystem ständig winzige, bisweilen auch größere Teilchen unterwegs sind. Es gibt »Mikrometeorite«, die so winzig sind, daß sie ohne Verglühen durch die Erdatmosphäre schwebend und unbeschädigt bis auf die Oberfläche gelangen. Das ist gar keine kleine Menge: Es wird geschätzt, daß jährlich 2 Millionen Tonnen Nickeleisenstaub und Gesteinsstaub auf die Erde gelangen!

Besonders sternschnuppenreiche Ströme sind neben den Perseiden die Quadrantiden (erscheinen anfangs Januar im nördlichen Teil des Sternbild Bootes), die Giacobiniden (erscheinen nahe dem Drachenrachen im Sternbild Drache am 10. Oktober) und die Geminiden (erscheinen nahe Castor und Pollux im Sternbild Zwillinge Anfang bis Mitte Dezember).

In der Regel ist die Bahn, die ein Meteor in der Erdatmosphäre beschreibt, fast gradlinig. Beim Aufleuchten sind Sternschnuppen noch über 100 km hoch; die meisten erlöschen in 70 bis 80 km Höhe. Ein Hinweis für Beobachter: »Bei der Bewegung unseres Planeten um die Sonne läßt sich auf der Erdkugel eine Vorderseite und eine Rückseite unterscheiden. Erstere ist die Halbkugel, für die sich der Zielpunkt der Bewegung über dem Horizont befindet. Der Zielpunkt liegt in der Ekliptik 90° westlich der Sonne, wird sich also im Mittel etwa 6 Stunden vor der Sonne über den Horizont erheben, so daß jeder Ort in der ersten Hälfte der Nacht der Rückseite, in der zweiten Hälfte der Vorderseite der Erde angehört. Es ist nun leicht einzusehen, daß bei der Bewegung der Erde durch die im Raum verteilten, im allgemeinen keine Bewegungsrichtung bevorzugenden Sternschnuppen die Vorderseite mehr Meteore auffangen muß als die Rückseite, woraus sich die bekannte tägliche Schwankung der Sternschnuppenhäufigkeit ergibt« (C. Hoffmeister).

Die Kometen: Wanderer im Weltraum

Die Schweifsterne haben dereinst Furcht und Schrecken unter den Menschen verbreitet. Wahrscheinlich hängt das einfach damit zusammen, daß auffällige Kometenerscheinungen verhältnismäßig seltene, dann aber wochen- und monatelang beherrschende Phänomene am Himmel sind. Die oft imposante Schweifbildung tat noch das ihre, um den Menschen die Kometenangst einzujagen. Auffällige Kometen scheinen indessen in unserem Jahrhundert rar geworden zu sein. Seit dem Erscheinen des berühmten periodischen Kometen Halley im Jahr 1910 (seine nächste Rückkehr wird für 1986 erwartet) hat sich auf diesem Gebiet nicht viel ereignet. Am meisten von sich reden machte in den letzten Jahren noch der Komet Arend-Roland, der jedoch nur zu den mittelgroßen Erscheinungen zählt. Es werden aber jedes Jahr 6 bis 9 Kometen gefunden, von denen jeder dritte ein wiederentdeckter periodischer Komet ist. Meist sind es jedoch Objekte geringer Helligkeit, die nur in großen Fernrohren zu sehen sind und auch meist photographisch entdeckt werden.

Trotzdem ist die Kometenjagd ein Gebiet, auf dem sich Amateurastronomen mit Erfolg versucht haben, und es gibt viele Sternfreunde in aller Welt, die den Himmel systematisch nach Kometen durchforsten. Ein dafür ideal geeignetes Instrument ist der Feldstecher mit hoher Lichtstärke und großem Gesichtsfeld. Die üblichen Vergrößerungen zwischen 10- und 20fach genügen vollauf. Rudolf Brandt empfiehlt dem Beobachter: »Man durchmustere den Westhorizont nach Sonnenuntergang und den Osthorizont vor Sonnenaufgang, dort besteht am ehesten Aussicht, einen Kometen zu finden. Eins ist dabei allerdings wichtig: man muß die kleinen Nebel und Sternhaufen kennen, um sie von einem Kometen unterscheiden zu können, denn im Anfangsstadium sehen Kometen gewissen Nebelflecken oft recht ähnlich. Glaubt man bei solchen Durchmusterungen ein kometenverdächtiges Objekt gefunden zu haben, so gibt es ein untrügliches Zeichen dafür, ob es wirklich ein Komet ist: die Bewegung des Objekts unter den Sternen.«

Sowohl am Himmel wie auf seiner Sternkarte muß sich der Kometenjäger also auskennen. Sonst kommt es zur peinlichen Überraschung, daß (nach W. D. Heintz) »der vermeintliche Komet ein Dunststreifen im Scheinwerferlicht des Flughafens« ist!

Die Ähnlichkeit der Kometen mit Nebelflecken zu einem bestimmten Zeitpunkt wirft sofort die Frage auf, wann sich der Komet eigentlich durch seinen Schweif kenntlich macht. Dazu ein paar Anmerkungen über die Bahn der Kometen. Wie die Planeten bewegen sich die Kometen im Gravitationsfeld der Sonne. Es sind kleine kompakte Körper mit Durchmessern zwischen 1 und 100 Kilometern. Dieser sogenannte Kometenkern kann von der Erde aus nur dann beobachtet werden, wenn er nahe genug ist, um genügend Sonnenlicht zu reflektieren. Das Eigenleuchten um den Kern ist minimal. Die Kometen haben sehr langgestreckte Bahnen, die sie in den äußeren Bereich des Planetensystems führen. Dabei sind Entfernungen von der Sonne, wie sie die Planeten Jupiter

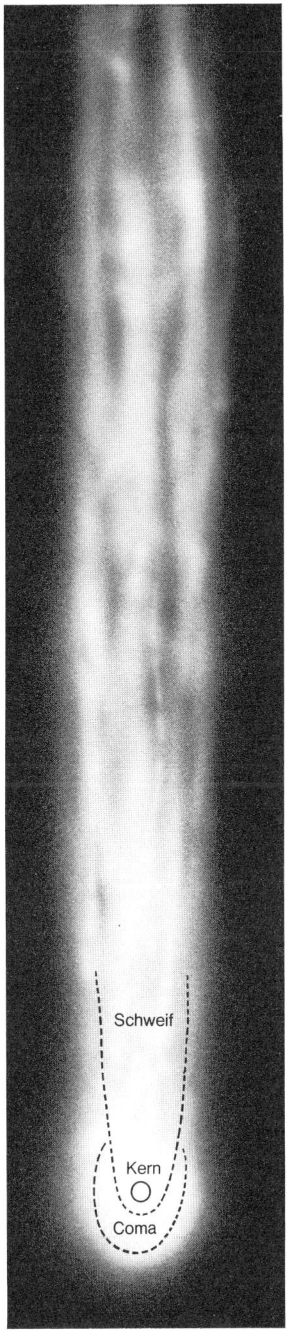

Schemabild vom Aufbau eines Kometen. Mit der Annäherung an die Sonne wächst die von der Sonne ausgehende Strahlung. Sie reißt Gasteile von der Coma weg – der Kometenschweif bildet sich bei den einzelnen Kometen sehr unterschiedlich, was Ausdehnung und Helligkeit anbetrifft.

oder Saturn haben, sogar noch als nah zu bezeichnen. Der Komet kommt also aus der äußersten Ferne des Planetensystems in Sonnennähe. Erst ab etwa Saturn-Entfernung wird der Kometenkern hell genug, um die Chance zu haben, von der Erde aus registriert zu werden. Die Schweifentwicklung hat zu diesem Zeitpunkt noch gar nicht begonnen. Aber mit zunehmender Annäherung an die Sonne erwärmt sich der Kometenkern immer mehr, wodurch Strukturveränderungen ausgelöst werden. Materie an der Oberfläche des Kometenkerns beginnt zu verdampfen und erzeugt um den Kern herum eine Gashülle (in der Fachsprache heißt sie Coma). Interessanterweise leuchtet diese Gashülle im eigenen Licht. Dazu F. Gondolatsch vom Astronomischen Rechen-Institut, Heidelberg, in der Monatsschrift »Sterne und Weltraum«: »Die spektroskopische Untersuchung dieses Eigenleuchtens ist die Hauptquelle unserer Kenntnisse vom Aufbau der Kometen und von den physikalischen Vorgängen in ihnen.«
Kommt nun der Komet der Sonne immer näher, so reißt die Sonnenstrahlung einen Teil der Gashülle weg – der Kometenschweif bildet sich, und zwar ist er meist von der Sonne weggerichtet. Er bleibt vor dem Periheldurchgang des Kometen hinter dem Kometenkern zurück und geht danach dem Kometenkern voraus. Die Schweiflängen sind sehr verschieden. Es hat schon Kometen gegeben, deren Schweif sich über den ganzen sichtbaren Himmelsausschnitt erstreckte. Schweife können geradlinig (Regel) und gekrümmt sein. Es treten manchmal Schwankungen in der Länge wie in der Sichtbarkeit auf, wohl zurückzuführen auf Vorgänge im Kometenkern und der Gashülle unter dem Einfluß der starken Sonnenstrahlung. Die Materie im Schweif ist sehr dünn, wie auch die Masse des Kometenkerns äußerst gering ist: ein Millionstel der Masse unserer Erde.
Der Kometenkern ist eine Mischung aus Eis (gefrorenes Wasser, verfestigten Gasen, gewöhnliches Eis für Wasser, Ammoniakeis, Methaneis u. a.) und Materie aus Eisen, Kalzium, Magnesium, Mangan, Silizium, Nickel, Aluminium und Schwefel. Bei der Verdampfung an der Oberfläche in Sonnennähe bleibt einiges von dem metallisch-steinigen Material auf der Kometenbahn zurück. Es bilden sich Teilchenwolken, die die gleiche Bahn wie der Kometenkern ziehen. Gelangt ein Planet in eine solche Teilchenwolke, kommt es zum »Zusammenstoß« – wir erleben ihn auf der Erde in Form der Sternschnuppenschwärme (siehe Seite 180). Bis die gesamte Materie eines Kometenkerns durch Verdampfung verbraucht ist, vergeht schon etwas Zeit. So führen die periodischen Kometen Dutzende bis Hunderte von Umläufen um die Sonne durch. Über das Erscheinen eines neuen Kometen informiert die »Vereinigung der Sternfreunde« ihre Mitglieder mit Schnellmitteilungen.
Die Gesamtzahl der Kometen ist nicht klein. Wir kennen aber die Bahnen nur der wenigsten. Die Astrophysiker nehmen an, daß Sonne und Planeten von einer gigantischen »zirkumsolaren Kometenwolke« umgeben sind. Ähnlich wie bei den kleinen Planeten (siehe Seite 162) kann die Nähe eines großen Planeten (Jupiter!) auf die Kometenbahn einwirken, so daß ursprünglich lange Bahnen in kurzperiodische Bahnen umgewandelt werden.
Noch ein paar Worte zur Benennung: Neuentdeckte Kometen bekommen den Namen ihres oder ihrer Entdecker (bei Gleichzeitigkeit). Daneben werden die Kometen eines Jahres zunächst mit der Jahreszahl und einem Buchstaben geordnet (Komet 1972a für den in diesem Jahr erstentdeckten Kometen). Ist die Bahn endgültig bekannt, werden die Kometen des Jahres in der Reihenfolge ihrer Periheldurchgänge (sonnennächster Bahnpunkt) mit römischen Ziffern gekennzeichnet (Komet 1972 I).

Hat ein Beobachter – was durchaus vorkommt – mehrere Kometen entdeckt, so steht nach seinem Namen noch eine Zahl, die angibt, um den wievielten entdeckten Kometen dieses Beobachters es sich handelt.

Doppelsterne oder mehrfache Sterne

Ein aufmerksamer Beobachter stellt bei der Durchmusterung einer Himmelsgegend mit dem Feldstecher oder einem kleinen astronomischen Fernrohr recht bald Stellen fest, wo zwei Sterne gleicher oder verschiedener Helligkeit auffällig nahe beieinander stehen. Auch schon mit freiem Auge lassen sich Sterne ausmachen, die sich verhältnismäßig nahe sind. Ein schönes Beispiel dafür ist der Stern Alkor neben dem Stern Mizar im Sternbild Großer Bär (siehe Seite 59).
Die Astronomen messen den scheinbaren Abstand von Einzelsternen zueinander im Winkelmaß. Es gibt eine Faustregel, die besagt: Wir haben es mit einem visuellen Doppelstern zu tun, wenn der Winkelabstand nicht größer ist als

20 Bogensekunden (″) für Sterne mit der scheinbaren Helligkeit 4^m,
10″ für Sterne mit 6^m,
5″ für Sterne mit 9^m,
3″ für Sterne mit 11^m,
1″ für Sterne, die weniger hell sind.

Visueller Doppelstern? Die Bezeichnung besagt zunächst, daß zwei Sterne dicht nebeneinander zu stehen scheinen. Es gibt unter ihnen solche, die nur optisch nahe beieinanderstehen und in Wirklichkeit miteinander überhaupt nichts zu tun haben. Sie werden als »optische Doppelsterne« bezeichnet, sie sind nicht weiter von Interesse. Die andere Gruppe dagegen besteht aus physischen Sternpaaren, aus zwei – unter Umständen noch mehr Sternen, die einander umkreisen. Mit anderen Worten: sie beschreiben ihre Bahn nach den Gesetzen der Gravitation.

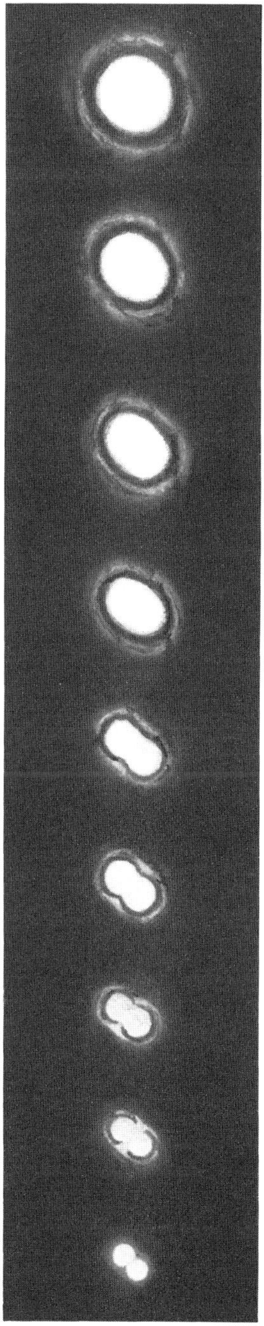

Beispiel für die Auflösung eines Doppelsterns im Fernrohr mit zunehmender Vergrößerung (von oben nach unten). Das ist der Idealzustand! In der Praxis stören Dunst und Turbulenz in der Erdatmosphäre die Beobachtung und beeinträchtigen die Auflösung. In der Regel gilt deshalb ein deutlich länglich abgebildeter Doppelstern als aufgelöst.

Nun gibt es Doppelsterne, die so eng beieinander stehen, daß kein Fernrohr sie aufzulösen vermag. Aber es gibt ein Verfahren, sie als Doppelstern nachzuweisen: die Spektroskopie. Deshalb heißen diese Sterne »spektroskopische Doppelsterne«. Schließlich kann man einen Doppelstern noch photometrisch aufspüren: dann nämlich, wenn sich zwei Sterne gegenseitig bedecken und so Helligkeitsveränderungen hervorgerufen werden. Das ist der Fall bei

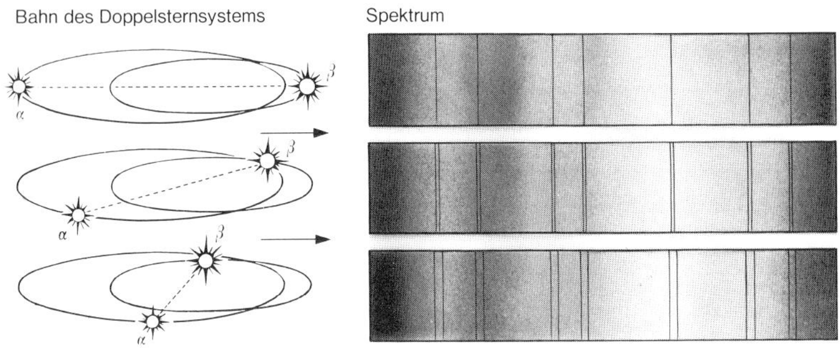

Die Astronomen haben eine ebenso interessante wie zuverlässige Methode zur Trennung sehr nahe beieinanderstehender Doppelsterne: die Spektralanalyse.
1. Bild: Stern Alpha und Stern Beta bilden ein Doppelsternsystem. Sie bewegen sich senkrecht zur Blickrichtung. Das Spektrum zeigt noch keine Verschiebung.
2. Bild: Stern Alpha bewegt sich in Richtung auf die Erde (Pfeile!). Im Spektrum zeigen die Linien eine Verschiebung zum Violetten hin. Der sogenannte Doppler-Effekt macht sich bemerkbar: Wenn eine Lichtquelle sich der Erde nähert, läuft die Erde entgegen und empfängt pro Sekunde mehr Schwingungen. Mehr Schwingungen aber bedeuten blaues Licht, also sind die Spektrallinien nach Blau bzw. Violett verschoben. Gleichzeitig entfernt sich nun Stern Beta (die beiden Sterne bewegen sich ja umeinander). Das bedeutet Rotverschiebung der Linien. Insgesamt bedeutet das eine Verdoppelung der Linien im vereinigten Spektrum beider Sterne.
3. Bild: Die Verdoppelung erscheint am ausgeprägtesten, wenn die Richtungen der Bewegungen beider Sterne exakt in der Blicklinie des Beobachters liegen.

den sogenannten Bedeckungsveränderlichen, deren berühmtester Vertreter der Stern Algol im Sternbild Perseus (siehe Seite 42) ist und dessen Lichtwechsel mühelos erkannt werden kann.
Doppelsterne sind nicht selten. Ungefähr ein Drittel aller Sterne ist doppelt oder mehrfach. Die Umkreisung (Periode) dauert von wenigen Stunden bis zu vielen Jahrtausenden. Die Bahn der Doppelsterne mit kurzer Periode ist in der Regel kreisförmig. Langperiodische Doppelsterne dagegen haben oft recht exzentrische Bahnen. Für die Wissenschaft sind Doppelsterne sehr wichtig. Ist die Bewegung eines Sternpaares nicht allzu langsam, läßt sich seine Bahn bestimmen. Ist außerdem noch die Entfernung berechenbar, steht der Bestimmung der Massen nichts mehr im Weg. Sternmassen verraten sich nur, wenn zwei oder mehr Sterne ihre Bahn nach den Gesetzen der Gravitation ziehen. Deshalb ist die Beobachtung der Doppelsterne so überaus bedeutsam für die Astrophysik.
Geradezu spektakulär wird die Doppelsternbeobachtung obendrein bei solchen Paaren, die einen sogenannten »dunklen Begleiter« haben. Das ist zum Beispiel bei dem unserem Sonnensystem zweitnächsten Stern, Barnard's Stern, der Fall. Oder bei dem Stern 61 im Sternbild Schwan. Wegen seiner

verhältnismäßigen Nähe konnte an diesem Fixstern zum erstenmal in der Geschichte der Himmelskunde eine trigonometrische Parallaxe genau gemessen werden. Außerdem ist der Stern ein visueller Doppelstern: der hellere Partner hat 5.4^m, der schwächere die scheinbare Helligkeit 6.2^m. Der Winkelabstand von 28 Bogensekunden macht die Beobachtung mit dem kleinen Fernrohr möglich (RA 21h04m, Dekl. +38° 28'). Der Astronom K. A. Strand konnte nachweisen, daß noch ein weiterer unsichtbarer Himmelskörper vorhanden ist, der einen Stern des Doppelsterns umkreist. Spannend wird diese Entdeckung aber erst durch folgende Feststellung: »Insbesondere hat unser zweitnächster Nachbar, Barnard's Stern mit dem Spektraltyp M5V und genähert 0.15 Sonnenmassen, einen Begleiter von nur genähert 0.0015 Sonnenmassen oder genähert 1.6 Jupitermassen. Wir beobachten hier ein zweites Planetensystem in 1.84 pc Entfernung« – so Professor Unsöld in seinem Buch »Der neue Kosmos«. 1.84 pc heißt 1.84 parsec, die Einheit für die Entfernung von Fixsternen und Sternsystemen. Ein pc entspricht 3,26 Lichtjahren (1 Lichtjahr = die Strecke, die das Licht in einem Jahr zurücklegt). Das Licht von Barnard's Stern ist also 6 Jahre zu uns unterwegs. Für kosmische Dimensionen eine erstaunlich kurze Zeit. Man darf tatsächlich von einem Fixstern-Nachbarn sprechen.
Zweites Planetensystem?! Die Doppelsternbeobachtung eröffnet neue Perspektiven. Denn die Erwartung ist gerechtfertigt, daß es noch eine größere Anzahl von Doppelsternen mit planetenartigen Begleitern gibt.
Unter den Doppelsternen gibt es recht ungleiche Paare. Die Sterne unterscheiden sich nach Helligkeit, Farbe und Größe. Das macht sich bereits bei der visuellen Beobachtung recht deutlich bemerkbar. Ist der Unterschied an scheinbarer Helligkeit groß, wird die Trennung des Paares wegen der Überstrahlung durch den helleren Stern schwierig. Jedes Fernrohr mit einem bestimmten Objektivdurchmesser hat eine gewisse Trennfähigkeit für Doppelsterne. Es gibt dafür eine Formel:

$$\text{Trennbare Doppelstern-Distanz in } '' = \frac{11{,}7''}{\text{Öffnung in cm}}$$

Danach trennt ein Fernrohr mit 100 mm Öffnung noch Doppelsterne mit dem Winkelabstand (Distanz) von 1.17″, vorausgesetzt, daß beide Sterne (Komponenten) gleich hell sind. Bereits eine Größenklasse Unterschied in der scheinbaren Helligkeit der Komponenten erschwert die Trennbarkeit. Doppelsterne eignen sich recht gut zur Prüfung der optischen Qualitäten eines Fernrohrs. Vor voreiligen Schlüssen muß man sich jedoch hüten, da Luftsauberkeit und Erfahrung des Beobachters eine Rolle spielen.
Die Position des Begleitsterns zum Hauptstern ist gekennzeichnet einmal durch die Distanz in Bogensekunden, zum anderen durch den Positionswinkel, der in Grad von Nord über Ost, Süd, West von 0 bis 360 gezählt wird. Listen mit Doppelsternen, die für Feldstecher und kleinere Astro-Fernrohre geeignet sind, veröffentlichen häufig die astronomischen Jahrbücher (siehe Seite 229). Eine Zusammenstellung von 313 doppelten und mehrfachen Systemen mit Komponenten bis zur Größe 8.5^m und Distanz zwischen 1″ und 30″ enthält das »Handbuch für Sternfreunde«, das auch genaue Beobachtungsanleitungen einschließlich Mikrometermessungen gibt.
Ein sehr eindrucksvolles Beispiel für die unterschiedliche Färbung der Einzelsterne eines Doppelsterns ist der Stern Beta im Sternbild Schwan mit Namen Albireo. Der hellere Stern ist gelb, der schwächere blau. Im Feldstecher bei 15facher Vergrößerung ein schöner Anblick! Zur Auffindung des Sterns siehe Karte auf Seite 65.

Der unserem Sonnensystem nächste Fixstern, Alpha im Sternbild Centaurus, mit nur 4 Lichtjahren Entfernung ist ebenfalls ein Doppelstern mit Komponenten von 0,3^m und 1,7^m. Er läßt sich mit einem Fernrohr von 50 mm Öffnung auflösen (siehe dazu auch Seite 124).

Veränderliche Sterne

Immer wieder liest man, dieser und jener Stern hat die Größe oder Größenklasse z. B. 4^m. Die Vermutung, daß das nichts mit dem Durchmesser oder Umfang eines Sterns zu tun hat, ist richtig. Die Größe bezieht sich auf die Helligkeit, und zwar wird üblicherweise damit die sogenannte scheinbare Helligkeit bezeichnet, abgekürzt ^{m}. Helligkeitseindrücke werden verschieden empfunden, so etwa vom menschlichen Auge sehr viel anders als von photographischen Schichten der Filme und Platten. Deshalb wird noch nach der visuellen und photographischen scheinbaren Helligkeit unterschieden.

Die Einteilung in scheinbare Größenklassen beruht auf der Festlegung von Helligkeitsstufen. Danach ist ein Stern erster Größenklasse 100mal heller als ein Stern sechster Größenklasse. Schon in der antiken Astronomie wurden die mit freiem Auge sichtbaren Sterne in sechs Größenklassen eingestuft. Dabei war das Verhältnis der Helligkeitsabstufung von einer Größenklasse zur folgenden erstaunlich gleichmäßig, wie moderne Kontrollmessungen bestätigen. Dafür gibt es sogar eine mathematische Ausdrucksweise: zwei Sterne unterscheiden sich um einen Faktor $2{,}512 = \sqrt[5]{100}$, wenn sie die Helligkeitsdifferenz von einer Größenklasse aufweisen.

Die Einstufung nach der scheinbaren Helligkeit erfolgt entsprechend dem Anblick der Sterne von der Erde aus. Sie sagt aber noch gar nichts aus über die tatsächliche Strahlungskraft der Sterne. Deshalb wurde der Begriff der »absoluten Helligkeit« geschaffen: »Die absolute Größe eines Sterns definieren wir als die scheinbare Größe, die ein Stern haben würde, wenn er in eine Entfernung von 10 parsec (32,5 Lichtjahre) vom Sonnensystem versetzt wäre« (Otto Struve, »Astronomie – Einführung in ihre Grundlagen«). Es geht also darum, den Abstandsfaktor auszuschalten.

Nun aber zu den veränderlichen Sternen. Es ist nicht schwer zu erraten, daß es sich dabei um Sterne handelt, die ihre Helligkeit regelmäßig (= periodisch) oder unregelmäßig verändern. Dafür gibt es zwei sehr verschiedene Ursachen:

1. Innere Vorgänge lösen die Veränderlichkeit aus. Astronomen sprechen dann auch von einer »echten« Veränderlichkeit.
2. Die wechselseitige Bedeckung von zwei sich umkreisenden Sternen führt zur Veränderlichkeit. Das sind die Bedeckungsveränderlichen, eigentlich Doppelsterne (siehe Seite 186).

Bleiben wir bei den echten. Innere Vorgänge? Alle Fixsterne haben eine Eigenstrahlung wie unsere Sonne, die ebenfalls ein Fixstern ist. Sie erzeugen Energie durch Kernprozesse im Inneren und befördern diese Energie nach außen durch Strahlung. Dabei kann allerhand passieren: der Kernprozeß verläuft nicht richtig oder während des Energietransportes treten Störungen auf. Das beeinflußt natürlich die Intensität der Eigenstrahlung und damit die Helligkeit des Sterns. Echte Veränderlichkeit hat verschiedene physikalische Ursachen:

1. Sterne pulsieren, ihre Gashüllen dehnen sich aus und ziehen sich wieder zusammen. Dieser Vorgang geschieht erstaunlich präzise (periodisch).

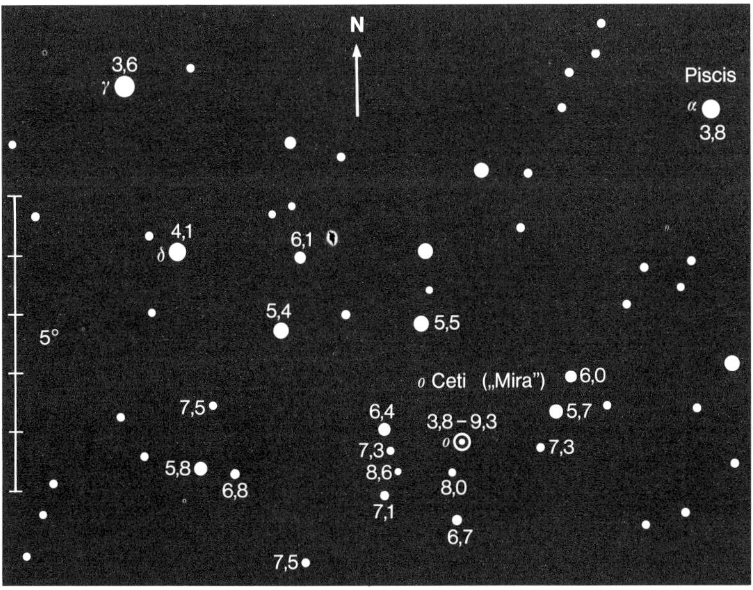

Die Beobachtung des Lichtwechsels veränderlicher Sterne ist jedem Sternfreund mit einfachen instrumentellen Hilfsmitteln möglich. Der Feldstecher genügt. Das einfachste Verfahren, den Lichtwechsel eines veränderlichen Sterns zu bestimmen, besteht darin, daß seine jeweilige Helligkeit im Vergleich zu derjenigen umgebender Sterne geschätzt wird. Diese Sterne in der Umgebung des veränderlichen Sterns am Himmel sind sogenannte »Vergleichssterne«, deren scheinbare Helligkeit konstant und dem Beobachter bekannt sein muß. Für zahlreiche veränderliche Sterne liegen Karten des Umfelds mit einer entsprechenden Anzahl von Vergleichssternen vor. Hier ein Beispiel: die Karte für den veränderlichen Stern Mira im Sternbild Walfisch. Die Zahlen neben den Sternen bedeuten die jeweilige scheinbare Helligkeit in Größenklassen. Das Feld ist bequem im Feldstecher zu erfassen.

Die Schätzung geht folgendermaßen vor sich. Der Helligkeitsunterschied zwischen veränderlichem Stern und Vergleichsstern wird in 4 Stufen angegeben:

Stufe 0 = kein bemerkbarer Helligkeitsunterschied;
Stufe 1 = ein Stern ist gerade heller;
Stufe 2 = ein Stern ist deutlich heller;
Stufe 3 = ein Stern ist auffällig heller.

Das Resultat der Schätzungen wird schriftlich fixiert:

amV bedeutet, daß der veränderliche Stern V um m Stufen schwächer ist als der Vergleichsstern a;
Vma bedeutet, daß der veränderliche Stern V um m Stufen heller ist als der Vergleichsstern a.

Ein geübter Beobachter erreicht mit dieser einfachen Einstufung eine Genauigkeit bis 0.1^m. Voraussetzung ist – neben dem Training –, daß der Helligkeitsunterschied zwischen den beiden Sternen, die Stufenweite, nicht zu groß gewählt wird. Die Wahl der Stufe 1 gibt die genauesten Werte. Mit Stufe 3 wächst die Streuung. Zweckmäßigerweise wird die Einstufung mit Hilfe mehrerer Vergleichssterne vorgenommen. Mehr über die Bildung der Stufenskala und der Helligkeitsskala im »Handbuch für Sternfreunde« (Literaturhinweis Seite 228).

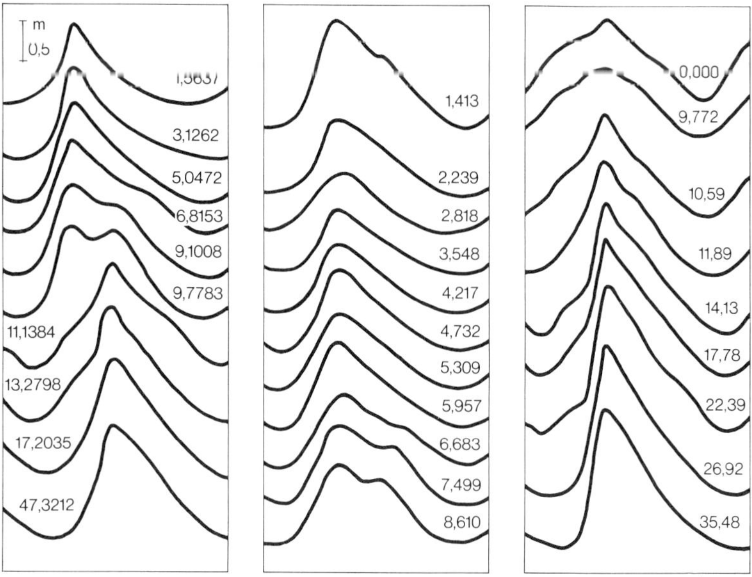

Es ist üblich, die Lichtkurven veränderlicher Sterne graphisch darzustellen. Hier im Bild handelt es sich um die Lichtkurvenform von Delta-Cephei-Sternen und die dazugehörige Periodenlänge (Zahlenangaben in Tagen). Aus: Cuno Hoffmeister, Veränderliche Sterne, Johann Ambrosius Barth, Leipzig 1970, S. 57.

Man unterscheidet langperiodisch und kurzperiodisch pulsierende Sterne. Das Musterbeispiel eines langperiodischen Veränderlichen ist der Stern Mira Ceti (siehe Seite 189). Kurzperiodische Veränderliche sind Sterne mit einer Periode, die kleiner ist als 5 Stunden!

2. Sterne pulsieren, aber der Vorgang ist nicht direkt beobachtbar, weil andere Einflüsse mitwirken und eine unregelmäßige Veränderlichkeit auslösen. Die Helligkeitsänderungen treten nicht in strengen Perioden auf.
3. Sterne explodieren: angestaute Energie bricht plötzlich durch die äußeren Schichten der Sternatmosphäre und löst extrem rasche Helligkeitsanstiege aus. Diese Sterne werden als Novae, ja Supernovae bezeichnet, als »neue Sterne«, weil ihre ursprüngliche Helligkeit so viel geringer war.

Das sind die wichtigsten Erscheinungsbilder von echten veränderlichen Sternen. Es gibt aber noch andere, zum Beispiel Sterne, auf deren Oberfläche eine starke Fleckenbildung zu Helligkeitsänderungen Anlaß gibt. Oder Sterne, bei denen Helligkeitsveränderungen gleichzeitig bemerkenswerte Intensitätsveränderungen im Spektrum hervorrufen. Die Astronomen kennen in-

Überrest einer Super-Nova: der berühmte Crabnebel im Sternbild Stier. An dieser Stelle leuchtete im Jahr 1054 eine Super-Nova auf. Der Crabnebel (der Name kommt vom krabbenhaften Aussehen) expandiert heute mit einer Geschwindigkeit von 1110 Sekundenkilometern. Der Crabnebel ist auch ein Beispiel für eine starke Synchrotronstrahlung im Weltraum. Sie ist abhängig von der Stärke der Magnetfelder und der Geschwindigkeit der freien Elektronen. Diese Strahlung kann im Laboratorium mit Hilfe des Elektronensynchrotrons (= Teilchenbeschleuniger) erzeugt werden. ▷

zwischen mehrere zehntausend veränderlicher Sterne und haben sie sorgfältig nach Merkmalen geordnet. Im Grunde genommen sind wahrscheinlich alle Sterne irgendwie und irgendwann einmal veränderlich. Nur wird das nicht wahrgenommen, obwohl die modernsten Meßgeräte erst bei 0.002^m die Grenze der Genauigkeit erreichen.

Beobachtungstechnisch wird der Nachweis für die veränderliche Helligkeit eines Sterns durch die Ermittlung einer Lichtkurve erbracht. Das ist eine graphische Darstellung der scheinbaren Helligkeit des Sterns im Verlauf eines bestimmten Zeitabschnitts. Die Daten für diese Lichtkurve können mit Hilfe von visuellen Schätzungen der Sternhelligkeit, der Ausmessung der Schwärzung von Sternpünktchen auf Photos oder lichtelektrischen Messungen gewonnen werden. Alle Helligkeitsschätzungen und -messungen werden unter dem Sammelbegriff Photometrie geführt. Wichtige Bestimmungsgrößen jeder Lichtkurve eines veränderlichen Sterns sind:

1. Der Zeitraum zwischen zwei aufeinanderfolgenden größten und geringsten Helligkeiten, die als Maximum bzw. Minimum bezeichnet werden.
2. Der Bereich der Helligkeitsschwankungen zwischen Maximum und Minimum, auch Amplitude genannt.
3. Gestalt der Kurve, mehr symmetrisch, mehr unsymmetrisch.
4. Wiederholung der Kurvengestalt und der Amplitude über mehrere Maxima und Minima hinweg.

Es gibt da in der Tat eine Menge von Möglichkeiten, und unsere Bilder können nur ein paar typische Beispiele ziegen. Einfache Helligkeitsschätzungen und darauf beruhende Lichtkurven kann der Sternfreund bei helleren veränderlichen Sternen selbst ohne mächtigen instrumentellen Aufwand machen; der Feldstecher genügt als Gerät vollauf. Die Schätzungen geschehen nach bewährten Methoden unter Hinzuziehung benachbarter Sterne, deren scheinbare Helligkeit bekannt und konstant ist. Diese Schätzungen sind bei einiger Übung recht genau, sie liegen etwa im Grenzbereich von 0.1^m und sind bei entsprechender Regelmäßigkeit geeignet, Daten für die wissenschaftliche Auswertung zu liefern. In einer Reihe von Ländern gibt es Beobachtergruppen, die systematisch diese Schätzungen ausführen und die Ergebnisse an international anerkannte Sammelstellen weitergeben. Ernsthaft interessierte Beobachter finden in dem schon mehrfach zitierten »Handbuch für Sternfreunde« alle Angaben für die Beobachtung und Auswertung.

Die Kenntnis der physikalischen Ursachen für die Helligkeitsschwankungen ist für den Astrophysiker sehr wichtig, um das Wissen über den Aufbau der Sterne zu vertiefen. Die strenge Periodizität bestimmter veränderlicher Sterne und die Verknüpfung zur mittleren scheinbaren Helligkeit hat überdies Entfernungsbestimmungen der Sternsysteme erst möglich gemacht. Es sind vor allem die Veränderlichen vom Typ des Sterns Delta im Sternbild Cepheus, die hier eine Rolle spielen (siehe Seite 70).

Neue Sterne (Novae) sind faszinierende Objekte im Weltraum. Oft innerhalb von 24 Stunden erfolgt eine Helligkeitszunahme von bis zu 10 Größenklassen! Eine Reihe dieser interessanten Sterne ist von Amateurastronomen entdeckt worden, so die Nova Delphini von dem Engländer Alcock (Beobachtungsinstrument ein Feldstecher Tordalk 11 x 80!). Die farbigen Zeichnungen zeigen drei Lichtkurven von Novae: Nova DQ Herculis 1934 (oben), Nova RT Serpentis 1909 (Mitte), Nova T Pyxidis (unten). Nach dem Helligkeitsausbruch erfolgt der Rückgang der Helligkeit nach Zeit und Intensität recht unterschiedlich. Aus: Cuno Hoffmeister, Veränderliche Sterne, Johann Ambrosius Barth Verlag, Leipzig 1970, S. 88.

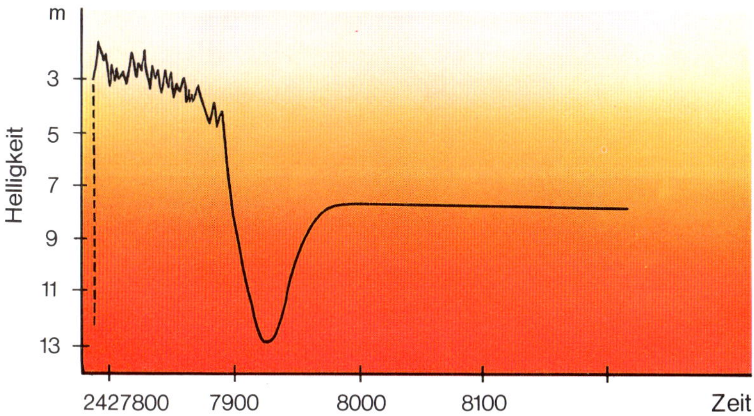
m
3
5
7
9
11
13
Helligkeit
2427800
7900
8000
8100
Zeit

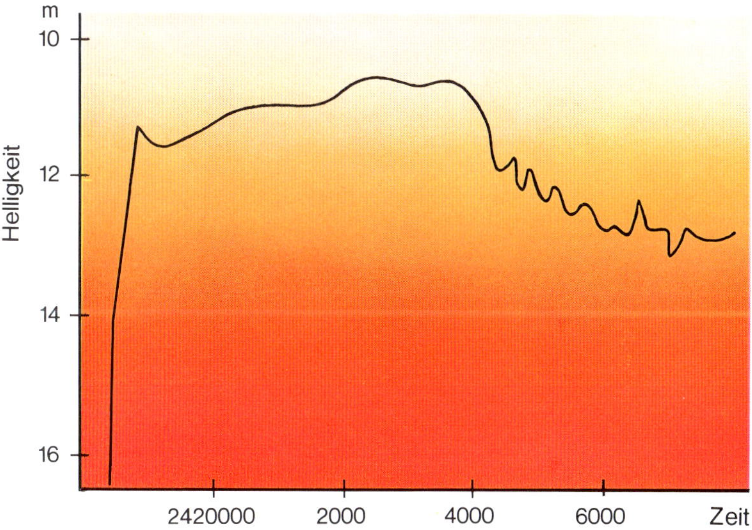
m
10
12
14
16
Helligkeit
2420000
2000
4000
6000
Zeit

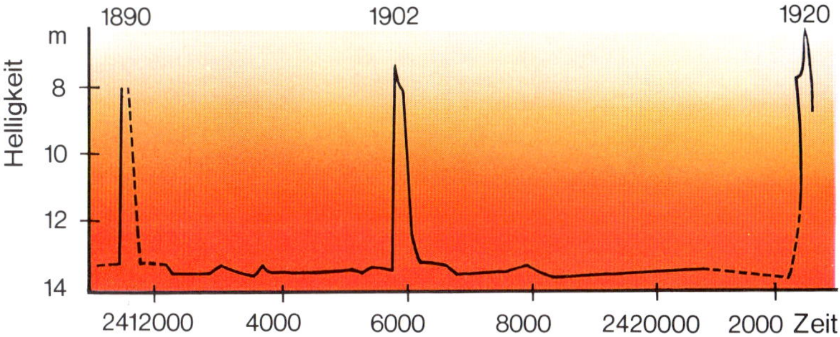
1890
1902
1920
m
8
10
12
14
Helligkeit
2412000
4000
6000
8000
2420000
2000
Zeit

Offene Sternhaufen

Wer sich nur ein wenig mit dem gestirnten Himmel beschäftigt, wird bald erkennen, daß es sternreichere und sternärmere Abschnitte gibt. Am deutlichsten erscheint eine Sternenansammlung im Bereich der Milchstraße (siehe Seite 208). Aber es gibt noch andere Gruppierungen, die für den Beobachter reizvoll sind. Dazu gehören die Sternhaufen im Milchstraßensystem. Davon gibt es zwei Arten, die sich nach Größe und Aufbau grundlegend unterscheiden: einmal die offenen Sternhaufen, der Astronom spricht auch von den galaktischen Sternhaufen; dann die Kugelsternhaufen.
In diesem Kapitel beschäftigen wir uns mit den offenen Sternhaufen, zu denen ein so berühmtes Objekt wie das Siebengestirn (Plejaden) zählt, das auf Seite 78 ausführlich beschrieben ist. Mit Recht dürfen wir annehmen, daß die Plejaden der erste offene Sternhaufen waren, der die Aufmerksamkeit der Menschen auf sich gelenkt hat. Früher freilich betrachtete man diese Sternanhäufung unter anderen Gesichtspunkten als der moderne Astrophysiker. Folgen wir ein wenig den Erläuterungen, die Huberta von Bronsart in ihrer »Kleinen Lebensbeschreibung der Sternbilder« gibt: »Man kann bei der Zeitrechnung mancher Völker sozusagen von einem Plejadenjahr sprechen (so wie es das Mondjahr und das Sonnenjahr gibt). Fing bei den Inkas in Peru das Jahr Ende Mai mit dem Frühaufgang der Plejaden an, so rechnen die Südseeinsulaner ihr Jahr ebenfalls vom Frühsommer an, dem Erscheinen der Plejaden, denen übrigens von den Australiern auch die Zunahme der Wärme zugeschrieben wird. In Togo werden im Juni und im November Feste gefeiert von je 3 Wochen Dauer; bestimmend für ihren Beginn ist der Frühaufgang der Plejaden bzw. ihre höchste Stellung am Himmel um Mitternacht. Bei den Konjagen auf der Insel Kadjak (Arktis) hat der erste Monat im Jahr den Namen »Plejadenaufgang« – es ist ebenfalls der Juni. Als Künder der Regenzeit werden die Plejaden in den tropischen Gebieten beachtet, wie sie schon in der Frühzeit der Menschheit als Zeitmarken für Landwirtschaft und Seefahrt galten . . .«
Wie der Gesellschaftswissenschaftler die Merkmale menschlicher Zusammenschlüsse analysiert und Verhaltensweisen deutet, so untersucht der Astronom seine Gesellschaft, die Sterne, und will ihre Entstehung, Verteilung und Bewegung im Weltraum immer besser kennenlernen. Die Sterne bewegen sich nämlich keineswegs zusammenhanglos durch den Kosmos. Irgendwo und irgendwie gehört jeder Stern zu einem Sternsystem. So sind auch die Sterne eines offenen oder galaktischen Sternhaufens keine zufällige optische Konstellation am Himmel. Sie gehören vielmehr zusammen und zeigen das dem Beobachter auf verschiedene Weise.
Der Name macht uns schon auf ein Merkmal aufmerksam: offene Sternhaufen erscheinen im Feldstecher oder Fernrohr als lockere Ansammlung von Sternen – manchmal so locker, daß es sogar schwerfällt, auf den ersten Blick überhaupt einen Sternhaufen zu erkennen. Auch ist die Anordnung am Himmel nicht unbedingt kreisförmig, und die Zunahme der Sternhäufigkeit zur Mitte des Sternhaufens weist längst nicht die Konzentration auf, wie sie die Kugelsternhaufen kennzeichnet. Unter den offenen Sternhaufen vereinen sich ebenso Sternhaufen mit einer erkennbaren Sternverdichtung wie Stern-

Das Schwarzweißphoto, aufgenommen von einem Sternfreund, bildet einen Teil der hellen Plejaden-Sterne (»Siebengestirn«) und die sie umgebenden Reflexionsnebel ab. Kosmische Gas- und Staubmassen werden sichtbar, weil sie das Licht naher Sterne reflektieren. ▷

haufen, die mehr das Aussehen von zufälligen Sternansammlungen haben und sich vom Sternhintergrund am Himmel gerade noch unterscheiden.
Alle offenen Sternhaufen sind Angehörige unseres Milchstraßensystems. In der galaktischen Ebene treten sie massiert auf. Deshalb stößt der Beobachter auf diese Objekte bevorzugt in der Milchstraße. Die meisten offenen Sternhaufen haben weniger als 100 Sterne, was aber nicht ausschließt, daß auch schon offene Sternhaufen mit 500 und 1000 Sternen entdeckt worden sind. Die Ausdehnung im Weltraum liegt bei einigen parsec bis etwa 50 parsec. Entfernt sind die offenen Sternhaufen zwischen 100 und 10 000 parsec.
Je näher ein offener Sternhaufen ist, um so mehr sind seine Sterne verteilt. Die Zuordnung zur gleichen Familie läßt sich dann nur noch auf Grund der Geschwindigkeit und Bewegungsrichtung bestimmen. Während die Geschwindigkeiten der nicht zum Sternhaufen gehörigen Sterne, der sogenannten Feldsterne, breit streuen, haben die Sterne eines offenen Sternhaufens ungefähr die gleiche räumliche Geschwindigkeit und die gleiche Bewegungsrichtung. Für Sternhaufen, deren Sterne nichts oder wenig von einer Konzentration erkennen lassen, dafür aber die Gemeinsamkeit der Bewegung, haben die Astronomen den Namen »Bewegungshaufen«.
Daß die Plejaden seit urdenklichen Zeiten vielen Völkern ein vertrauter Anblick am Himmel sind, darauf wurde bereits hingewiesen. Auch im Rahmen der wissenschaftlichen Erforschung der offenen Sternhaufen zählt das Siebengestirn zu den bekanntesten. Die Plejaden sind uns verhältnismäßig nahe. Die Entfernung beträgt rund 130 parsec; sie wird mit Hilfe eines spektroskopischen Verfahrens ermittelt. Über 250 Einzelsterne gehören zur Plejaden-Familie. Die schwächsten Sterne haben die scheinbare Helligkeit 17^m. Sehr interessant sind die diffusen Nebelmassen, die das Licht hellerer Plejaden-Sterne spiegeln. Das Vorhandensein solcher Nebelmaterie legt den Gedanken nahe, ob es sich hierbei etwa um Reste dichterer Materie handelt, aus der sich die Sterne geformt haben.
Das systematische Erforschen offener Sternhaufen hat zu manchen neuen Kenntnissen über den Aufbau unseerer Milchstraße und das Vorhandensein der interstellaren Materie beigetragen. Um die Entfernung der galaktischen Sternhaufen zu bestimmen, gibt es noch die Möglichkeit, die scheinbaren und absoluten Helligkeiten (siehe Seite 188) zu vergleichen. Man kann auch eine Beziehung zwischen der Anzahl der Sterne und der Dichte der Sterne im Haufen herstellen. Mit zunehmender Entfernung weicht diese Beziehung immer mehr von der Norm ab, so daß die Annahme einer Lichtabsorption durch interstellare Materie richtig zu sein scheint.
Die offenen Sternhaufen sind gut geeignet, die Sterne in verschiedenen Entwicklungszuständen zu zeigen. Sind die Sterne in Gasnebel eingebettet (Beispiel: Plejaden), handelt es sich offensichtlich um verhältnismäßig junge Sternansammlungen. Das Alter der meisten bekannten offenen Sternhaufen liegt zwischen einer und einigen hundert Millionen Jahren. Sterne entstehen aus Zusammenballungen interstellaren Gasmaterie, die in der galaktischen Ebene besonders häufig auftreten. Dabei sind neben hoher Dichte der Materie und starken Magnetfeldern ausreichend Masse und nur schwache

Farbaufnahme des kugelförmigen Sternhaufens M 13 im Sternbild Herkules. Dieser Grad von Auflösung in Einzelsterne wird nur in sehr großen Fernrohren erreicht. In der Regel sind es die Randsterne, die auch der Sternfreund mit einem kleinen Fernrohr mühelos sehen kann.

innere Bewegung der Materie die Voraussetzungen für den Sternbildungsprozeß.
Im Vergleich zum Alter der Milchstraße – es wird mit 10 Milliarden Jahren angegeben – sind die allermeisten offenen Sternhaufen junge Sternsysteme. Wenigstens ein großer Teil der galaktischen Sternhaufen stellt die erste Station der Sterne dar nach dem Sternbildungsprozeß. Die Lebensdauer offener Sternhaufen ist begrenzt, sehr wahrscheinlich auf eine Milliarde Jahre. Die einzelnen Haufensterne entweichen nach und nach. Die zusammengehörenden Sterne unterliegen gegenseitiger Anziehung, die so wirksam werden kann, daß sich zwei Sterne aus der Bahn werfen. Dabei findet ein Energieaustausch statt, der einem der Sterne die notwendige Fluchtgeschwindigkeit verleiht.

Kugelsternhaufen

Die hellsten Kugelsternhaufen sehen wir am südlichen Himmel in den Sternbildern Kentaur und Tukan (siehe Karten auf Seite 109 und Seite 129). Mit bloßen Augen sind die Kugelsternhaufen ω Centauri und 47 Tucanae als »Nebelsternchen« wahrnehmbar. Im Sternbild Herkules befindet sich der hellste Kugelsternhaufen des Nordhimmels, das Objekt M 13 (siehe Seite 197). Im Feldstecher beginnt die Auflösung in Einzelsterne am Rand. Was dabei sofort auffällt: die Kugelsymmetrie der Sternansammlung ist ausgeprägt, und je mehr es zur Mitte hin geht, um so dichter scheint das Ganze zu werden. Eine Auflösung in Einzelsterne will in der Mitte auch mit einem größeren Fernrohr nicht gelingen – und gelingt in der Tat selbst mit den mächtigen Teleskopen der amerikanischen Sternwarten nicht. Die Photos lassen einiges ahnen von der enormen Sterndichte, die in einem Kugelsternhaufen herrschen muß.
So gesehen, sind die Kugelsternhaufen schon rein äußerlich anders als die offenen Sternhaufen. Otto Struve schreibt in seiner Einführung in die Grundlagen der Astronomie (Literaturverzeichnis Seite 228): »Ein einziger Kugelhaufen kann mehrere 100 000 Sterne enthalten, doch scheinen einige weniger sternreich zu sein als andere. Der mittlere lineare Durchmesser eines kugelförmigen Haufens liegt bei 40 parsec. Somit enthält ein solcher Haufen im Mittel etwa zehnmal so viele Sterne pro Kubikparsec wie ein durchschnittlicher offener Haufen.« Über einhundert Kugelsternhaufen sind steckbrieflich erfaßt. Vermutlich eine ähnliche Anzahl verbirgt sich den Teleskopen und Astrokameras hinter Wolken interstellarer Materie.
Im Gegensatz zu den galaktischen Sternhaufen enthalten die Kugelsternhaufen keinerlei Gasnebel. »Man darf annehmen, daß alles Gas, das in ihnen anfangs bei der Sternentstehung noch übriggeblieben war oder das im Laufe der fortgeschrittenen Entwicklung von den Sternen wieder abgestoßen wurde, bei jedem Durchpendeln des Haufens durch die Ebene der Milchstraße aus dem Haufen (durch die Gasmassen der Milchstraße) ›herausgefegt‹ worden ist« – so S. v. Hoerner und K. Schaifers in »Meyers Handbuch über das Weltall«. Also eine Versammlung älterer Sternengeneration?
Die Kugelsternhaufen sind im Gegensatz zu den offenen Sternhaufen nicht auf die galaktische Ebene beschränkt, sondern kommen in allen galaktischen Breiten vor. Sie bilden einen Ring um unser Milchstraßensystem und stellen damit so etwas wie Vorposten des Milchstraßensystems dar. Die Kugelsternhaufen führen eine Art von Eigenleben innerhalb unserer Galaxis. Der Ring der Kugelsternhaufen nimmt kaum an der Rotation der Galaxis teil. Natür-

Das ist der hellste Kugelsternhaufen: Omega Centauri mit 3.6^m.

lich sind die Kugelsternhaufen in der Milchstraßenumgebung der Anziehung des Kerns des Milchstraßensystems ausgesetzt. Sie haben daher eine galaktische Umlaufzeit und sind seit der Existenz des Milchstraßensystems schon über 60mal durch die Ebene der Milchstraße »hindurchgetaucht«.
Wir müssen davon ausgehen, daß ganz am Anfang, zum Zeitpunkt der Milchstraßenwerdung, eine riesige turbulente Wasserstoffwolke vorhanden war, die um ihre Mitte rotierte und sich mit der Zeit in kleinere Gaswirbel auflöste, in denen sich dann die Sterne bildeten. Am zahlreichsten waren die Gaswirbel nahe der Äquatorebene unserer Galaxis. Hier vereinten sie sich zu dem bekannten linsenförmigen Spiralsystem. Aber nicht alle Gaswirbel gelangten dorthin – sie haben, wenn man es so nennen will, den Anschluß verpaßt. Für die Bildung einer selbständigen Galaxis indessen reichte die Kraft nicht; dafür übte die Anziehung des Kerns des Milchstraßensystems ihre Wirkung aus, so daß die am Rand befindlichen Gaswirbel mit der galaktischen Rotation begannen, zusammen mit den sich allmählich bildenden Sternen. Beim Eintauchen in die Ebene der Milchstraße wurde das freie Gas »herausgefegt«, und die Sterne setzten ihren galaktischen Umlauf als Kugelsternhaufen fort. Diese Haufen bestehen damit aus den ältesten Sternen unserer Galaxis, weil ja das Material für neue Sternbildung, das Wasserstoffgas, im Kugelsternhaufen nicht mehr vorhanden ist. So haben die Kugelsternhaufen auch das Alter unseres Milchstraßensystems – rund 10 Milliarden Jahre.
Wiederum im Gegensatz zu den offenen Sternhaufen sind die Kugelsternhaufen recht stabile Sternanasammlungen, und nur ganz außen am Rand gehen zuweilen Sterne »verloren«. Nichts spricht dagegen, daß sich Kugelsternhaufen unendlich lange behaupten können.

Farbaufnahme der Plejaden. Die Reflexionsnebel sieht man deutlich. ▷

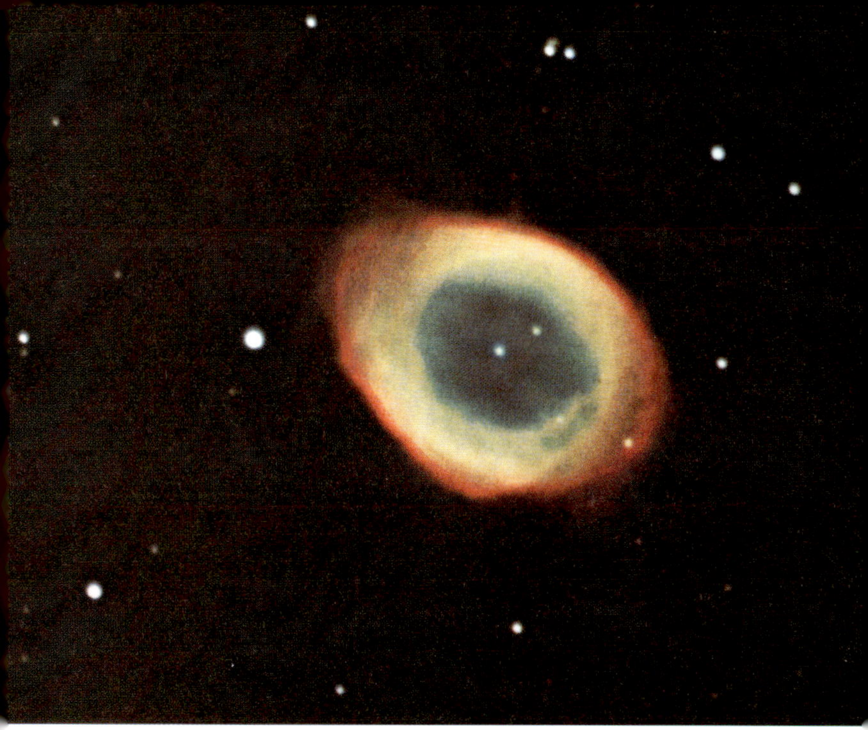

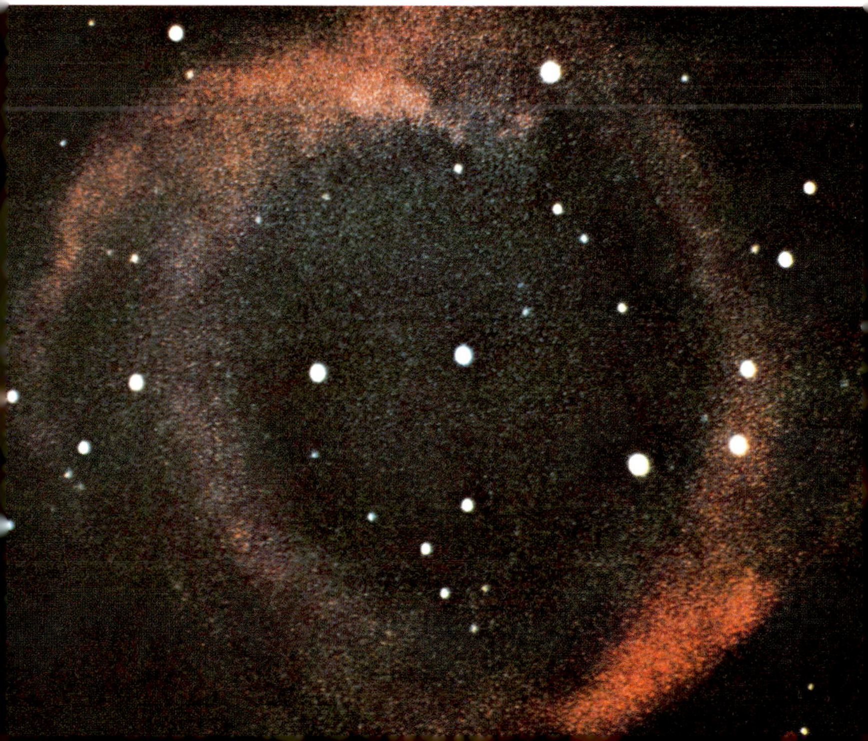

◁ Das Paradebeispiel für einen planetarischen Nebel ist immer wieder der Ringnebel im Sternbild Leier (M 57). Diese Farbaufnahme läßt sowohl den Zentralstern wie die gasförmige Hülle gut erkennen. Mit den Hilfsmitteln des Amateurs lohnt es schon, dieses interessante Objekt zu beobachten.

Sonnenblumen-Nebel heißt dieses kosmische Gebilde, dessen amtliche Katalog-Nummer NGC 7293 ist. Es gehört zu den interessantesten planetarischen Nebeln, die mit den Planeten nichts gemeinsam haben. Sie werden vielmehr von einem Zentralstern zum Leuchten angeregt. Der Nebel besteht aus Wasserstoff, Helium, Sauerstoff, Stickstoff und Neon-Gas, das der Zentralstern ausgestoßen hat. Zeugnis für eine Sterngeburt oder einen Sterntod?

Übrigens haben die Astronomen auch in anderen Galaxien Kugelsternhaufen nachgewiesen, die dort einen ähnlichen Kranz um das eigentliche System bilden, wie das in unserem Milchstraßensystem der Fall ist. In der uns nächstgelegenen Galaxie, dem berühmten Nebel im Sternbild Andromeda, M 31 (siehe Seite 38), sind rund 200 Kugelsternhaufen registriert worden.

Planetarische Nebel

Es ist schon so, daß manches astronomische Objekt seinen Namen rein dem Aussehen nach bekommt und ihn auch dann nicht wieder los wird, wenn sich längst herausgestellt hat, daß seine tatsächliche physikalische Natur ganz anders ist. So wird weiterhin von den Mondmeeren (lat. Maria) gesprochen und auch von den planetarischen Nebeln, die weder mit den großen noch mit kleinen Planeten das geringste zu tun haben. Aber jeder kann sich selbst überzeugen, etwa am Beispiel des Ringnebels im Sternbild Leier (siehe Seite 201), einem sehr schönen Vertreter der planetarischen Nebel. Im kleinen Fernrohr sieht man tatsächlich ein kleines scheibenförmiges Objekt, das mit dem Anblick eines weit entfernten Planeten, etwa des Planeten Uranus, im gleichen Fernrohr durchaus vergleichbar ist. Nur dieser scheinbaren Ähnlichkeit im Aussehen verdanken die planetarischen Nebel ihren irreführenden Namen. Schon in einem größeren Amateur-Fernrohr, etwa ab 200 mm Öffnung, ändert sich der Anblick: der Ringnebel in der Leier erscheint jetzt wirklich ringförmig mit abfallender Helligkeit in Richtung der größten Ausdehnung des Ringes; das Ringinnere bleibt dunkel. Ein sogenannter Zentralstern hat die scheinbare Helligkeit 15^m und zeigt sich erst in wesentlich größeren Fernrohren. Jedenfalls ist vom »Planeten« nichts mehr vorhanden!
Die planetarischen Nebel treten in mancherlei Formen in Erscheinung. In unserem Milchstraßensystem sind bereits mehrere hundert solche Nebel bekannt. Die tatsächliche Gesamtzahl dürfte bei 10 000 und mehr liegen! Wenn auch die Formen variieren, so zeigen sich doch alle bisher erfaßten planetarischen Nebel ziemlich rund. Häufig tritt die Form des Ringes auf, in dessen Zentrum sich ein Stern befindet. Inzwischen weiß man, daß die planetarischen Nebel Gasnebel sind, die ihr Licht von dem Stern in der Mitte aufnehmen. Dieser Zentralstern ist der Verursacher des ganzen Phänomens.
Die Zentralsterne in den planetarischen Nebeln sind nicht sehr groß, auf jeden Fall kleiner als unsere Sonne. Aber sie sind extrem heiß, mit Oberflächentemperaturen zwischen 50 000 und 100 000 Grad. Trotzdem ist der Zentralstern für den Beobachter wenig auffällig, denn der Nebelring ist viel heller. Dabei ist aber alles Licht des Nebels nur Fluoreszenzlicht des Sterns in der Mitte. Der Nebel stellt eine sehr dünne Gasansammlung dar, die durch das ultraviolette Licht des Zentralsterns zum Leuchten angeregt wird.

Ohne Zweifel demonstrieren uns die planetarischen Nebel ein gigantisches kosmisches Ereignis vor. Mit Geschwindigkeiten von 10 bis 50 Sekundenkilometern dehnt sich ihre Gashülle aus, und vieles spricht dafür, daß diese Gasmassen dereinst zum Zentralstern gehört haben. Es muß so etwas wie eine Explosion stattgefunden haben. Was sind das für Sterne, bei denen solches vorkommen kann? Bietet am Ende der planetarische Nebel dem Betrachter ein Stadium des Sternentstehens oder des Sternvergehens?
Der Zentralstern bläht sich auf und stößt eine dünne Schicht seiner Atmosphäre ab. Es ist das ein Verhalten, das dem der veränderlichen Sterne nicht unähnlich ist. Oft wird gesagt, daß zwischen den planetarischen Nebeln und Novae oder Supernovae eine Verwandtschaft bestehe. Starke Magnetfelder beherrschen die planetarischen Nebel, und die Lebensdauer eines solchen Nebels ist hunderttausendmal kürzer als die eines gewöhnlichen Fixsterns. Es wird deshalb auch die Meinung vertreten, die planetarischen Nebel seien Überbleibsel von Sternbildungsprozessen. Das Ausströmen von Gas aus dem Zentralstern scheint ein einmaliger Vorgang von verhältnismäßig kurzer Dauer zu sein – das ist die eine Meinung. Andere Forscher sagen, der Nebelring werde ständig aus seinem Zentralstern erneuert. Ordnet man diesen Zentralstern den sogenannten »weißen Zwergen« zu, einer Art von Sternen sehr kleiner Masse, dann haben wir einen Stern vor uns, dessen Energiequellen zu Ende gehen.
Auf alle Fälle scheint festzustehen, daß planetarische Nebel relativ »kurzlebige« Objekte sind. Das expandierende Gas tifft auf interstellare Materie, die »aufgewirbelt« wird. Das aber bremst den Vorgang der Expansion ab, die äußeren Teile des Nebels verdichten sich. Damit in Einklang steht die Beobachtung verhältnismäßig scharf begrenzter, heller Außenränder der planetarischen Nebel. Die Nebelhülle gehört noch nicht zur interstellaren Materie. Aber wie lange? Die Dispersion des Gases führt, wenn der Energieschub des Zentralsterns ausbleibt, zum Verschwinden des planetarischen Nebels, zum Aufgehen der Nebelmaterie in der interstellaren Materie...
Die Ansichten sind freilich nicht einhellig, so daß die planetarischen Nebel nach wie vor bevorzugte Forschungsobjekte sind. Die hohe Expansionsgeschwindigkeit läßt sich spektroskopisch messen. Das Studium der Spektren planetarischer Nebel hat auch zur Entdeckung sogenannter »verbotener« Linien geführt: Übergänge in den Spektren des 2fach ionisierten Sauerstoffs – eine Erscheinung, die nur in stark angeregten und sehr dünnen Gasen auftreten kann. Die planetarischen Nebel haben alle ein reinrassiges Emissionslinien-Spektrum, das auf glühendes Gas zurückzuführen ist. Außer den Emission spricht man in der Spektralanalyse noch vom Kontinuum – es entsteht bei glühenden festen Körpern, Flüssigkeiten oder Gasen unter hohem Druck – und von einem Absorptions-Spektrum. Bei letzterem ist das Kontinuum umgeben von kühleren Gasen bei niedrigem Druck.

Chaotische Gasnebel

Südlich der drei Gürtelsterne des Sternbildes Orion sieht der mit dem Sternhimmel vertraute Sternfreund sofort ohne optische Hilfsmittel einen Nebelfleck. Mit Hilfe des Feldstechers offenbart sich in dunkler, mondloser Nacht eine interessante kosmische Landschaft: wir beobachten den berühmten Orion-Nebel, M 42, mit seinen Nachbarsternen (siehe Seite 83). Im Sternbild Schütze bietet sich eine andere Gelegenheit zu einem ähnlich aufregenden Anblick. In dieser mit zahlreichen Dunkelwolken durchsetzten Milchstraßen-

Seite 204 oben:
Ein typischer Emissionsnebel ist der Lagunennebel (M 8) im Sternbild Schütze. Im Gegensatz zum Reflexionsnebel ist hier genügend Ultraviolett in der Strahlung des anregenden Sterns, um den Nebel zum Eigenleuchten zu bringen.

Seite 204 unten:
Wie Wolkenfetzen wirken diese Nebelfasern, die zum Cirrus-Nebel im Sternbild Schwan gehören. Überreste einer kosmischen Katastrophe, der Explosion eines Sterns? Mit der hohen Anfangsgeschwindigkeit von 100 Sekundenkilometern ist Gas von einem Zentrum in den Weltraum geschleudert und durch die interstellare Materie abgebremst worden. Die Explosion müßte vor 30 000 Jahren stattgefunden haben.

Seite 205:
Dieses prächtige Farbphoto mit dem »Pferdekopfnebel« im Sternbild Orion zeigt eine Stelle im Weltraum, von der die Astronomen vermuten, daß sie ein Ort zukünftiger Sternentstehung ist. Beim »Pferdekopf« handelt es sich um eine stark verdichtete Gaswolke, die von expandierendem heißen Gas umströmt wird.

partie sind die Gasnebel M 8 und M 20. Besonders M 8, auch unter dem Namen Lagunen-Nebel bekannt, ist im lichtarken Feldstecher ein imponierendes Objekt. Wer sich mit dieser Himmelsgegend oder dem Gebiet rund um den Orion-Nebel ein wenig beschäftigt, kommt schon vom bloßen Beobachten zur Vorstellung eines an Materie gar nicht so armen Weltraums.
Gasnebel. Was ist das? Selbst am Rand, wo sich Kugelsternhaufen wie Galaxien in Einzelsterne auflösen lassen, behält der Gasnebel sein milchiges Aussehen. Aber es ist kein kreisrundes oder sonst regelmäßig geformtes Gebilde. Die Ränder sind zerfasert, dunkle Einschlüsse – sie sehen aus wie dunkle Wolken – unterbrechen die helle Fläche, dazwischen leuchten Sterne aus dem Hintergrund und verstärken nur den chaotisch zu nennenden Anblick. So wie das Aussehen im Fernrohr und auf Photos ist, bestätigt sich die Struktur dieser kosmischen Erscheinungen. Diese diffusen Nebel sind nichts anderes als fein verteilte interstellare Gas- und Staubmaterie, die durch die Ultraviolettstrahlung nahestehender Sterne zum Leuchten angeregt wird. Wo kein Stern günstig geht, bleibt sie dunkel. Und ist die Materie etwas konzentrierter, verhindert sie das Durchscheinen der dahinter stehenden Sterne. Durch diese lichtabsorbierende Wirkung macht sich die Dunkelwolke bemerkbar. Sie hat die gleiche Zusammensetzung wie ihre leuchtende Verwandtschaft, die Gasnebel. Leuchtende Gaswolken und Dunkelwolken stehen oft dicht beieinander, zum Beispiel in der Umgebung des östlichen Gürtelsterns des Orion (ζ Orionis, siehe Seite 205). Das frappierendste Beispiel einer Dunkelwolke kann man im Sternbild Kreuz des Südens sehen (siehe Seite 124) in Gestalt des berühmten »Kohlensacks«, einer ausgedehnten Wolke interstellarer Materie, die viele nicht so helle Milchstraßensterne verdeckt.
Nein, der Weltraum ist nicht arm an Materie. Außer den Sternen, von denen bestimmt viele auch Planeten und Monde haben wie unsere Sonne, gibt es im Raum zwischen ihnen eine gewaltige Menge Gas und Staub. Das ist auch der Stoff, aus dem sich bei Erfüllung bestimmter physikalischer Bedingungen wieder neue Sterne bilden – auch jetzt noch, 10 Milliarden Jahre nach der Entstehung unseres Milchstraßensystems. Alle Sterne und ihre Planeten sind Produkte eines Prozesses, bei dem sich interstellares Gas und interstellarer Staub infolge der Gravitationsanziehung der einzelnen Teilchen verdichten. Zur Kugelgestalt kommt es deshalb, weil die Gravitationskraft auf den Mittelpunkt des anziehenden Körpers ausgerichtet ist. Rotiert der

Ultraviolette Strahlung heißer Sterne bringt kosmisches Gas zum Leuchten. Der Lagunen-Nebel (M 8) im Sternbild Schütze ist dafür ein schönes Beispiel. Im Feldstecher bereits bestimmt ebenso überzeugend wie der Orion-Nebel (siehe Seite 83). Dieses Photo des Amateurastronomen Kurt Rihm, von Beruf Lehrer, ist wieder eine Dokumentation dafür, was heute ernsthafte Sternfreunde mit den ihnen zur Verfügung stehenden optischen Hilfsmitteln zu erreichen vermögen. Die südliche Lage des Nebels macht die Beobachtung in nördlichen Breiten rar. Um so mehr eine Empfehlung für Urlaubsreisende rund um das Mittelmeer oder gar noch weiter nach dem Süden in den Monaten Juli und August. Siehe auch Farbfoto auf Seite 204.

Körper gleichzeitig, plattet die Kugel mehr oder minder stark ab. Beim Planeten Jupiter fällt die Abplattung schon dem ungeübten Beobachter nach einigem Hinschauen auf.
Die Gravitation ist die Anziehung, die zwei Massen aufeinander ausüben; ihr Entdecker ist der Engländer Isaac Newton (1643–1727). In seiner wichtigsten Veröffentlichung – sie erschien 1687 unter dem Titel »Philosophiae naturalis principia mathematica« – demonstriert er, daß die gebogene Bahn eines Planeten um die Sonne aus zwei Elementen besteht:

1. aus der dem Planeten eigenen Bewegung. Sie treibt ihn dem Trägheitsgesetz folgend mit gleicher Geschwindigkeit in Richtung der Tangente seiner Bahn entlang;
2. aus einer Kraft, die auf das Bewegungszentrum gerichtet ist. Sie ist, umgekehrt proportional dem Quadrat der Entfernung wirkend, mit der Kraft gleich, die auf der Erde den Körpern Schwere gibt.

So formulierte Newton als erster mathematisch ein Fernwirkungsgesetz. Es besagt, daß die Sonne jeden Planeten und jeder Planet seine Monde mit einer Kraft anzieht, die der Masse des anziehenden Körpers proportional

◁ Ein Blick in die Milchstraße. Eine Unmenge von Einzelsternen – wie unsere Sonne – und dazwischen Dunkelwolken interstellarer Materie. Das Photo verziert die Spur des Ballon-Satelliten Echo I, der während der Belichtung der Aufnahme durch das Gesichtsfeld flog. Mit der Zahl der künstlichen Erdsatelliten werden solche »Ausschmückungen« auf Astrophotos immer häufiger.

und dem Quadrat der Entfernung umgekehrt proportional ist. Die nach Newton benannten Gravitationsgesetze lösen alle wichtigen Probleme der Himmelskunde, nicht nur innerhalb unseres Sonnensystems, sondern auch draußen im Weltraum, im Milchstraßensystem genauso wie in anderen Galaxien. Dabei ist die physikalische Natur der Gravitationskraft heute noch immer ein ungelöstes naturwissenschaftliches Rätsel ...

Welche Zusammensetzung hat die interstellare Materie?

Nach wie vor herrscht Wasserstoff vor, der bei der Entstehung unseres Milchstraßensystems den größten Teil des Weltraums gefüllt hat. Wir müssen uns folgenden zeitlichen Ablauf vor Augen halten: Die Sterne, die damals entstanden sind, gaben und geben noch ständig Energie in den Weltraum ab. Kernprozesse im Sterninneren sorgen für den Nachschub. Hierbei findet eine dauernde Umwandlung von Wasserstoff in Helium statt. Ohne Zweifel geht der Wasserstoffvorrat der Sterne einmal zu Ende. Es geschieht in den Sternen so etwas wie das Altern. Auch das Helium wird wiederum umgewandelt, aller Wahrscheinlichkeit nach in schwere Elemente. Es ist daher einleuchtend zu sagen: Die chemische Zusammensetzung im Weltraum unterliegt dauernden Veränderungen.

Gleichzeitig vollzieht sich ein Kreislauf von Sternwerden zum Sternvergehen und zu neuem Sternwerden. Dabei spielt die interstellare Materie eine wichtige Rolle. Mit der Energie, die unsere Sonne und alle anderen Sterne Tag für Tag in den Weltraum jagen, verstärkt oft noch durch explosionsartige Vorgänge in den äußeren Schichten der heißen Gaskugel, gelangt Material, und zwar chemisch bereits umgeformtes Material, aus den Sternen zurück in das gasförmige interstellare Medium. Wenn wir ein geläufiges Wort abwandeln: es ist eine Art Weltraumverschmutzung. Ständig wird die interstellare Materie mit Helium und schweren Elementen angereichert. Während sich die Sterne vor Milliarden Jahren aus nahezu reinem Wasserstoff geformt haben, enthalten alle neuen Kondensationen von interstellarer Materie einen kräftigen Schuß Helium und schwere Elemente. Die chemische Zusammensetzung verteilt sich wie folgt: Wasserstoff 60%, Helium 38%, schwere Elemente 2%. Der physikalische Zustand der interstellaren Materie weist auf einen Anteil von 99% Gas und 1% Staub hin, wobei die interstellare Staub identisch ist mit schweren Elementen, die in Mini-Körnern von einzehntausendstel Millimeter und noch kleiner auftreten. Auf die Frage , um was für schwere Elemente es sich im Kosmos handelt, lautet die Antwort: Prinzipiell um Elemente, die schwerer sind als Helium; im einzelnen u. a. Lithium, Beryllium, Bor, Kohlenstoff, Stickstoff, Sauerstoff, Neon, Aluminium, Schwefel, Eisen.

Alles in allem ist es an dieser Stelle nur möglich, ein paar Anhaltspunkte zu so interessanten kosmischen Zusammenhängen zu geben. Der Sternfreund möge sie aber gegenwärtig haben, wenn er in seinem Feldstecher oder Fernrohr den Orion-Nebel und den Lagunen-Nebel anschaut. Staubförmige Bestandteile der interstellaren Materie lösen das sogenannte Reflexionsleuchten aus. Es entsteht der Eindruck eines »Reflexionsnebels«. Das typische Beispiel dazu sind die Nebel, die die Plejaden-Sterne umgeben (siehe Seite 195). Emissionsnebel bestehen aus interstellarem Gas, das durch die Strah-

lung benachbarter Sterne zum Leuchten und zur Ausstrahlung (= Emission) eines Linienspektrums angeregt wird. Die Sterne sind in diesem Fall energiegeladen genug, um den Nebel ionisieren zu können.
Die interstellare Materie stellt den beobachtenden Astronomen auch vor manche »technischen« Probleme. Die mit ihr verbundene Lichtabsorption machte Entfernungsbestimmungen im Weltraum, die von der scheinbaren Helligkeit der Sterne ausgehen, korrekturbedürftig. Die hellen und dunklen Gas- und Staubwolken sind überdies starke Sender von Radiowellen und somit bevorzugte Forschungsobjekte eines jungen Zweigs der Himmelskunde, der Radio-Astronomie.

Milchstraße und extragalaktische Systeme

Es gehört mit zu den eindrucksvollsten himmelskundlichen Erfahrungen, die Milchstraße fernab aller störenden Lichtquellen auf dem Land oder im Hochgebirge zu beobachten. Der Anblick in den Sternballungsgebieten ist schlicht gesagt verblüffend! Solche Ballungsgebiete finden wir zum Beispiel in den Sternbildern Schütze und Schwan. Mit dem Feldstecher oder dem kleinen astronomischen Fernrohr wird das Glück des Sternfreundes vollkommen: das verschwommen leuchtende Band der Milchstraße, das sich längs eines Großkreises über die Himmelssphäre ausdehnt, löst sich auf in Tausende von einzelnen Sternen, dazwischen dunkle oder leuchtende Gasnebel mit bizarren Formen.
Was ist die Milchstraße eigentlich? Sie ist das Musterbeispiel eines Sternsystems, unseres Sternsystems nämlich, dem auch die Sonne mit ihren Planeten angehört. Die Sterne geistern nicht als Einzelgänger im Weltraum herum, sie lieben offensichtlich die Geselligkeit. So ist der Weltraum von großen Sternsystemen erfüllt, der Astronom spricht auch von Galaxien. Gleichbedeutend erscheinen die Namen Spiralnebel und extragalaktische Nebel. Und unsere Milchstraße ist nun so ein riesiges Sternsystem, eine Sternfamilie mit sage und schreibe 200 Milliarden Mitgliedern.
Die Milchstraße hat die Phantasie der Menschen aller Völker beflügelt. In den meisten Kulturen begegnet die Vorstellung von der Straße – allerdings für die verschiedensten Zwecke. In den alten Vorstellungen erscheint sie genauso für die Seelen Verstorbener wie noch Ungeborener. Aber auch als Futterweg sah man sie an, die Sterne als Körner für die Hühner. Die alten Griechen schwankten zwischen Glaube und Physik. So sprach Aristoteles von einer Ansammlung brennbarer Dämpfe irdischen und kosmischen Ursprungs, derweil die Mehrzahl seiner Zeitgenossen an eine Versammlung von Heroen glaubte. Bei den mathematisch begabten Arabern endlich taucht die Vorstellung von einer Sternanhäufung auf.

Unter der Bezeichnung »Nebel« werden in der Himmelskunde verschiedene, recht unterschiedliche Objekte geführt. Zunächst war es einmal so, daß man alles als Nebel klassifizierte, was verwaschen und neblig aussah. Mit der Inbetriebnahme großer Fernrohre gelang es im zweiten Jahrzehnt unseres Jahrhunderts, einen Teil der Nebel in Einzelsterne aufzulösen und damit auch den Nachweis zu führen, daß es sich hier um Sternsysteme handelt. Wenn auch nicht in unmittelbarer Konkurrenz zu den großen Fernrohren, haben Sternfreunde in vielen Ländern den Beweis erbracht, daß kleine Optiken oft verblüffend leistungsfähig sind. Der abgebildete Ausschnitt des Andromedanebels ist ein Beispiel. Man beachte die Spiralstruktur! Aufnahmeoptik 25-cm-Newton-Spiegelfernrohr mit 180 cm Brennweite. ▷

Inzwischen haben die Fernrohre, Astro-Kameras und Radioteleskope Klarheit geschaffen und die Milchstraße als Sternsystem erkannt. Übrigens ein Sternsystem mit dem gleichen Spiralcharakter, wie ihn andere Galaxien eindrucksvoll auf Photos erkennen lassen. Auch wir würden das sofort sehen können, wenn uns eine Beobachtung der Milchstraße aus dem Weltraum möglich wäre. So aber schauen wir aus der Ebene des stark abgeplatteten, linsenförmigen Systems heraus. Das bewirkt die Konzentration der Sterne auf jenes schimmernde Band, das rund um den Himmel zieht. Der Vollständigkeit halber sei erwähnt, daß es in der Milchstraße außer Sternen und Gasnebeln noch eine Reihe interessanter galaktischer, also zur Milchstraße gehöriger Objekte gibt: planetarische Nebel, offene Sternhaufen, Kugelsternhaufen. Wir haben sie an anderer Stelle schon kennengelernt (siehe Seiten 202, 194, 198.

Ein richtiges Sternsystem hat alle in Frage kommenden Himmelsobjekte. Warum nicht auch Planeten mit Lebewesen?

Die Milchstraße und ihre kosmische Landschaft können wir exemplarisch beobachten. Schon der Feldstecher gibt jedermann eine Vorstellung. Schwieriger wird es, wenn wir uns die benachbarten Sternsysteme aussuchen. Das bekannteste sehen wir im Sternbild Andromeda. Im Messier-Katalog trägt es die Bezeichnung M 31, als Andromeda-Nebel ist es populärer. Dieser Spiralnebel ist ein Paradestück bei jeder Sternführung – sofern die geographische Breite seine Beobachtung erlaubt. Von der Erde ist der Andromeda-Nebel 1 500 000 Lichtjahre entfernt, und der Anblick im kleinen Fernrohr ist dieser Entfernung durchaus entsprechend. Verwöhnt von Photos, ist mancher Besucher einer Volkssternwarte vom visuellen Anblick selbst des Andromeda-Nebels enttäuscht, von anderen Spiralnebeln gar nicht zu reden. Gerade bei der Beobachtung eines solchen Objekts hängt sehr viel von den Umweltbedingungen am Beobachtungsort und von der Anpassung der Augen des Beobachters an Dunkelheit und Fernrohr ab. Es ist nämlich schon beeindrukkend, festzustellen, wie weit ausgedehnt die flache Nebelellipse im 14 x 100 Feldstecher erscheint – wenn die Beobachtungsbedingungen günstig sind!

Sternsysteme gibt es in verschiedenen Ausführungen. Genaugenommen umfassen die Spiralnebel nur 80% der extragalaktischen Nebel. Der Fachmann unterscheidet außerdem noch elliptische Nebel, sehr konzentrierte Sternsysteme, und dann noch sogenannte unregelmäßige Nebel. Wie der Name schon sagt: es sind Objekte von regelloser, wolkenartiger Struktur. Zu ihnen gehören übrigens die Große und die Kleine Magellansche Wolke, zwei überaus faszinierende Sternsysteme des Südhimmels (siehe dazu auch Seite 110 und 118).

Was die Milchstraße in verschwenderischer Fülle anbietet, ist bei den allermeisten außergalaktischen Systemen Mangelware. Und trotzdem: »Der Wert dieser Beobachtung liegt in erster Linie darin, daß die eigene Anschauung, die eigene Erfahrung durch nichts anderes ersetzt werden kann und daß sich das Wissen, das jeder vom Aufbau unserer Welt haben sollte, auf diese Weise vertiefen und festigen läßt.« Das schreibt Rudolf Kühn, der unvergessene Fernseh-Astronom im »Handbuch für Sternfreunde«. Und das ist auch das Anliegen dieses »Himmelsführers«.

Fernrohre für Sternfreunde

Sehr häufig ist die Meinung zu hören, daß für astronomische Beobachtungen große und teuere Fernrohre notwendig sind. Dem ist nicht so. Bereits der Feldstecher und kleine astronomische Fernrohre bis 100 mm Objektivöffnung leisten sehr viel. Von Natur aus hat der Mensch seine Augen als Beobachtungsinstrument. Durch die Pupille tritt Licht ein, dessen Menge entscheidend für die Reizung der Netzhaut ist. Das voll an die Dunkelheit angepaßte Auge von Menschen jungen bis mittleren Alters hat einen Pupillendurchmesser von etwa 6,3 mm. In klaren Nächten ohne Mondschein kommt man mit bloßen Augen bis zur Wahrnehmung von Sternen der 6. Größenklasse. Von einer Reihe von Firmen werden kleine astronomische Fernrohre – sie führen oft die Bezeichnung Amateur- oder Schulfernrohr – mit Öffnungen zwischen 50 und 100 mm in einer Preisklasse unter DM 1000,– (einschließlich Montierung und Okular) angeboten. Paul Ahnert schreibt in der Zeitschrift »Die Sterne« über die Leistungsfähigkeit eines Fernrohres von 63 mm Öffnung: »Ein kleines Fernrohr? Zugegeben. Aber seine Öffnung hat die 100fache Fläche wie die Augenpupille, sammelt also 100mal so viel Licht, zeigt Objekte, die 100mal lichtschwächer sind als die, die das bloße Auge wahrnehmen kann. Da die scheinbare Helligkeit eines Sterns mit dem Quadrat der Entfernung abnimmt, können wir einen Stern wie die Sonne noch aus der 10fachen Entfernung, über 550 Lichtjahre hinweg erkennen. Eine Vergrößerung der erreichbaren Distanz auf das Zehnfache bedeutet aber eine Erweiterung des überschaubaren Raums auf das $10^3 = 1000$fache. Absolut helle Objekte sieht man natürlich aus noch weit größerer Entfernung. Viele der extragalaktischen Nebel in den Sternbildern Coma und Virgo, die für das bloße Auge völlig unsichtbar sind, sind gut zu sehen – aus einer Entfernung von rund 30 Millionen Lichtjahren. Das leistet das ›kleine‹ Fernrohr.«
Übrigens ist das kleine Fernrohr auch bei der Mond- und Planetenbeobachtung kein Versager. Typische Erscheinungen, beispielsweise die Phasen der Venus, die Polkappen auf dem Mars, die Streifung auf dem Jupiter und der Ring des Saturn lassen sich bei gegebenen Sichtverhältnissen schön ausmachen.
Selbstverständlich gibt es für den Sternfreund größere Fernrohre. Sie kosten in der Regel mehrere tausend Mark, sofern nicht ein begabter Bastler am Werk ist, der den mechanischen Teil und unter Umständen auch die Optik selbst macht. Doch ist es mit diesen Kosten nicht getan. Fernrohre über 100 mm Öffnung werden zusammen mit der notwendigen Montierung immer schwerer und unhandlicher. Sie bedürfen für die optimale optische Nutzung der festen Aufstellung auf dem Balkon, Dachboden oder – besser – im Garten. Das hat aber nur Sinn, wenn das Fundament stabil ist (Betonboden!) und genügend Himmel überschaubar ist (freie Sicht nach Osten und Süden). Meistens wird ein Wetterschutz für das festaufgestellte Fernrohr unumgänglich (Schutzhütte, Kuppel).
Aus gutem Grund empfehlen wir in diesem Buch den Feldstecher und das kleine Fernrohr. Wer damit seine Erfahrungen gesammelt hat, mag nach mehr Optik Ausschau halten. In sehr vielen Fällen aber wird das kleine Instrument seinen Zweck erfüllen, ganz nach dem Motto: »Jedes Fernrohr hat seinen Himmel!«
Ein paar Grundlagen, die man über das astronomische Fernrohr wissen soll:

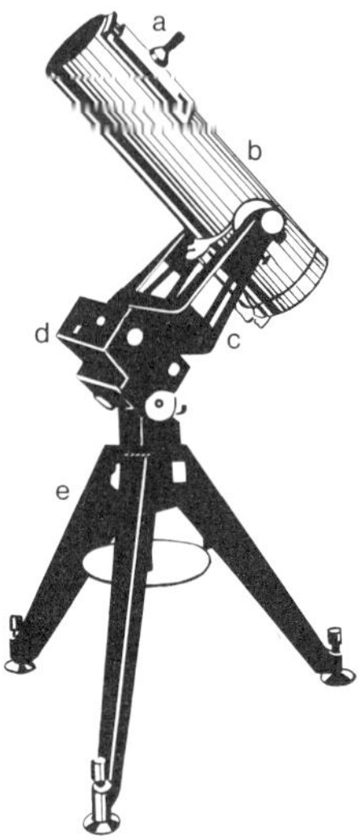

Modernes Spiegelfernrohr für Sternfreunde (Modell Dr. Johannes Heidenhain, Traunreut). Öffnung 150 mm. System Newton mit Ausbauvariante System Cassegrain (Verlängerung der Brennweite) und optischem System für Astrophotographie. Einblick des Beobachters bei (a); Rohr mit Spiegelhalterungen (b); Gabelmontierung (c); elektromotorischer Antrieb (d); zerlegbares Metallstativ (e).

1. das astronomische Fernrohr besteht aus einem lichtsammelnden Objektiv und einem lichtsammelnden Okular;
2. es gibt Objekte aus Linsen und aus Spiegeln. Demzufolge spricht man vom Refraktor bzw. Reflektor;
3. das Okular ist eine Lupe, die den Sehwinkel vergrößert, unter dem das vom Objektiv entworfene Bild im Auge wahrgenommen wird;
4. das Bild im astronomischen Fernrohr ist seiten- und höhenverkehrt;
5. die jeweilige Fernrohrvergrößerung ergibt sich aus dem Verhältnis von Objektiv- zu Okularbrennweite.

Gewöhnlich wird mit dem astronomischen Fernrohr monokular beobachtet, das heißt nur mit einem Auge. Ohne Zweifel bequemer ist das binokulare Sehen, das der Feldstecher bietet. Es gibt auch für astronomische Fernrohre binokulare Ansätze, die meist aber recht teuer sind und mit einer Lichtschwächung erkauft werden. In Stichworten das Wichtigste über Linsenoptik:

1. das einlinsige Objektiv für kleine Öffnungen und lange Brennweiten (1: 20). Störende Farbsäume. Billige Optik zum Experimentieren (Selbstbau!);
2. das zweilinsige verkittete Objektiv (Achromat) für Öffnungen bis 80 mm (1:15 bis 1:20). Sekundäres Spektrum merklich, aber kaum störend. Preiswerte Optik für Sternfreunde;
3. das zweilinsige Objektiv mit Luftabstand zwischen den Linsen (Fraunhofer-Objektiv). Standardobjektiv für astronomische Zwecke (1:15);
4. das zweilinsige Objektiv mit Luftabstand und vermindertem sekundärem Spektrum (Halbapochromat, AS-Objektiv von Zeiss). Erfüllt hohe Ansprüche an die Korrektur (1:11 bis 1:15);
5. das dreilinsige Objektiv mit Luftabständen zwischen den Linsen (Apochromat, F-Objektiv von Zeiss). Übersteigt die Bedürfnisse des Sternfreundes;
6. das mehrlinsige Objektiv für photographische Zwecke (z. B. Astrovierlinser), im Aufbau ähnlich den bekannten Tessar-Photo-Objektiven (1:2,8 bis 1:6).

Tritt an die Stelle der Linsen ein Spiegel, so entfällt der Aufwand zur Beseitigung der Farbabweichung (Achromasie). Kugel- und Parabolspiegel liefern farbreine Bilder und kennen keinen Unterschied zwischen visuellem und photographischem Brennpunkt. Die Kugelfläche ist jedoch nicht frei von Abbildungsfehlern. Den einfachen Kugelspiegel kann man deshalb nur mit einem Öffnungsverhältnis zwischen 1:10 und 1: 20 verwenden. Beim aufwendigeren Parabolspiegel kann man zwischen 1: 5 und 1:10 wählen.

Die gebräuchlichsten Spiegelsysteme sind:

1. das Newton-Teleskop. Das von einem Kugel- oder Parabolspiegel erzeugte Bild wird von einem Planspiegel im Strahlengang aufgefangen und umge-

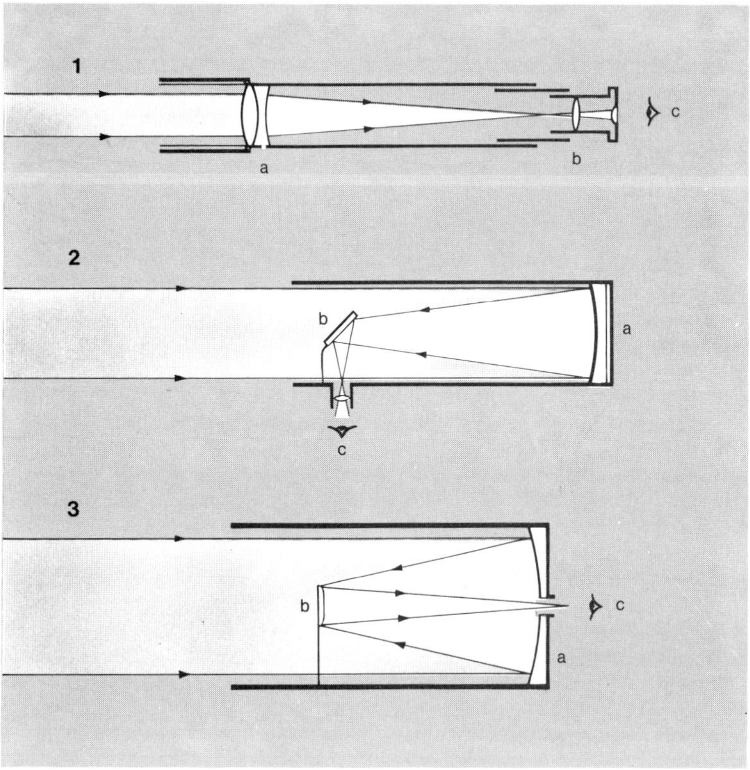

1 Strahlengang im Refraktor (Linsenfernrohr). Achromatisches Objektiv (a), Okular (b), Beobachter (c). – 2 Strahlengang im Spiegelfernrohr nach Newton. Hauptspiegel (a), Fangspiegel (b), Okulareinblick für den Beobachter (c). – 3 Strahlengang im Spiegelfernrohr nach Cassegrain. Durchbohrter Hauptspiegel – mit kreisrunder Zentralbohrung – (a), Fangspiegel (b), Okulareinblick für den Beobachter (c).

lenkt zum Okular. Einfache Optik, leichtes Bauen, geringe Kosten. Nachteile: Fangspiegel im Strahlengang (Silhouettierung), unbequemer Okulareinblick bei größeren Baulängen;

2. das Cassegrain-Teleskop. Vor dem Brennpunkt des durchbohrten parabolischen Hauptspiegels befindet sich ein hyperbolisch geformter kleiner Spiegel, der ebenfalls optisch korrigiert und die Brennweite streckt (Zweispiegelsystem). Kurze Baulänge auch bei längeren Brennweiten, sehr gute Definition in einem allerdings kleinen Sehfeld. Nachteile: Spiegel im Strahlengang, hohe Anforderung an die Qualität der Optik, Erfahrung beim Zentrieren des optischen Systems.

Bei beiden Spiegelfernrohren empfiehlt es sich, den Hauptspiegel nie kleiner als 100 mm (4 Zoll) zu wählen. Einfacher zu handhaben und optisch leistungsstärker ist beim kleinen Fernrohr (Öffnung unter 100 mm) auf jeden Fall der Refraktor. Neuesten Entwicklungen zufolge werden Linsen und Spiegel zu Objektiven kombiniert (Spiegellinsen-Fernrohre, katadioptrische Systeme). Zwei Typen verdienen die Aufmerksamkeit des Sternfreundes:

1. Das Cassegrain-Maksutow-System mit Meniskuslinse und Kugelspiegel. Sehr kompakte Bauweise, geschlossenes optisches System ähnlich wie beim Refraktor, temperaturunabhängiger als ein Spiegelsystem. Allerdings nicht gerade billig in der Anschaffung;
2. Die Schmidt-Kamera mit gläserner Korrektionsplatte (plan und asphärisch geformt) und Kugelspiegel. Wie der Name schon sagt, ein Gerät nur für astrophotographische Aufgaben. Gestochen scharfe Bilder und sehr lichtstark (1: 2 bis 1: 4). Aber sehr empfindlich gegen Streulicht. In Großstadtnähe kaum Einsatzmöglichkeit.

Die Güte des Bildes hängt in hohem Maß auch von der Qualität der Okulare ab. Die wichtigsten Okulartypen sind:

1. Huygens-Okular. Preiswerte 2linsige Konstruktion. Brauchbar bis herab zu Brennweiten von 16 mm und einem Bildfeldwinkel von ±25 Grad;
2. Mittenzwey-Okular. 2linsige Konstruktion mit großem Gesichtsfeld (ca. 50 Grad). Für mittlere Brennweiten;
3. Kellner-Okular. 3linsige Konstruktion mit achromatischer Augenlinse. Gute Korrektur für lange und mittlere Brennweiten. Geeignet für Bildfelder bis ±25 Grad;
4. Monozentrisches Okular (achromatisch). 3linsig verkittet. Für Brennweiten von 10 mm und kürzer. Praktisch frei von Reflexen. Bildfeldwinkel ±15 Grad;
5. Orthoskopisches Okular (achromatisch). 4linsig. Für kurze und mittlere Brennweiten und Bildfelder bis ±30 Grad.

Ein Satz von drei Okularen erfüllt in der Regel alle Ansprüche des Sternfreundes. Brennweiten: 40 mm, 20 mm, 10 mm.

Zum Fernrohr gehört die Montierung, entweder azimutal oder besser parallaktisch (siehe Abbildungen!). Auf die solide Ausführung der Montierung sollte

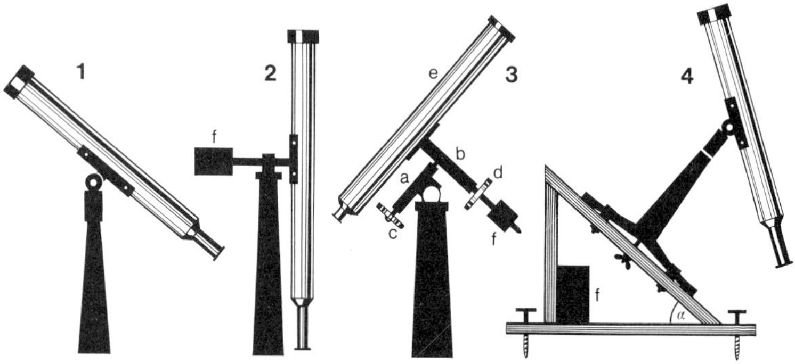

Abbildung 1 und 2 zeigen das um zwei Achsen drehbar (eine Achse waagrecht, eine Achse senkrecht) montierte Fernrohr. Man spricht von der azimutalen oder horizontalen Montierung. Abbildung 3 veranschaulicht die parallaktische Aufstellung des Fernrohrs: a = Stundenachse, b = Deklinationsachse, c = Stundenkreis, d = Deklinationskreis, e = Rohr, f = Ausgleichs- oder Gegengewicht. In der Abbildung ist das Fernrohr auf den Himmelspol ausgerichtet. Neigt man die senkrechte Achse eines azimutal aufgestellten Fernrohrs so, daß sie zum Himmelspol weist, geht die Aufstellung in eine parallaktische über. Ein kleines Fernrohr mit azimutaler Montierung läßt sich auf diese Weise parallaktisch aufstellen (Abbildung 4). Der Winkel Alpha entspricht 90° minus geographischer Breite. Das Gegengewicht f sorgt dafür, daß das Fernrohr nicht kippt.

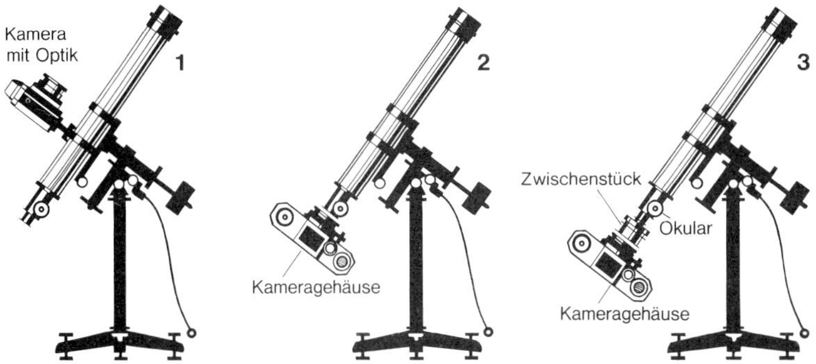

Möglichkeiten der Astrophotographie mit einem parallaktisch montierten Fernrohr und einer Handkamera (Systemkamera mit Wechseloptik): 1 = Kamera wird parallel zur optischen Achse des Fernrohrs aufgeschraubt. Fernrohr ist Leitrohr für Langzeitbelichtungen. 2 = Kameragehäuse (ohne Optik) wird an Stelle des Okulars am Fernrohr befestigt (Zwischenring mit Gewinde). So Aufnahmen im Fernrohrbrennpunkt möglich. 3 = Kameragehäuse wird hinter dem Okular angesetzt. Für Aufnahmen mittels der sogenannten Okularprojektion. Es ist auch möglich, mit einer Kamera mit fest eingebauter Optik (z. B. Minox, Rollei 35) direkt am Okular zu photographieren. Die Kameraoptik muß dabei auf unendlich eingestellt sein. Das Okular soll das Objekt visuell scharf zeigen. Kleine Abweichungen von der visuellen Schärfe können bessere Bilder bringen. Hier muß man selbst Versuche machen!

der Sternfreund größten Wert legen. Die Anforderungen an die Stabilität wachsen mit zunehmender Objektivöffnung rasch an.
Zum Fernrohr gehört auch der Sucher, ein kleines parallel angebrachtes Fernrohr, das ein großes Gesichtsfeld besitzt und lichtstark ist. Es soll beim Auffinden der gesuchten astronomischen Objekte helfen. Als Sucher eignet sich z. B. ein monokularer Feldstecher.
Es ist ohne weiteres möglich, mit kleinen Fernrohren wirkungsvolle Photos von der Sonne, dem Mond und anderen Himmelskörpern zu machen. Obwohl die Refraktorobjektive in der Regel für die visuelle Beobachtung korrigiert sind, eignen sie sich genauso für Astroaufnahmen wie Spiegel. Dabei besteht die Möglichkeit

1. im Brennpunkt des Fernrohrs (ohne Okular), oder
2. das vom Okular projizierte Bild zu photographieren.

Ganz einfach geschieht das mit Hilfe des Gehäuses einer einäugigen Spiegelreflexkamera nach Entfernen der Kameraoptik. Bezüglich Aufnahmetechnik, Filmmaterial usw. sei auf einige im Literaturverzeichnis (Seite 228) angegebene Spezialveröffentlichungen verwiesen. Zum Experimentieren genügt handelsüblicher 17-DIN-Film. Schnappschüsse vom Mond bekommt man bei stehendem Fernrohr mit Belichtungszeiten zwischen $^1/_5$ und $^1/_{25}$ Sekunde.
Handelsübliche Kameras aller Formate eignen sich auch als Mini-Astrokameras für Sternfeldaufnahmen. Sie werden auf dem parallaktisch montierten Fernrohr parallel zur optischen Achse des Fernrohrs befestigt und entsprechend der Belichtungszeit den Sternen nachgeführt. Lichtstarke Kleinbildobjektive (etwa um 1: 2) bringen in Verbindung mit hochempfindlichem Filmmaterial (27 DIN) schon nach relativ kurzen Belichtungszeiten (1–10 Minuten) hübsche Bilder. Die kurze Brennweite der Kleinbildobjektive (50 mm

bis 75 mm) ist gegenüber Nachführungsfehlern noch verhältnismäßig unempfindlich, vor allem bei den kurzen Belichtungszeiten. Bei der Nachführung dient in diesem Fall das Fernrohr als Leitrohr. Man stellt im Okular einen hellen Stern auf Bildmitte ein und sorgt entweder von Hand oder mittels Elektromotor dafür, daß der Stern während der Belichtungszeit immer in der Gesichtsfeldmitte bleibt.

Der Feldstecher ist kein Fernrohr für kleine Details und hohe Vergrößerungen. Man nehme ihn dort, wo er seine besten Eigenschaften konkurrenzlos zeigen kann: bei der Beobachtung der Fixsternwelt mit ihren zahlreichen Sternfeldern, Sternhaufen, Nebelflecken, veränderlichen und doppelten Sternen. Daß eine gute Feldstecheroptik auch Mondkrater zeigt und Sonnenflekken, die Jupitermonde und die Phasen der Venus, ist eine selbstverständliche, willkommene Zugabe.

Vier spezifische Pluspunkte vereint der Feldstecher:

1. Handlichkeit auch in großer Ausführung (im Vergleich zum Fernrohr);
2. beträchtliche lichtsammelnde Leistung;
3. binokulare Beobachtung;
4. aufrechte Bilder, Verwendbarkeit auch für Erdbeobachtungen.

Das Angebot an Feldstechern ist heute überreichlich. Hinsichtlich eines möglichen astronomischen Einsatzes sollte man bei der Neuanschaffung einiges beachten. Feldstecher werden in verschiedenen Leistungsstufen hergestellt.

Feldstecher im Größenvergleich zu einem Federhalter. Gigant 14 x 100 von Wachter (1); Tordalk 11 x 80 von Beck (2); Feldstecher 15 x 60 von Zeiss (3); Trinovid 10 x 40 von Leitz (4).

Benennungen wie Jagd-, Nacht- oder Marineglas deuten nicht nur auf bestimmte Einsatzbereiche hin, sondern auch schon auf die optische Leistung. Ein spezielles Astroglas gibt es noch nicht; doch dürfte eine Reihe von handelsüblichen Feldstechern diese Bezeichnung mit vollem Recht tragen. Als Beispiel die Tabelle mit den optischen Daten von vier Markengläsern, die der oberen und obersten Leistungsfähigkeit heute lieferbarer Feldstecher entsprechen.

Marke	Vergrößerung	Objektiv-Öffnung	Austrittspupille	Geom. Lichtstärke	Dämmerungszahl	Gesichtsfeld in Winkelmaß	Gesichtsfeld in Metern
Beck Tordalk 11 x 80	11 x	80 mm	7,3 mm	53	29.6	4,6°	80 auf 1000
Leitz Trinovid 10 x 40	10 x	40 mm	4 mm	16	20.0	7,0°	122 auf 1000
Wachter Gigant 14 x 100	14 x	100 mm	7 mm	49	37.4	3,7°	65 auf 1000
Zeiss 15 x 60	15 x	60 mm	4 mm	16	30.0	4,6°	80 auf 1000

Die auf jedem Feldstecher eingravierten Zahlen 11 x 80 oder 10 x 40 bezeichnen die Vergrößerung (1. Zahl) und den Objektivdurchmesser (2. Zahl). Vergrößerung und Objektivdurchmesser sind die Kriterien für die optische Leistungsfähigkeit eines Feldstechers. Je größer der Objektivdurchmesser ist, um so mehr Licht von den zu beobachtenden Objekten gelangt in das Auge des Beobachters. Die Objekte sollen möglichst hell und klar erscheinen, dazu braucht man einen möglichst großen Objektivdurchmesser. Für astronomische Zwecke ist auf jeden Fall Feldstechern mit Objektivöffnungen zwischen 50 und 100 mm der Vorzug zu geben. Neben dem Objektivdurchmesser (der Optiker spricht von Eintrittspupille) spielt die Vergrößerung eine Rolle. Bleibt der Objektivdurchmesser gleich und wächst die Vergrößerung, nimmt die Lichtstärke des Feldstechers ab. Zwar wird der Winkel, unter dem der Beobachter das Objekt sieht, größer, aber das Bild ist blasser, verliert an Brillanz. Die Austrittspupille wird kleiner; sie ist nichts anderes als die durch das Okular abgebildete Eintrittspupille. Jeder erkennt sofort die Austrittspupille im Okular als helle Scheibe, wenn der Feldstecher gegen ein Fenster gehalten und das Okular aus 20–30 cm Entfernung betrachtet wird. Es gilt die Beziehung:

Objektivdurchmesser : Vergrößerung = Austrittspupille in mm.

In der Tabelle auf S. 218 findet der Leser die Austrittspupillen (AP) von vier Feldstechern. Dazu die Spalte GL = Geometrische Lichtstärke, was nichts anderes ist als die Quadratzahl der jeweiligen Austrittspupille. Dadurch wird der Unterschied an Lichtstärke zwischen den einzelnen Konstruktionen noch deutlicher.

Es ist zu beachten, daß zwar das menschliche Auge maximal einen Pupillendurchmesser von 8 mm erreichen kann, dieser Wert jedoch selten tatsächlich erreicht wird. Mit zunehmendem Alter verkleinert sich der Pupillendurchmesser. Der für die Praxis brauchbare Wert liegt im Mittel um 6 mm. Da nun die Pupille nicht mehr Licht herein läßt, als es der Durchmesser erlaubt, sind Feldstecher mit Austrittspupillen von 5–7 mm für astronomische Beobachtungen optimal.

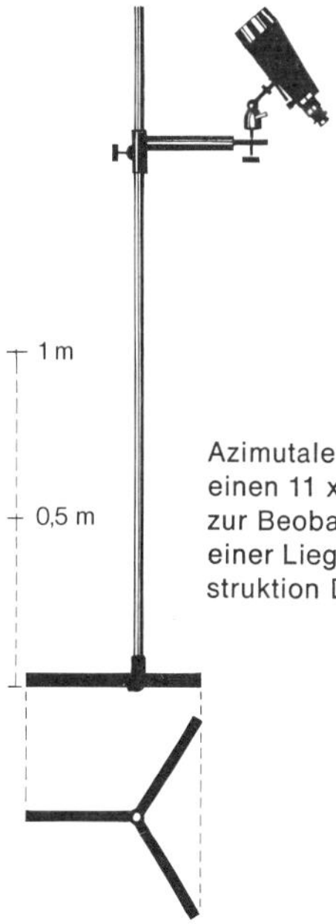

◁ »Galgenstativ« für Feldstecher. Höhe 2 Meter. Länge der 3 Füße 30 bis 33 cm; T-Eisen 4 cm oder Flacheisen 50 x 15 mm. Säule ⌀ 40 mm. Galgenstange T-Eisen 3 cm, Länge 30 cm, evtl. länger für zwei Feldstecher (Konstruktion Herbert Baderschneider in »Sterne und Weltraum« 1968, Heft 1).

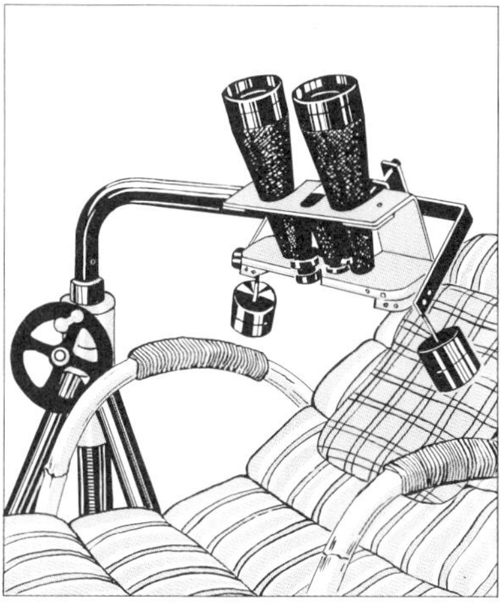

Azimutale Montierung für einen 11 x 80-Feldstecher zur Beobachtung von einer Liege aus (Konstruktion Dr. Franz Grau).

Es wäre jedoch falsch, den Feldstecher ausschließlich nach seiner Lichtstärke zu beurteilen. Es ist bekannt, daß eine zu große Lichtstärke einen zu hellen Himmelsgrund bringt, der feine Lichteindrücke undeutlich macht oder schluckt. Das gilt nicht nur für die Beobachtung in der Dämmerung, sondern auch während der Nacht, da der Himmelsgrund immer etwas aufgehellt ist. Den Ausgleich bringt die Vergrößerung. Die Gesamtleistung des Feldstechers hängt also von einem ausgewogenen Verhältnis zwischen Lichtstärke und Vergrößerung ab. Dafür ist eine weitere Meßzahl eingeführt worden, die Dämmerungszahl (DZ):

$$DZ = \sqrt{\text{Objektivdurchmesser} \cdot \text{Vergrößerung}}$$

Dieser Erfahrung tragen die Herstellerfirmen Rechnung, wenn sie wie z. B. Beck in Kassel das Modell Tordalk auch 22 x 80 und Wachter in Bodelshausen das Modell Gigant 25 x 100 liefern.

Bei der Anschaffung eines Feldstechers wird man noch an anderes denken müssen, beispielsweise an die Handlichkeit, die unter Umständen wichtiger sein kann als extreme optische Werte. Beispiele für bequeme Handhabung und gute optische Leistung sind die Gläser von Leitz Trinovid 10 x 40 und von Zeiss 15 x 60. Die Wahl geeigneter optischer Bauelemente macht diese beiden Gläser übrigens zu ausgesprochenen Weitwinklern, ein Umstand, der dem Gesichtsfelddurchmesser zugute kommt. Einfache Universalgläser 8 x 30 sollte man nicht gering schätzen. Auch sie sind für astronomische Beobachtungen durchaus brauchbar. Sie haben überdies den Vorzug, daß man mit ihnen in der Regel freihändig beobachten kann. Die viel schwereren Feldstecher mit 11 x 80, 15 x 60 und 14 x 100 brauchen auf jeden Fall ein Stativ, wenn der Beobachter eine wirklich genußreiche Sternstunde erleben will. Die Bilder auf Seite 219 geben ein paar Anregungen, wie man die Feldstecherbeobachtung so bequem wie möglich gestalten kann.

Noch ein paar Anmerkungen für Brillenträger. Am bequemsten beobachtet man ohne Brille. Wer normal kurz- oder weitsichtig ist, kann das auch ohne weiteres tun. Die richtige Sehschärfe stellt der Beobachter an den Okularen ein, wobei es vorkommen kann, daß der Einstellspielraum für Fehlsichtige zu gering bemessen ist. Optiker oder die Herstellerfirmen nehmen auf Wunsch Änderungen vor, die dem Okulartrieb einen längeren Weg geben. Mit der Brille muß derjenige beobachten, der z. B. astigmatische Augen hat. Dafür gibt es spezielle Korrektionsgläser, die auch zum Aufstecken auf die Feldstecherokulare erhältlich sind. Flache Okularmuscheln machen dem Brillenträger das Beobachten angenehmer, weil er näher an die Okulare herankommt. Im Handel sind sie unter der Bezeichnung »Brillenträger-Augenmuscheln« zu haben. Dort gibt es überdies graue und gelbe Dämpfgläser zum Aufstecken, die bei manchen Beobachtungen, z. B. Mond, wegen der lichtdämpfenden Wirkung empfehlenswert sind. Vorsicht jedoch bei der direkten Sonnenbeobachtung! Augen auf jeden Fall durch spezielle Gläser bzw. Filter schützen (siehe Seite 19). Obendrein ist Vorsicht geboten mit Rücksicht auf den Feldstecher selbst. Die große Erwärmung der Optik kann zur Auflösung der Kittflächen von verkitteter Optik führen. Das ist auch der Fall, wenn die Sonne mit Hilfe des Feldstechers indirekt beobachtet wird (Projektionsmethode).

Nur das Allerwichtigste kann an dieser Stelle über Fernrohre und Feldstecher mitgeteilt werden. Im Literaturverzeichnis sind einige Titel angegeben, die sich ausführlich mit Fragen der Aufstellung, Montierung, Astrophotographie usw. befassen.

Aus der Geschichte der Himmelskunde

Altertum und Mittelalter

Die Himmelskunde ist die älteste aller Naturwissenschaften. Seit es Menschen auf dem Planeten Erde gibt, ist der gestirnte Himmel ein bevorzugtes Objekt ihrer Wißbegier. Die systematische Beobachtung der Gestirne setzt in dem Augenblick ein, da die Sterne im Bereich des Kultischen und Religiösen einen bevorzugten Platz zugewiesen bekommen und gleichzeitig die Notwendigkeit der Zeitbestimmung und Orientierung als Lebenshilfe notwendig wird. Von der täglichen Zeitmessung führt der Weg direkt zum jährlichen Kalender.

Die ältesten astronomischen Beobachtungen werden überliefert durch Schriften und Kulturdokumente der alten Kulturvölker des Nahen und des Fernen Ostens. Es gibt chinesische Aufzeichnungen über Sonnenfinsternisse aus dem 3. Jahrtausend v. Chr. Der indische und der babylonische Kulturkreis steht mit ähnlich weit zurückliegenden Belegen astronomischen Interesses nicht nach. Und es ist berechtigt anzunehmen, daß die Mayavölker Mittelamerikas sogar schon im 4. Jahrtausend v. Chr. regelmäßige Himmelsbeobachtungen gemacht haben. Die Auslegung einer alten Mayahandschrift, des sogenannten Dresdener Kodex, weist auf die Beobachtung einer totalen Mondfinsternis am 15. Februar des Jahres 3379 v. Chr. hin!

Die Gestirne spielen im Altertum die Rolle von Göttern. So ist jede himmelskundliche Beobachtung Hilfsmittel für Religion und Mythos. Hier liegt auch die Wurzel für die Astrologie, der Glaube an den Einfluß der Sterne auf das menschliche Schicksal. Erst allmählich gelingt es der Menschheit, die physikalische Wirklichkeit des Kosmos zu erkennen. Unbeschadet der religiösen Bindung astronomischer Beobachtungen im Altertum verblüffen die mathematisch-astronomischen Kenntnisse der Menschen jener Zeit. Die Orientierung nach der Sonne führt sogar zurück zu den Menschen der Steinzeit, z. B. zum Kultbau von Stonehenge in England und zu den Steinreihen von Carnac in Frankreich. Alte Zeitmarken im Alpenraum sind die sogenannten Uhrenberge, deren Namen, wie Neuner-, Zehner-, Elfer-, Zwölfer- und Einserspitze, noch heute an den einstigen Zweck erinnern, gigantische natürliche Zeitmarken zu sein.

Seit über 5000 Jahren wird von der Erde aus das Geschehen im Weltraum verfolgt, nur 350 Jahre davon mit dem Fernrohr. Die Astronomen des Altertums und des Mittelalters sind allein auf ihre Augen angewiesen. Einfache Meß- und Visiergeräte sind ihre einzigen Hilfsmittel. Doch die Grundlagen der sphärischen Astronomie werden bereits von den Ägyptern und Babyloniern erkannt. Die Bestimmung der Jahreslänge steht im Mittelpunkt des Interesses. Die scheinbare Bewegung der Sonne durch die Sternbilder des Tierkreises ist die naheliegende natürliche Grundlage für Zeitmessungen. Im Gegensatz zu den Bahnen der Planeten – Merkur, Venus, Mars, Jupiter und Saturn sind in der Antike bekannt – ist die Bahn der Sonne nicht kompliziert. Die Himmelskundigen nennen sie Ekliptik, die »Linie der Finsternis«, weil sich dort so auffällige Erscheinungen wie die Sonnen- und Mondfinsternisse abspielen. Man weiß bereits, daß Sonnenfinsternisse nur bei Neumond und Mondfinsternisse nur bei Vollmond auftreten. Die Wiederkehrperiode der Finsternisse, der sogenannte Saroszyklus (18 Jahre 11 Tage) ist Babyloniern und Chaldäern 1000 Jahre v. Chr. wohlbekannt. Mit Hilfe dieses Zyklus sagt

Thales von Milet eine Sonnenfinsternis voraus, die dann auch prompt am 22. Mai 585 v. Chr. stattfindet.
Alle wichtigen Punkte auf der Ekliptik sind im Altertum bekannt: Frühlings- und Herbstpunkt (Äquinoktien) und Sommer- und Wintersonnenwende (Solstitien). Aus der Wiederbeobachtung der Sonnenwenden folgt die Definition des tropischen Jahres (die Bezeichnung hat mit den Tropen nichts zu tun, sondern kommt von dem griechischen Wort tropos = Wende). Die Wiederbeobachtung eines bestimmten hellen Fixsterns in der Morgendämmerung dient den antiken Sternkundigen als Kriterium für das siderische Jahr. Den tatsächlichen Wert dieses Jahres mit 365,256 mittleren Sonnentagen verfehlen die Babylonier nur um viereinhalb Minuten, und die Dauer des Sterntages, also einer Umdrehung der Fixsternsphäre als Folge der Erdrotation, rechnen sie um $^3/_{100}$ länger.
Auch mit der Gestalt der Erde beschäftigen sich die antiken Astronomen recht ausführlich. Viele Vorstellungen stehen zur Diskussion, angefangen von der Erde als einer flachen, auf dem Wasser des Ozeans schwimmenden Scheibe bis zur zylindrischen Säule. Der Sokratesschüler Platon (427–347 v. Chr.) lehrt die Kugelgestalt der Erde; wahrscheinlich vor ihm schon die Gelehrten Pythagoras (580–500 v. Chr.) und Xenophanes (565–480 v. Chr.). Bei Aristoteles (389–322 v. Chr.) ist die Kugelgestalt bereits eine Selbstverständlichkeit. Als Beweismittel dient die Erdkrümmung, die Tatsache, daß auf hoher See zuerst die Mastspitze des Schiffes zu sehen ist und daß die Höhe des Himmelspols nach Norden steigt, nach Süden fällt. Die nord-südliche Krümmung beweist das letzte Argument eindeutig. Und Aristoteles macht darauf aufmerksam, daß der Rand des Erdschattens bei der Mondfinsternis immer die Form des Kreisbogens mit gleicher Krümmung hat. Die Kugel ist der einzige geometrische Körper, dessen Schatten immer kreisförmig auf einer Projektionsfläche begrenzt ist.
Kopfzerbrechen machen die Bahnen der Planeten. Sie passen nicht in das Dogma von der gleichförmigen Kreisbewegung aller Gestirne – ein Dogma, das eng verknüpft ist mit religiösen Vorstellungen jener Epoche, mit dem Glauben an die Harmonie auf Erden und natürlich erst recht im Weltraum. Ptolemäus (85–160 n. Chr.), der berühmte Astronom der Spätantike, versucht die Ungleichförmigkeit der Planetenbewegungen unter Zuhilfenahme des Epizykels und der Exzentrizität zu erklären. Ein Epizykel ist ein Kreis, auf dem sich der Planet mit gleichbleibender Geschwindigkeit fortbewegt. Der Mittelpunkt dieses Kreises wandert seinerseits auf einem anderen Kreis, in dessen Mittelpunkt bzw. exzentrisch davon die Erde gedacht ist. Mit viel Scharfsinn hat Ptolemäus sein System entwickelt, das der Gelehrtenwelt immerhin erst 1300 Jahre später verbesserungsbedürftig erschien.
Die Zeit zwischen Ptolemäus und Kopernikus wird oft als Ruhepause, ja als Epoche des Niedergangs der Astronomie bezeichnet. Zwar hat sich in bezug auf das Weltbild in der Tat nichts geändert, dafür sind aber zahlreiche Neuerungen und Verfeinerungen der mathematischen Methoden und instrumentellen Hilfsmittel geschaffen worden. Es sind in erster Linie die Araber, die Mathematik und Beobachtungstechnik konsequent weiterentwickeln – denken wir nur an den Kosinussatz der sphärischen Trigonometrie, den Al Battani (gest. 929 n. Chr.) formuliert, und an die Tafeln der Funktionen Sinus und Tangens, die von seinem Landsmann Abul Wefa (940–998) stammen. Die Araber sind es auch, die das antike astronomische Wissen an das Abendland überliefern. Dort wird die Beschäftigung mit der Himmelskunde Bestandteil jeder akademischen Bildung. Die Übernahme der arabischen Astro-

nomie ist nur möglich, weil man sich für die Naturwissenschaften interessiert. Dem Hinweis auf die mittelalterliche Theologie als dem großen Hindernis für die Entfaltung der Naturwissenschaften stehen die Zeugnisse berühmter Theologen entgegen: Thierry von Chartres, Hugo von Sankt Viktor, Albertus Magnus, Thomas von Aquin und andere mehr. Sie rühmen die Astronomie als Hilfe des Menschen bei der wahren Gottes- und Welterkenntnis.

Zusammenfassung:

Die antike Astronomie bemüht sich, die mit bloßem Auge am Himmel erkennbaren Erscheinungen der Sternenwelt zu deuten und in das rechte Verhältnis zu einem Weltbild zu bringen, dessen Mitte die Erde ist.

Nikolaus Kopernikus, Astronom, 1473 bis 1543

Johannes Kepler, Astronom, 1571–1630

Neuzeit

Das wichtigste Ereignis zu Beginn der Neuzeit ist der Übergang vom geozentrischen zum heliozentrischen Weltbild. Er wird bereits im ausgehenden Mittelalter vorbereitet. Antikes Wissen und geistige Methodik werden in die Scholastik übernommen, die mit ihrer Systematik und geistigen Disziplin ein nicht zu unterschätzender Faktor für den kritischen Geist modernen wissenschaftlichen Denkens ist.
Das neue Weltbild und die endgültige Erklärung der Bewegungen von Sonne, Mond und Planeten sind untrennbar verbunden mit den Namen Nikolaus Kopernikus (1473–1543), Galileo Galilei (1564–1642), Johannes Kepler (1571 bis 1630) und Isaac Newton (1643–1727).
Kopernikus bringt das geozentrische Weltbild zu Fall, und zwar nicht durch Fakten astronomischer Beobachtungen, sondern auf dem Weg des Überdenkens des nicht gerade einfachen Ptolemäischen Systems. Erst die Astronomen Tycho Brahe (1546–1601) und Kepler sowie der Paduaer Universitätsprofessor Galilei schaffen durch neue und genauere Beobachtungen die empirische Grundlage für die neue Lehre. Der Kosmos des Ptolemäus war nicht nur für runde eineinhalb Jahrtausende die Lehrmeinung der Wissenschaft – er war zugleich das feste weltanschauliche Fundament für die europäische

Galileo Galilei, Physiker und Astronom, 1564–1642

Isaac Newton, Physiker, Mathematiker und Astronom, 1643–1727

Josef von Fraunhofer, Physiker und Astronom, 1787–1826

Albert Einstein, Physiker, 1879–1955

Gesellschaft des Mittelalters. Diese Sozialwelt wird beherrscht von der »ordinatio ad finem«, dem religiös untermauerten Ordnungsdenken in allen Lebensbereichen, einschließlich Politik, Wirtschaft und Wissenschaft. In dieses scheinbar so unerschütterliche Gefüge stößt Kopernikus mit seiner Idee von der Sonne als dem Mittelpunkt der Welt. Die Erde wird zum Trabanten degradiert. Es sind Behauptungen, deren ungeheuer revolutionärer Inhalt uns heute gar nicht mehr so gefährlich erscheint. Die Idee des Kopernikus reift in einer Zeit, da die Erde selbst größer wird und die Seewege nach Indien

und Amerika entdeckt werden. Doch bleibt Kopernikus mit seinem Weltbild zu Lebzeiten sozusagen unter den Intellektuellen. Es ist ein anregender Gesprächsstoff im Kreis gelehrter Humanisten.
Der dramatische Augenblick für die neue Lehrmeinung, ihr Zeitpunkt der Bewährung, aber auch der Publicity, wie wir heute sagen würden, kommen erst fast hundert Jahre später. Es ist der Moment, wo das soeben erfundene Fernrohr praktischen Augenschein bisher völlig unmöglich gehaltener astronomischer Tatsachen schafft. Es ist Galilei, der als erster Naturwissenschaftler im Teleskop die rauhe Oberfläche des Mondes sieht, 1610 die vier hellen Jupitermonde entdeckt und mit der Beobachtung der Phasen der Venus einen praktischen Beitrag für die Bestätigung des heliozentrischen Weltbildes liefert. Im Jahr 1609 veröffentlicht Kepler die ersten zwei seiner Planetengesetze die auf Beobachtungen des Planeten Mars von Tycho Brahe – noch ohne Fernrohr gemacht – fußen. 1619 folgt das dritte Gesetz (siehe Seite 156). Kepler hat den persönlichen Vorteil, daß im konfessionell zerstrittenen Deutschland keine obrigkeitliche Instanz gegen ihn vorgeht. Denn welche Erschütterung die astronomischen Erkenntnisse für die Sozialwelt bedeuten, beweist allein die Tatsache, daß erst im Jahr 1616, 73 Jahre nach dem Erscheinen, das Buch von Kopernikus, das die neue Lehre beschreibt (»De Revolutionibus Orbium Coelestium«) auf den Index der römischen Kirche gesetzt wird, wo es bis zum Jahr 1757 verzeichnet bleibt. Und Galilei gar wird der Prozeß gemacht und er wird für den Rest des Lebens auf seinem Wohnsitz in Haft gehalten.
Der Durchbruch des heliozentrischen Weltbildes ist von nun an jedoch nur noch eine Frage der Zeit. Das Fernrohr eröffnet den Astronomen die Möglichkeit der physischen Erforschung der einzelnen Himmelskörper, nachdem die Arbeit bislang auf die Bewegungslehre beschränkt war. Noch einmal ein Höhepunkt im Bemühen, die Bewegungen der Gestirne zu erklären, ist die Formulierung des Gravitationsgesetzes durch Isaac Newton (siehe Seite 207). Er gibt die Lösung des Zweikörperproblems (Bewegung eines Planeten um die Sonne) und damit den Anstoß für die weitere Verfeinerung der Himmelsmechanik. Immer genauere Vorausberechnungen der Bahnen der Himmelskörper des Sonnensystems kennzeichnen die Astronomie an der Wende vom 18. zum 19. Jahrhundert.
Daneben schreitet die Bestandsaufnahme des Weltraums fort. Die Erforschung der Fixsternwelt bekommt mit der Konstruktion leistungsfähiger Spiegelfernrohre in der 2. Hälfte des 18. Jahrhunderts neuen Auftrieb. Die Katalogisierung und Vermessung der Fixsterne ist mit dem Namen William Herschel (1738–1822) eng verknüpft. Der gelernte Militärmusiker kommt in England als Astronom zu höchsten Ehren.
Bis in die Mitte des 19. Jahrhunderts hinein sieht es so aus, als ob der Zweck der Astronomie allein darin bestehe, »Regeln für die Bewegung jedes Gestirns zu finden, aus welchen sein Ort für jede beliebige Zeit folgt«. Diese Meinung vertritt F. W. Bessel (1784–1846), der einer der namhaftesten Astronomen seiner Zeit ist. Aber die Weichen in eine neue Richtung sind bereits gestellt. Schon 1814 zerlegt Joseph von Fraunhofer das Sonnenlicht im Prisma und gewinnt so das Spektrum der Sonne. Und 1859 erklären Kirchhoff und Bunsen die Grundlagen der Spektralanalyse. Fortan ist die Erforschung des physikalischen Zustands und der stofflichen Zusammensetzung der Gestirne genauso wichtig wie die Kenntnis von den Bewegungen der Himmelskörper und ihrer räumlichen Anordnung. Es ist der Beginn der Astrophysik.

Das 19. Jahrhundert bringt auch entscheidende Fortschritte für die Beobachtungstechnik. Die Qualität der astronomischen Fernrohre und Hilfsgeräte (Spektroskope, Photometer) wird ständig verbessert. Von ganz umwälzender Bedeutung ist aber die Einführung der Photographie in die astronomische Beobachtung. Die photographische Platte macht es möglich, Lichteindrücke zu summieren und so mit Hilfe langer Belichtungszeiten Himmelskörper sichtbar zu machen, die der visuellen Beobachtung für immer unzugänglich sind. Auch ist die photographische Platte ein verhältnismäßig dauerhaftes Dokument, das immer wieder zur Kontrolle herangezogen werden kann. Die Photographie fördert besonders die Erforschung der Milchstraße mit ihren Sternhaufen und Gasnebeln und der Spiralnebel. In Verbindung damit kommt die Zeit der großen Spiegelteleskope, die in den ersten Jahrzehnten unseres Jahrhunderts vor allem in den USA aufgestellt werden und der amerikanischen Astronomie internationale Geltung verschaffen.

Zusammenfassung:

Das 16. und 17. Jahrhundert bringt die vielleicht wichtigste Standortverschiebung der Erde. An die Stelle des geozentrischen tritt das heliozentrische Weltbild. Die nächsten beiden Jahrhunderte bringen auf der einen Seite die mathematische Verfeinerung der Bewegungslehre von den Gestirnen, auf der anderen die theoretischen und technischen Grundlagen für die astrophysikalische Erforschung des Weltraums.

Das 20. Jahrhundert

Die Ereignisse in diesem Jahrhundert überstürzen sich. Wie in allen Wissenschaften wächst die Menge des Erkenntnisstoffes im Bereich der Astronomie rapid an. Neben der optischen Astronomie, die mit Hilfe des menschlichen Auges, der photographischen Platte und der lichtelektrischen Zellen den sichtbaren Spektralbereich und das anschließende Ultraviolett und Infrarot überwacht, entfaltet seit einigen Jahrzehnten die Radioastronomie eine verblüffende Leistungsfähigkeit. Große Spiegel und Antennensysteme mit sehr empfindlichen Überlagerungsempfängern sind hier das technische Rüstzeug.
Das Zeitalter der Raumfahrt bringt auch der Astronomie weitere Hilfe. Raumsonden bringen Kunde vom Zustand der benachbarten Planeten und dem erdnahen Weltraum. Mit der Landung von Menschen auf dem Mond (erstmals die Amerikaner Neil Armstrong und Edwin Aldrin von Apollo 11 am 20. Juli 1969) geht nicht nur ein alter Wunschtraum der Menschheit in Erfüllung, sondern es wird auch die Gelegenheit geschaffen, einen Himmelskörper unmittelbar zu studieren und Proben seiner Substanz zur Erde zu bringen.
Die Viking-Missionen mit weicher Landung von zwei Gerätekapseln am 20. 7. 1976 und 3. 9. 1976 auf Mars und die Vorbeiflüge der Voyager-Sonden an den Planeten Jupiter und Saturn 1979, 1980 und 1981 lieferten Astrophysikern und Geologen weiteres Anschauungsmaterial zum besseren Verständnis unseres Sonnensystems.
Zwei Schwerpunkte kennzeichnen die Astronomie in unserem Jahrhundert: Da ist einmal die Physik des einzelnen Sterns, von der man Auskunft über die Sternentwicklung erwartet. Zum anderen ist es die Erforschung der Sternsysteme, der Milchstraße und der Galaxien.
Bereits im 19. Jahrhundert entstehen umfangreiche Kataloge, die neben den

Sternpositionen auch die Sternhelligkeiten enthalten, z. B. die Bonner Durchmusterung und für den Südhimmel die Cordoba-Durchmusterung. Gründer der photographischen Sternphotometrie ist 1904 Karl Schwarzschild in Göttingen. Photozelle und Photomultiplier führen zu immer exakteren Helligkeitsmessungen. Die Messungen erfolgen in genau ausgewählten Wellenlängenbereichen, und für die einzelnen Sterne werden die Farbindices abgeleitet. Parallel dazu erfolgen die Fortschritte auf dem Gebiet der Spektroskopie der Sterne. Photographie der Spektren, Ausmessung und Klassifikation sind Aufgaben grundsätzlicher Natur. Ein wichtiges Zustandsdiagramm ist das auf die Astronomen Hertzsprung (1873–1967) und Russell (1877–1957) zurückgehende Hertzsprung-Russell-Diagramm, das den Zusammenhang zwischen der Leuchtkraft und dem Spektraltyp der Sterne darstellt (entdeckt im Jahr 1913). Damit bekommt man einen Überblick von den im Weltraum verwirklichten Zuständen der einzelnen Sterne. Ein weiteres Ergebnis ist die Masse-Leuchtkraft-Beziehung, die aussagt, daß die Leuchtkraft eines Sterns um so höher ist, je massereicher er ist. Mit Hilfe der Spektralanalyse wird auch das bestätigt, was die Theorie vermutet hat: Wasserstoff ist das weitaus wichtigste Element eines jeden Fixsterns. Ist noch der Heliumanteil bekannt, so läßt sich aus diesem Mischungsverhältnis die Entwicklung des Sterns in Verbindung mit der Energieerzeugung durch Kernprozesse studieren und eine Aussage über das Alter machen, in der Regel mehrere Milliarden von Jahren.
In unserem Jahrhundert ist der Weltraum in seinem räumlichen Aufbau und in seiner zeitlichen Entwicklung insgesamt Objekt der astronomischen Forschung geworden. Ein Schritt vorwärts in diese Richtung ist 1918 die photometrische Entfernungsmessung mit veränderlichen Sternen vom Typ Delta Cephei, die H. Shapley entwickelt (siehe auch S. 70). Es kommt in den 20er und 30er Jahren zu sehr konkreten Vorstellungen über den Bau unseres Milchstraßensystems. E. Hubble löst 1924 mit dem 100zölligen Spiegelteleskop des Mt. Wilson Obervatoriums die Randpartien des Andromeda-Nebels in Einzelsterne auf. Die Gleichartigkeit von Milchstraße und Andromedanebel wird festgestellt. 1929 entdeckt Hubble in den Spektren der Galaxien eine Rotverschiebung proportional zu ihrer Entfernung. Das wird als Expansion des Weltalls gedeutet.
K. G. Jansky entdeckt im Jahr 1931 in der Milchstraße einen weiteren Frequenzbereich der elektromagnetischen Strahlung: die nichtthermische Komponente der Radiofrequenzstrahlung. Mittlerweile sind viele Radioquellen innerhalb und außerhalb der Milchstraße bekannt. Neue Erkenntnisse über den Energiehaushalt des Weltraums macht die Radioastronomie zugänglich. Wir haben es hier nämlich mit besonders energiereicher Strahlung zu tun, der maßgebliche Beteiligung beim Materiebildungsprozeß im Kosmos zugeschrieben werden kann.

Zusammenfassung:

Die Astronomie des 20. Jahrhunderts erbringt im wesentlichen den Nachweis, daß der Weltraum einem ständigen Umwandlungsprozeß unterworfen ist, bei dem Strahlungen verschiedener Energiequalität mitwirken.

Literaturhinweise

Dieser Himmelsführer will den Weltraum für jedermann anschaulicher machen, auch wenn er keine Vorkenntnisse hat, und ihn zu einfachen Beobachtungen ermuntern. Vieles ist nur grundsätzlich erklärt worden. Es gibt eine Reihe von Büchern, die helfen, das Grundwissen zu vertiefen und die Beobachtungspraxis in ihren Einzelheiten kennenzulernen. Dazu nachfolgend einige Tips:

S. von Hoerner und K. Schaifers: Meyers Handbuch über das Weltall. Bibliographisches Institut, Mannheim. Ein Nachschlagewerk, das Auskunft über das heutige Wissen, über die Methoden und die Probleme der Erforschung des Weltraums gibt.

O. Struve: Astronomie – Einführung in ihre Grundlagen. Walter de Gruyter & Co., Berlin. Eine Art Astronomiekurs, der als allgemeine Grundlage für astronomisch Interessierte dient. Speziell für Lehrer und Studenten.

O. Zimmermann: Astronomisches Praktikum I und II für Arbeitsgemeinschaften und zum Selbstunterricht. Verlag Sterne und Weltraum, Düsseldorf. Erschienen als Band 8 und 9 der Reihe »Sterne-und-Weltraum-Taschenbücher«. Arbeitsunterlagen für astronomische Arbeitsgruppen an den allgemeinbildenden Schulen und Volkshochschulen.

G. D. Roth (Herausgeber): Handbuch für Sternfreunde – Wegweiser für die praktische astronomische Arbeit. Springer-Verlag Berlin, Heidelberg, New York. Kompendium für Amateurastronomen, Lehrer, Studenten und Schüler zur selbständigen astronomischen Beobachtung. Im gleichen Verlag ist 1975 die englische Übersetzung unter dem Titel Astronomy, A Handbook erschienen.

H. Werner: Vom Polarstern bis zum Kreuz des Südens. Gustav Fischer Verlag, Stuttgart. Eine allgemeinverständliche Einführung in die Astronomie der Himmelskugel und Anleitung zur Orientierung im Gelände nach Gestirnen auf der ganzen Erde.

G. D. Roth: Taschenbuch für Planetenbeobachter. Sterne und Weltraum Verlag, Düsseldorf. Erschienen als Band 4 der Reihe »Sterne-und-Weltraum-Taschenbücher«. Praktische Anleitungen für Amateurbeobachter der Planeten und solche, die es werden wollen.

H. Vehrenberg: Mein Messier-Buch. Treugesell-Verlag, Düsseldorf. Bildliche Darstellung und Beschreibung aller Messier-Objekte sowie weiterer 200 Himmelsobjekte.

H. Vehrenberg und D. Blank: Handbuch der Sternbilder. Treugesell-Verlag, Düsseldorf. Neuartige Verbindung von Sternkarte und Katalog. Praktische Arbeitshilfe für den beobachtenden Amateurastronomen.

H. Oberndorfer: Fernrohr-Selbstbau. Sterne und Weltraum Verlag, Düsseldorf. Erschienen als Band 1 der Reihe »Sterne-und-Weltraum-Taschenbücher«. Anleitungen für den Selbstbau von astronomischen Fernrohren und Zubehör.

G. D. Roth (Herausgeber): Refraktor-Selbstbau. Verlag Uni-Druck, München. Diese Veröffentlichung ist als Bauanleitung geschrieben: Bau eines 2-Zöllers, eines 6 Zoll Schaer-Refraktors, einer kleinen Astrokamera.

Anton Staus: Fernrohrmontierungen und ihre Schutzbauten. Verlag Uni-Druck, München. Anleitungen zum Selbstbau, die auch den Sternfreund mit wenig Mitteln zu einer eigenen Sternwarte führen können.

H. v. Bronsart: Kleine Lebensbeschreibung der Sternbilder. Franckh'sche Verlagshandlung, Stuttgart. Herkunft der Sternbilder und Erklärung der Namen und Sternbildersagen.

F. Becker: Geschichte der Astronomie. Bibliographisches Institut, Mannheim. Entwicklungsgeschichte der Astronomie als Wissenschaft und Lebensbilder bekannter Astronomen.
G. D. Roth (Herausgeber): Astronomische Zusatzgeräte für Sternfreunde. Verlag Uni-Druck, München. Acht Bau- und Gebrauchsanweisungen, u. a. Nachführsysteme für Fernrohre und Bau einer Tiefkühlkamera.

Zeitschriften »Sterne und Weltraum«, astronomische Monatsschrift mit Nachrichten der Vereinigung der Sternfreunde e. V. im Verlag Sterne und Weltraum Dr. Vehrenberg, D-4000 Düsseldorf 14, Postfach 14 0365. »Die Sterne«, Zeitschrift für alle Gebiete der Himmelskunde im Verlag Johann Ambrosius Barth, DDR 701 Leipzig, Salomonstr. 18b (6 Hefte pro Jahr). »Der Sternenbote«, Monatsschrift für Österreichs Amateurastronomen, Astronomisches Büro, H. Mucke, Hasenwartgasse 32, A-1238 Wien. »Orion«, Zeitschrift der Schweizerischen Astronomischen Gesellschaft, Generalsekretariat Lorraine 12D/16, CH-3400 Burgdorf (6 Hefte pro Jahr).

Astronomische Jahrbücher für Sternfreunde P. Ahnert: Kalender für Sternfreunde – Kleines astronomisches Jahrbuch, im Verlag Johann Ambrosius Barth, Leipzig. M. Gerstenberger: Das Himmelsjahr, im Verlag Franckh'sche Verlagshandlung, Stuttgart. P. Wild: Der Sternenhimmel – Astronomisches Jahrbuch für Sternfreunde, im Verlag Sauerländer, Aarau.

Anschriften von Organisationen zur Förderung und Pflege der volkstümlichen Himmelskunde:
Sekretariat der »Vereinigung der Sternfreunde«, H. Plötz, Jagdfeldring 31, D 8013 Haar.
Zentralsekretariat der »Schweizerischen Astronomischen Gesellschaft«, Andreas Tarnutzer, Hirtenhofgasse 9, CH-6005 Luzern.
Astronomisches Büro, Hermann Mucke, Hasenwartgasse 32, A-1238 Wien.

Register

Fotonachweis

California Institute of Technology and Carnegie Institution of Washington 158, 191, 200, 201 oben, 204 oben, 205; Deutsches Museum 223, 224; B. Fogle 176; NASA:164; G. Nemec 18, 20, 32, 152, 158, 167, 171; R. Phildius 31; K. Rihm 195, 207, 211; P. Stolzen 19; USIS 159; US Naval Observatory 197, 201 unten, 204 unten, 208; H. Vehrenberg 21, 38, 39, 42, 43, 46, 47, 50, 51, 54, 55, 62, 63, 66, 67, 70, 71, 74, 75, 78, 79, 82, 83, 86, 87, 90, 91, 94, 95, 98, 99, 102, 103, 106, 107, 110, 111, 114, 115, 118, 119, 122, 123, 126, 127, 130, 131, 134, 135, 138, 139, 142, 143, 175, 181, 199

Der Sternhimmel in südlichen gemäßigten Breiten

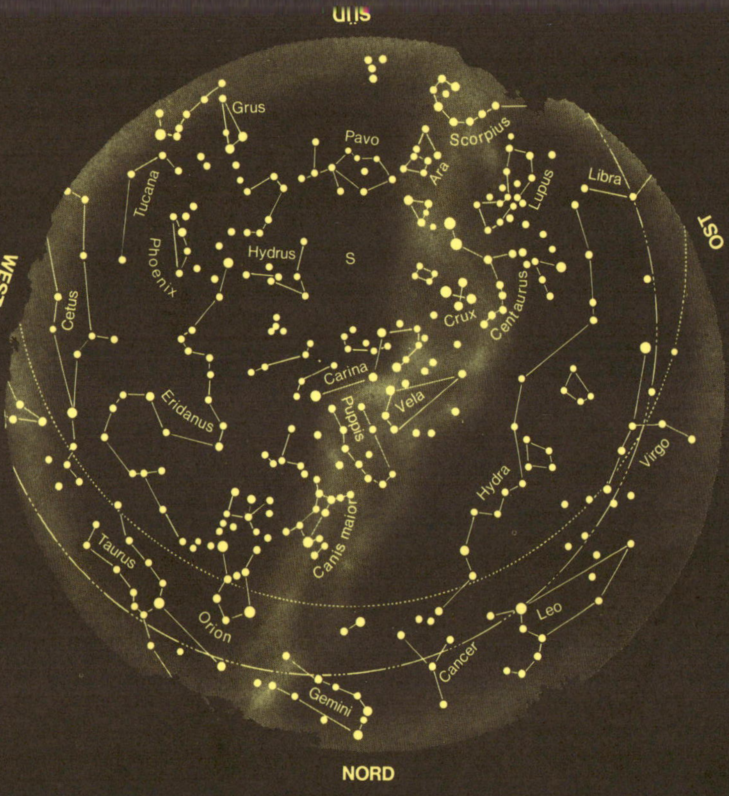

Mitte Nov.	4 Uhr Ortszeit	Mitte Febr.	22 Uhr Ortszeit
Mitte Dez.	2 Uhr Ortszeit	Mitte März	20 Uhr Ortszeit
Mitte Jan.	24 Uhr Ortszeit	Mitte April	18 Uhr Ortszeit

Sternkarte so über den Kopf halten, daß Nord auf der Karte in die Himmelsrichtung Nord zeigt = Nordhimmel zwischen Zenit und Horizont. Bei Beobachtung des Ost-, West- und Südhimmels die Karte so halten, daß jeweils der Schriftzug Ost, West und Süd auf der Karte zum Beobachter schaut und in die angegebene Richtung weist.